大学软件学院软件开发系列教材

# Android移动开发实用教程

## (微课版)

刘　辉　编著

清华大学出版社
北　京

## 内 容 简 介

本书是一本Android移动App开发入门级教材，书中以实训案例为驱动，上手容易、学习轻松、实用性强、时效性高，同时本书配有丰富的微课，读者可以打开微课视频，借助微课辅助学习能够帮助读者有效提高学习效率。

本书分16章，包括快速搭建Android开发环境、Android界面布局、UI组件应用、精通活动、服务与广播、事件与消息、Android资源、图形与图像处理、多媒体开发、数据存储、数据共享、传感器、网络开发、精通地图定位、Android App开发与调试等内容，最后通过热点综合项目开发网上商城App，进一步巩固读者的项目开发经验。

通过书中提供的精选热点案例，可以让初学者快速掌握Android移动App开发技术。通过微信扫码观看视频，可以随时随地在移动端学习对应的开发技能。本书还提供了技术支持QQ群和微信群，专为读者答疑解难，降低零基础读者学习Android移动App开发的门槛。



图书在版编目(CIP)数据

Android移动开发实用教程：微课版/刘辉编著. —北京：清华大学出版社，2022.8
大学软件学院软件开发系列教材
ISBN 978-7-302-61469-2

Ⅰ. ①A… Ⅱ. ①刘… Ⅲ. ① 移动终端—应用程序—程序设计—高等学校—教材 Ⅳ. ①TN929.53

中国版本图书馆CIP数据核字(2022)第136007号

**责任编辑：** 张彦青
**装帧设计：** 李 坤
**责任校对：** 徐彩虹
**责任印制：** 丛怀宇
**出版发行：** 清华大学出版社
**网 址：** http://www.tup.com.cn, http://www.wqbook.com
**地 址：** 北京清华大学学研大厦A座 **邮 编：** 100084
**社 总 机：** 010-83470000 **邮 购：** 010-62786544
**投稿与读者服务：** 010-62776969, c-service@tup.tsinghua.edu.cn
**质量反馈：** 010-62772015, zhiliang@tup.tsinghua.edu.cn
**印 装 者：** 三河市科茂嘉荣印务有限公司
**经 销：** 全国新华书店
**开 本：** 185mm×260mm **印 张：** 21 **字 数：** 409千字
**版 次：** 2022年9月第1版 **印 次：** 2022年9月第1次印刷
**定 价：** 78.00元

---

产品编号：093867-01

# 前　　言

Android 平台由互联网和社会信息科技的领先企业 Google 公司开发。基于 Android 系统源代码的开放性和免费自由，以及 App 商店商业模式带来的巨大活力，出现了大批热爱、追随 Android 平台的开发人员和设计人员。目前，学习和关注 Android 的人越来越多，而很多 Android 初学者需要一本通俗易懂、容易入门和案例实用的参考书。本书正是为满足以上这些读者而精心创作的。通过本书的案例实训，大学生可以很快地上手流行的 Android 开发工具，帮助学生迅速提高应用开发技术和职业技能，有效解决日常实际问题。

## 本书特色

■ 零基础、入门级的讲解

无论您是否从事计算机相关行业，无论您是否接触过 Android 移动 App 开发，都能从本书中找到最佳起点。

■ 实用、专业的范例和项目

本书紧密结合 Android 移动 App 开发的实际过程，从 Android 开发环境搭建开始，逐步带领读者学习 Android 移动 App 开发的各种应用技巧。侧重实战技能，使用简单易懂的实际案例进行分析和操作指导，让读者学起来简单轻松，操作起来有章可循。

■ 随时随地学习

本书提供了微课视频，通过手机扫码即可观看，方便读者随时随地解决学习中的困惑。

本书的同步微课视频涵盖本书所有知识点，详细介绍了每个实例和项目的开发过程及技术关键点，让读者轻松掌握书中所有的 Android 移动 App 开发知识，而且扩展讲解部分将使读者取得更多的收获。

■ 超多王牌资源

8 大王牌资源为读者的学习保驾护航，包括精美教学幻灯片、案例源代码、同步微课视频、教学大纲、Android 移动 App 开发常见疑难问题解答、12 大 Android 企业经典项目、名企招聘考试题库、毕业求职面试资源库。

## 读者对象

这是一本完整介绍 Android 移动 App 开发技术的教程，内容丰富、条理清晰、实用性强，适合以下读者学习使用：

- 零基础的 Android 移动 App 开发自学者
- 希望快速、全面掌握 Android 移动 App 开发的人员

- 高等院校或培训机构的老师和学生
- 参加毕业设计的学生

## 配套资料和帮助

为帮助读者高效、快捷地学习本书知识点，我们不但为读者准备了与本书知识点有关的配套素材文件，而且还设计并制作了精品视频教学课程，同时还为教师准备了 PPT 课件资源。购买本书的读者，可以扫描下方的二维码获取相关的配套学习资源。读者在学习本书的过程中，使用 QQ 或者微信的扫一扫功能，扫描本书各标题右侧的二维码，在打开的视频播放页面中可以在线观看视频课程，也可以下载、保存到手机中离线观看。

附赠资源

## 创作团队

本书由刘辉编写。在编写过程中，笔者尽量争取使 Android 移动开发过程所涉及到的知识点以浅显易懂的方式呈现给读者，同时融入笔者多年应用开发的经验，但难免有疏漏和不妥之处，敬请读者批评、指正。

编　者

# 目　　录

# 第1章

# 走进 Android 世界——快速搭建开发环境

Android 是一种基于 Java 语言的开发平台，是专门为移动设备开发的 App。Android 的功能非常强大，是目前信息技术的热点，是软件行业的一股新兴力量。本章主要介绍 Android 的基础知识，搭建 Android 开发环境，新建和运行 Android 应用。

# 1.1 认识 Android

Android 是 Google 公司发布的基于 Linux 内核、专门为移动设备开发的平台，其中包含操作系统、中间件、用户界面和应用软件等。

Android 是一种基于 Linux 的免费、自由、开放源代码的操作系统，主要用于移动设备、智能设备。例如，智能手机、平板电脑、智能电视等。

Android 操作系统最初由 Andy Rubin 开发，刚开始主要支持手机。2005 年 8 月由 Google(谷歌)收购注资。2007 年 11 月，Google 与 84 家硬件制造商、软件开发商及电信运营商组建开放手机联盟，共同研发改良 Android 系统。随后，Google 以 Apache 开源许可证的授权方式发布了 Android 的源代码。

2008 年 10 月发布第一部 Android 智能手机。此后，Android 逐渐扩展到平板电脑及其他领域，例如电视、数码相机、游戏机等。目前，Android 系统的最新版本是 2021 年 5 月 19 日发布的 Android 12.0。

在正式发行之前，Android 有两个内部测试版本，并且以著名的机器人名称对其命名，它们分别是阿童木(Android Beta)、发条机器人(Android 1.0)。

由于版权问题，从 Android 1.5 开始，每个版本的代号都是以甜点来命名的，并且按照 26 个字母排序：纸杯蛋糕、甜甜圈、松饼、冻酸奶、姜饼、蜂巢等等。

表 1-1 直观地展示了各个 Android 名称、版本号和 API 等级。

表 1-1　Android 的历史版本

| 名　称 | 版 本 号 | API 等级 |
|---|---|---|
| Android Cupcake | 1.5 | 3 |
| Android Donut | 1.6 | 4 |
| Android Eclair | 2.0～2.1 | 5～7 |
| Android Froyo | 2.2 | 8 |
| Android Gingerbread | 2.3～2.3.7 | 9～10 |
| Android Honeycomb | 3.0～3.2 | 11～13 |
| Android Ice Cream Sandwich | 4.0.1～4.0.4 | 14～15 |
| Android Jelly Bean | 4.1～4.3 | 16～18 |
| Android KitKat | 4.4～4.4.4 | 19～20 |
| Android Lollipop | 5.0～5.1.1 | 21～22 |
| Android Marshmallow | 6.0～6.0.1 | 23 |
| Android Nougat | 7.0～7.1.2 | 24～25 |
| Android Oreo | 8.0～8.1 | 26～27 |
| Android Pie | 9.0 | 28 |
| Android 10 | 10.0 | 29 |
| Android 11 | 11.0 | 30 |
| Android 12 | 12.0 | 31 |

## 1.1.1　Android 系统架构

Android 系统架构和其操作系统类似，也采用了分层架构。Android 主要分为四层，从外到内分别是应用程序层、应用程序框架层、系统运行库层和 Linux 内核层，如图 1-1 所示。

图 1-1　Android 系统架构

1. 应用程序层

所有安装在手机上的应用程序都属于应用程序层，Android 系统同一系列核心应用程序包一起发布。应用程序层主要包含客户端、SMS 短消息程序、日历、地图、浏览器和联系人管理程序等。所有应用程序都是使用 Java 语言编写的。

2. 应用程序框架层

无论是 Android 系统自带的一些核心应用程序，还是开发人员自己编写的应用程序，都需要使用应用程序框架。通过使用应用程序框架，不仅可以大幅度简化代码的编写，还可以提高程序的复用率。

3. 系统运行库层

系统运行库层包含一些 C/C++库，为 Android 系统中不同的组件提供底层的驱动。它们通过 Android 应用程序框架为开发者提供服务。

该层还提供了 Android 运行时库，主要包含一些核心库，从而运行开发者使用 Java 语言来编写 Android 应用程序。

4. Linux 内核层

Android 系统是基于 Linux 内核的，这一层主要是为 Android 设备提供各种硬件的底层驱动。例如，显示驱动、照相机驱动、电源驱动、音频驱动、蓝牙驱动等。

### 1.1.2 Android 四大组件

Android 系统开发有四大组件，分别是活动(Activity)、服务(Service)、广播接收器(Broadcast Receiver)和内容提供者(Content Provider)。活动主要用于表现功能；服务是后台运行服务，不提供界面呈现；广播接收器用于接收广播；内容提供者支持在多个应用中存储和读取数据，相当于数据库。

1. 活动

在 Android 中，Activity 是所有程序的根本，所有程序的流程都运行在 Activity 之中。在 Android 程序中，Activity 一般代表手机屏幕的一屏。如果把手机屏幕比作一个浏览器，那么 Activity 就相当于一个网页。在 Activity 中，可以添加一些 Button、Checkbox 等控件。可以看到，Activity 与网页类似。

一个 Android 应用是由多个 Activity 组成的，多个 Activity 之间可以相互跳转。例如，按一下 Button 按钮，将跳转到其他的 Activity。和网页跳转不一样的是，Activity 跳转可能有返回值。例如，从 Activity A 跳转到 Activity B，当 Activity B 运行结束时，有可能返回给 Activity A 一个值。

当打开一个新的界面时，之前那个界面会被设置为暂停状态，压入历史堆栈。用户可以通过回退操作返回以前打开过的界面。可以选择性地移除一些没有必要保留的界面，因为 Android 会把每个应用的开始界面到当前的每个屏幕都保存到堆栈。

2. 服务

服务是 Android 系统中的一种组件，与 Activity 的级别差不多，但是它只能在后台运行，也可以与其他组件进行交互。Service 在后台运行，它不需要界面，但它的生命周期很长。Service 是一种程序，可以借助它完成一些不占用界面的工作。

3. 广播接收器

在 Android 中，广播接收器是一种广泛运用在应用程序之间传输信息的机制。广播接收器对发送的广播进行过滤、接受并做出响应，因此可以使用广播接收器来让应用对一个外部事件做出响应。例如，当外部事件——电话呼入到来时，可以利用广播接收器进行处理；当下载一个程序成功完成的时候，也可以利用广播接收器进行处理。

广播接收器不能生成 UI(用户界面)，对用户来说它不是透明的。广播接收器通过 NotificationManager 对象通知用户某些事情发生了。广播接收器不仅可以在 AndroidManifest.xml 中注册，还可以在运行时的代码中使用 Context.registerReceiver()方法进行注册。注册后，当有事件发生时，即使程序没有启动，系统也会在需要时启动程序。各种应用还可以使用 Context.sendBroadcast()方法将它们的 Intent Broadcasts 广播给其他应用程序。

4. 内容提供者

内容提供者是 Android 提供的第三方应用数据的访问方案。在 Android 中，对数据的保护很严密，除了放在 SD 卡中的数据，一个应用所持有的数据库、文件等内容，都不允许其他应用直接访问。

Andorid 不会把每个应用都做成一座孤岛，它为所有应用都准备了一扇窗，即内容提供。应用对外提供的数据，可以通过派生 Content Provider 类来封装成一个 Content Provider，每个 Content Provider 都用一个 URI(统一资源标识符)作为独立的标识，例如 content://com.xxxxx。所有东西看起来像 REST，实际上比 REST 更为灵活。和 REST 类似，URI 也有两种类型：一种是带 id 的，另一种是带列表的。

## 1.2　搭建 Android 开发环境

俗话说“工欲善其事，必先利其器”，想要快速地开发 Android 应用程序(Android Application，Android App)，首先要选择一个好的集成开发环境(Integrated Development Environment，IDE)，才能提高开发效率。搭建 Android 开发环境需要安装两个开发工具，即 JDK 和 Android Studio。

### 1.2.1　下载、安装 Java JDK

搭建 Android 开发环境首先需要搭建 Java 环境，即 JDK(Java Development Kit)。Oracle(甲骨文)公司在 2010 年收购了 Sun Microsystems 公司，用户可以到 Oracle 官方网站下载最新版本的 JDK。

要想下载最新版本的 JDK，需要打开 Oracle 官方下载网页 https://www.oracle.com/cn/java/technologies/javase-downloads.html，单击 JDK Download 链接，如图 1-2 所示。

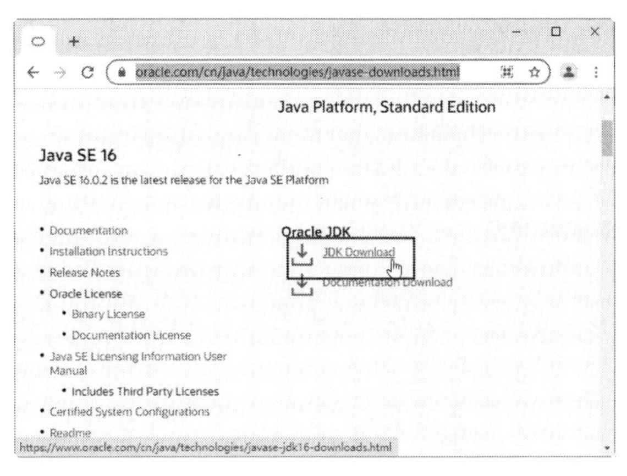


图 1-2　单击 JDK Download 链接

根据不同的操作系统，在打开的 JDK 下载列表页面选择需要下载的 JDK，即可下载 JDK 安装文件，如图 1-3 所示。

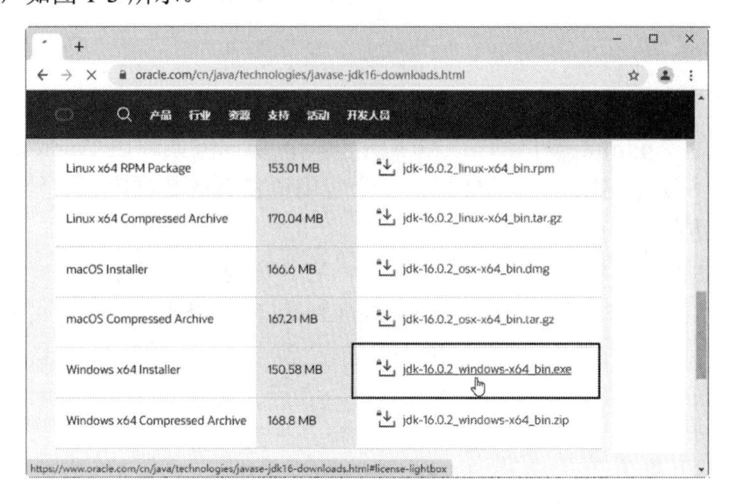


图 1-3　下载 JDK 安装文件

JDK 版本在不断更新，读者浏览 Java SE 下载页面时，显示的 JDK 版本可能不一样。

jdk-16.0.2_windows-x64_bin.exe 下载完成后，即可进行安装，具体操作步骤如下：

01 双击运行 jdk-16.0.2_windows-x64_bin.exe 文件，弹出欢迎界面，如图 1-4 所示。

02 单击“下一步”按钮，再单击“更改”按钮，重新选择 JDK 的安装路径。这里修改为 C:\jdk\，如图 1-5 所示。

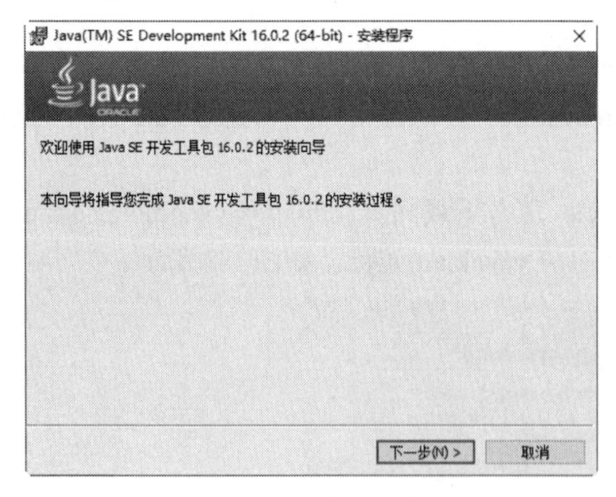


图 1-4　JDK 欢迎界面

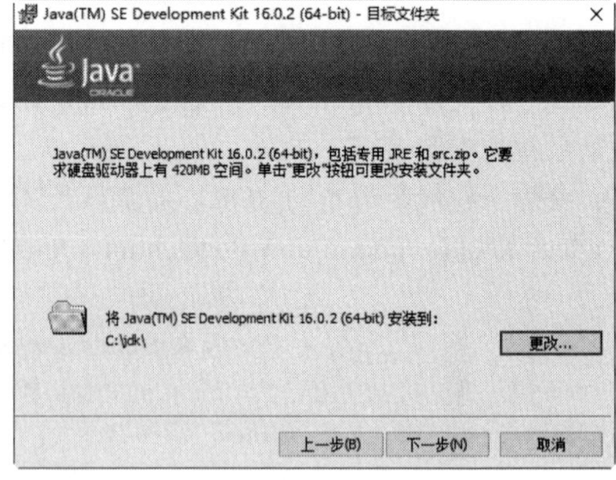


图 1-5　选择安装路径

修改 JDK 的安装目录，不要使用带有空格或中文的文件夹名。

03 单击“下一步”按钮，进入安装进度界面，如图 1-6 所示。

04 安装完成后，单击“关闭”按钮，完成 JDK 的安装，如图 1-7 所示。

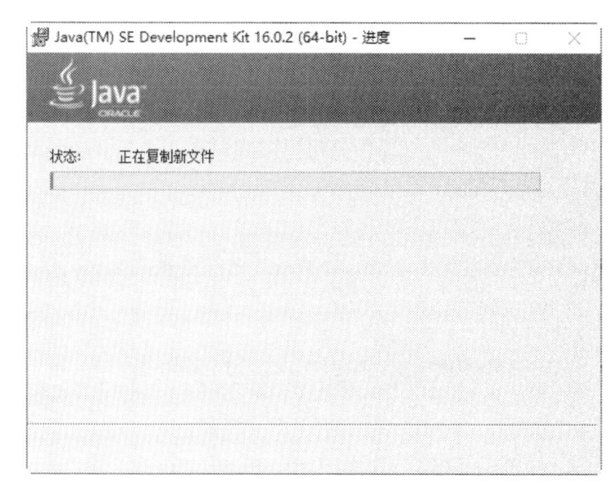


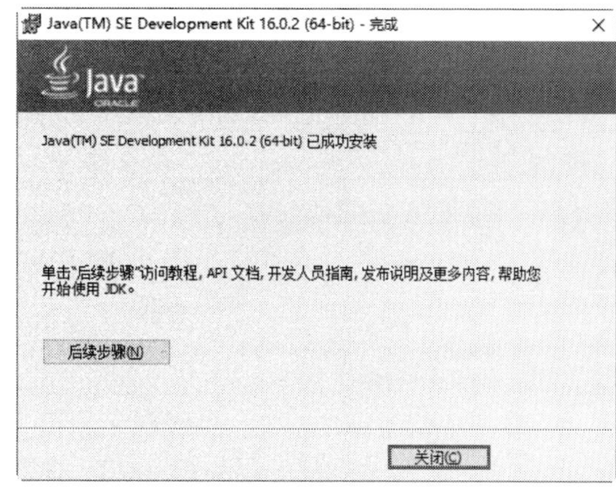


图 1-6　安装进度界面　　　图 1-7　JDK 安装完成界面

## 1.2.2　配置 JDK

对初学者来说，环境变量的配置是比较容易出错的，配置时应仔细。使用 JDK 首先需要对两个环境变量进行配置，即 path 和 classpath(不区分大小写)。下面介绍在 Windows 10 操作系统中配置 JDK 环境变量的方法和步骤。

1. 配置 path 环境变量

path 环境变量告诉操作系统 Java 编译器的路径，具体配置步骤如下：

**01** 在桌面上右击“此电脑”图标，在弹出的快捷菜单中选择“属性”命令，如图 1-8 所示。

**02** 打开“系统”窗口，选择“高级系统设置”选项，如图 1-9 所示。

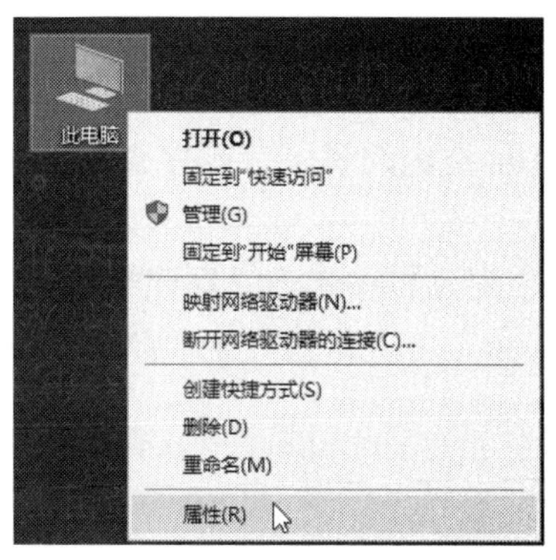

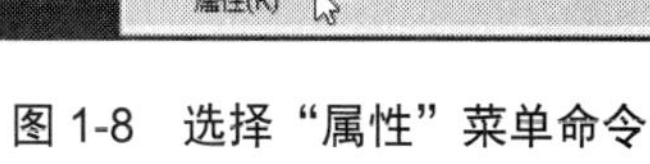
图 1-8　选择“属性”菜单命令　　　图 1-9　“系统”窗口

**03** 打开“系统属性”对话框，选择“高级”选项卡，单击“环境变量”按钮，如图 1-10 所示。

**04** 打开“环境变量”对话框，在“系统变量”列表框中选择 Path，然后单击“编辑”按钮，如图 1-11 所示。

**05** 打开“编辑环境变量”对话框，单击“新建”按钮，然后输入“C:\jdk\bin;”，如图 1-12 所示。单击“确定”按钮，path 环境变量配置完成。

图 1-10 “系统属性”对话框

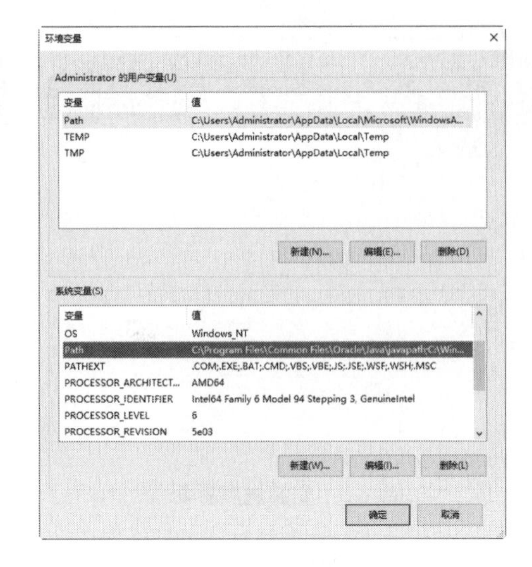

图 1-11 “环境变量”对话框

图 1-12 “path 环境变量”对话框

2. 配置 classpath 环境变量

Java 虚拟机在运行某个 Java 程序时，会按 classpath 指定的目录，顺序查找这个 Java 程序。具体配置步骤如下：

01 参照配置 path 环境变量的步骤，在“环境变量”对话框中单击“新建”按钮，打开“新建系统变量”对话框。在“变量名”处输入 classpath，“变量值”为“C:\jdk\bin;”，如图 1-13 所示。

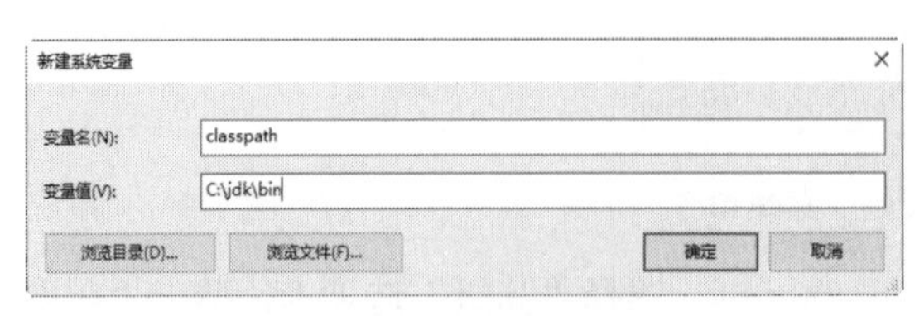

图 1-13 “新建系统变量”对话框

02 单击“确定”按钮，classpath 环境变量配置完成。

3. 测试 JDK

JDK 安装、配置完成后，可以测试其是否能够正常运行。具体操作步骤如下：

**01** 在系统的“开始”按钮上右击，在弹出的快捷菜单中选择“运行”菜单命令，打开“运行”对话框。输入命令 cmd，如图 1-14 所示。

**02** 单击“确定”按钮，打开“命令提示符”窗口。输入“java –version”，按 Enter 键确认。系统如果输出 JDK 的版本信息，则说明 JDK 环境搭建成功，如图 1-15 所示。

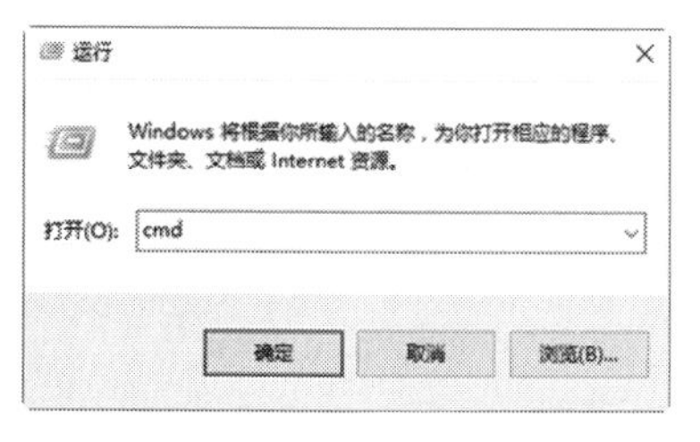


图 1-14　“运行”对话框

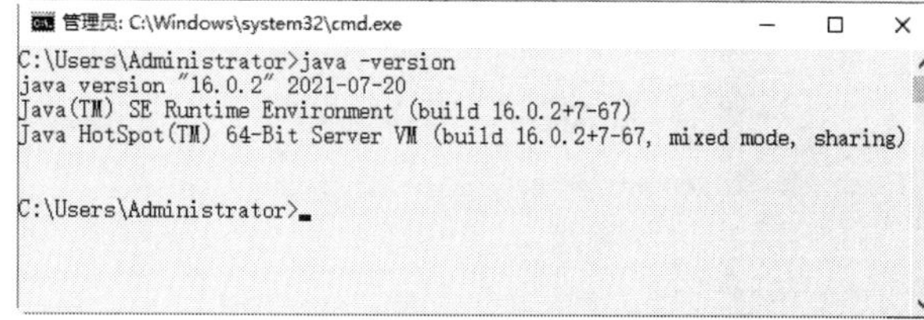


图 1-15　“命令提示符”窗口

在“命令提示符”窗口输入测试命令时，Java 和减号之间有一个空格，但减号和 version 之间没有空格。

## 1.2.3　安装 Android Studio

Java 环境搭建完成后，接下来就是安装 Android Studio。它是集成开发环境，包含 Android 开发所必须的 Android SDK(Software Development Kit，软件开发工具包)，以及开发 Android 应用程序所需要的工具，例如 Android 模拟器、调试工具等。

下载和安装 Android Studio 的具体步骤如下：

**01** 在浏览器地址栏输入下载 Android Studio 的网址“http://www.android-studio.org/”，读者应根据自己的操作系统下载相应的软件。这里下载 Windows(64-bit)的 Android Studio，如图 1-16 所示。

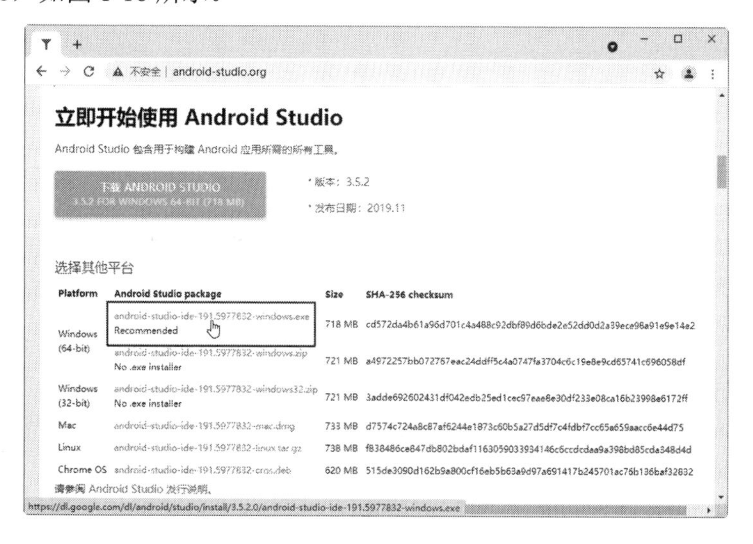


图 1-16　下载 Android Studio

**02** 下载完成后，双击 android-studio-ide-191.5977832-windows.exe 文件，打开欢迎界

面，如图 1-17 所示。

**03** 单击 Next 按钮，打开 Choose Components 界面。选择全部复选框，如图 1-18 所示。

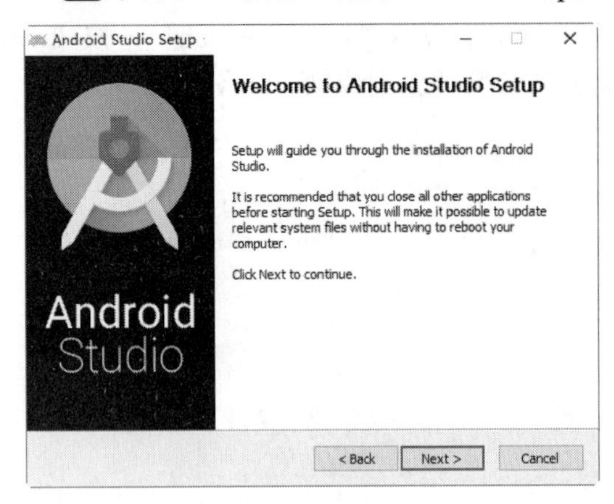


图 1-17　欢迎界面

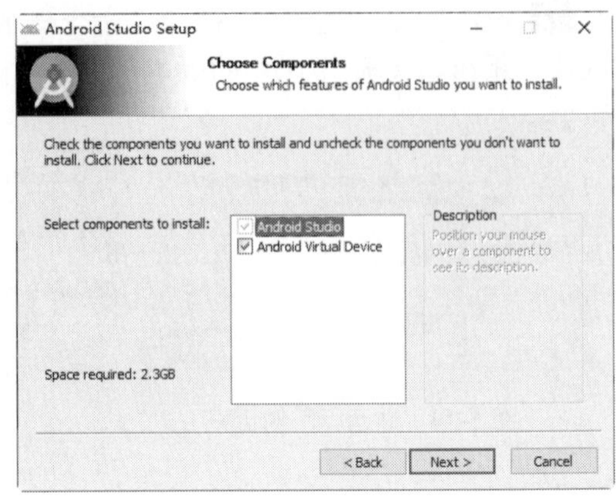


图 1-18　Choose Components 界面

**04** 单击 Next 按钮，打开 Configuration Settings 界面。单击 Browse 按钮，选择 Android Studio 的安装路径为“D:\Android\AS”，如图 1-19 所示。

**05** 单击 Next 按钮，打开 Choose Start Menu Folder 界面，如图 1-20 所示。

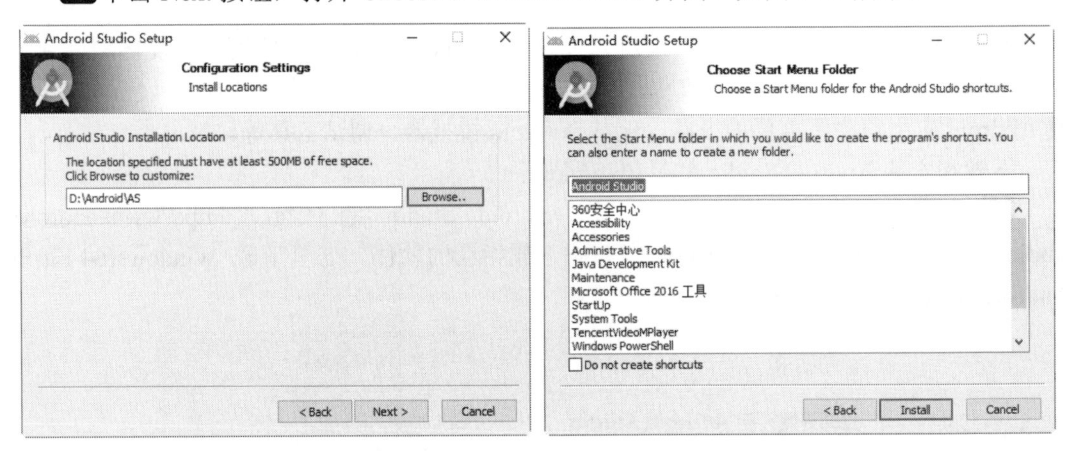


图 1-19　Configuration Settings 界面　　　图 1-20　Choose Start Menu Folder 界面

注意　选择安装路径时要非常仔细，路径必须是全英文，而且路径中不能有空格。特别是在 C 盘中安装时，默认安装在 Program file 下，此处有空格，也是不合格的路径。

**06** 单击 Install 按钮，开始安装 Android Studio 并显示安装进度，如图 1-21 所示。

**07** 安装完成后，弹出 Installation Complete 界面，如图 1-22 所示。

**08** 单击 Next 按钮，弹出 Completing Android Studio Setup 界面，取消选择 Start Android Studio 复选框，单击 Finish 按钮，Android Studio 安装完成，如图 1-23 所示。

**09** 打开安装目录下的 bin 文件夹，然后选择 idea.properties 文件，如图 1-24 所示。

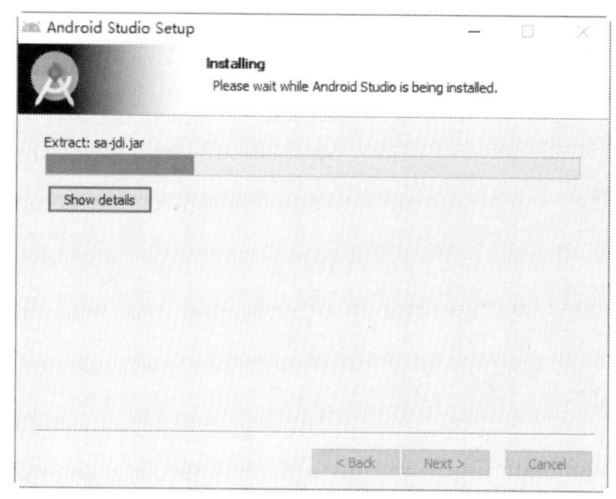


图 1-21　安装 Android Studio

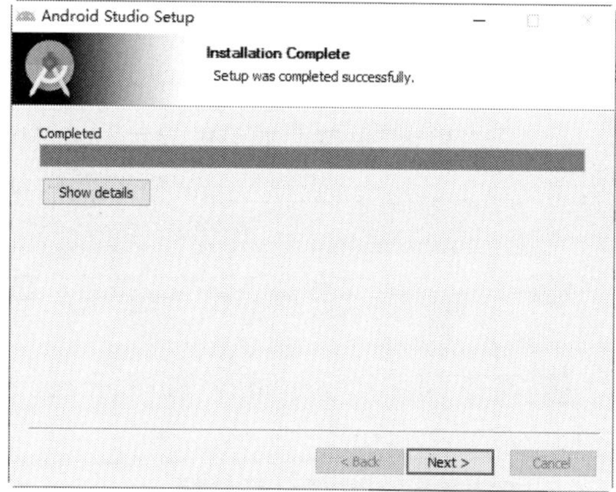


图 1-22　Installation Complete 界面

图 1-23　Completing Android Studio Setup 窗口

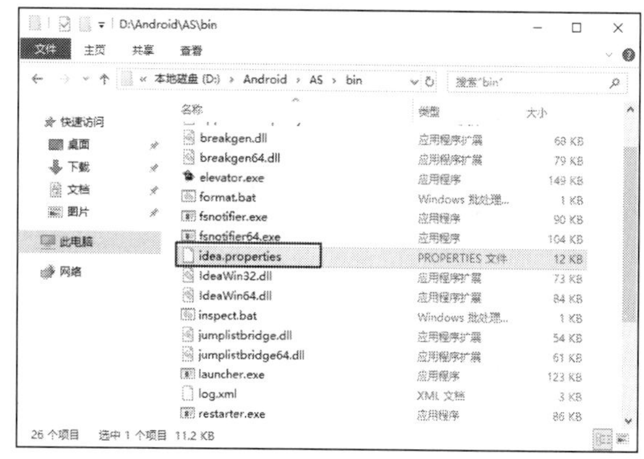


图 1-24　打开 bin 文件夹

**10** 打开 idea.properties 文件，然后添加以下两行代码，如图 1-25 所示。

```
idea.config.path=D:/Android/.AndroidStudio/config
idea.system.path=D:/Android/.AndroidStudio/system
```

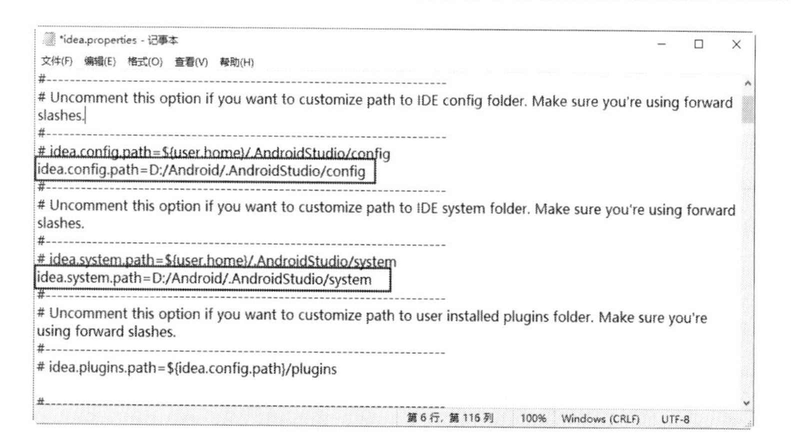


图 1-25　编辑 idea.properties 文件

### 1.2.4 安装 Android SDK

Android SDK 是谷歌提供的 Android 应用开发工具包，在开发 Android 程序时，需要通过引用该工具包来使用与 Android 相关的 API。

安装 Android SDK 的具体操作步骤如下：

01 单击桌面左下角的“开始”按钮，在弹出的菜单中选择 Android Studio 菜单命令，如图 1-26 所示。

02 打开 Import Android Studio Settings From 对话框，选择 Do not import settings 单选按钮，如图 1-27 所示。

图 1-26 选择 Android Studio 菜单命令

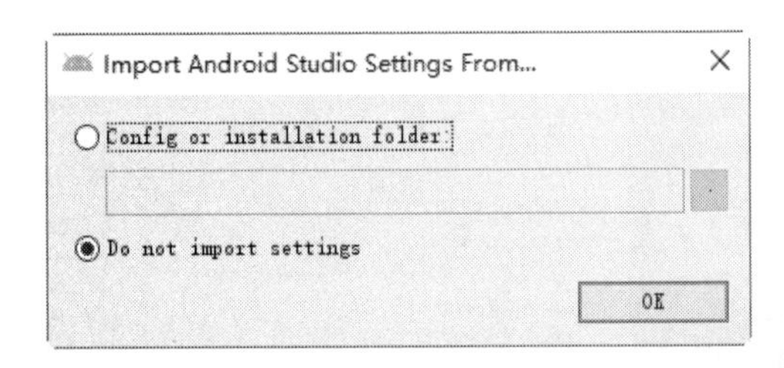


图 1-27 Import Android Studio Settiongs From 对话框

03 单击 OK 按钮，打开 Data Sharing 对话框，如图 1-28 所示。

04 单击 Don't send 按钮，打开 Android Studio First Run 对话框，如图 1-29 所示。

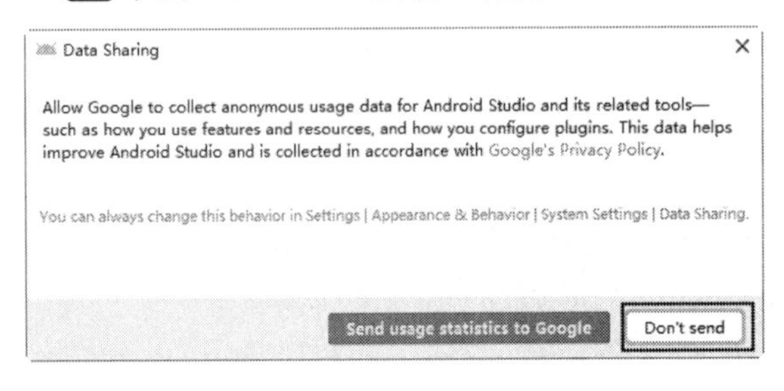


图 1-28 Data Sharing 对话框

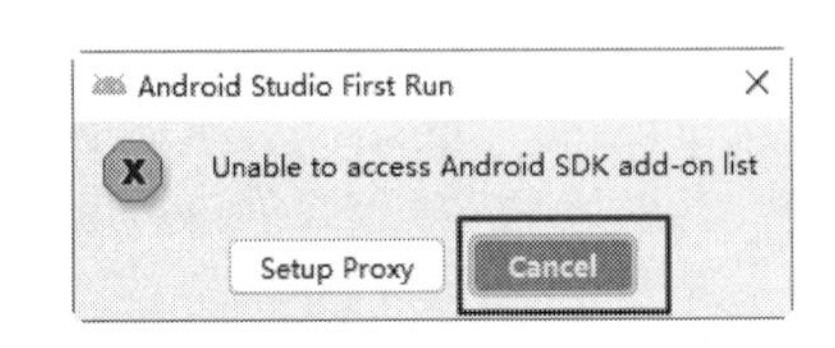


图 1-29 Android Studio First Run 对话框

05 单击 Cancel 按钮，打开欢迎界面，如图 1-30 所示。

06 单击 Next 按钮，打开 Install Type 界面。选择 Custom 单选按钮，如图 1-31 所示。

07 单击 Next 按钮，打开 Select UI Theme 界面。选择喜欢的界面样式，如图 1-32 所示。

08 单击 Next 按钮，打开 SDK Components Setup 界面，选择安装路径为“D:\Android\SDK”，如图 1-33 所示。

09 单击 Next 按钮，打开 Emulator Settings 界面。选择模拟器的内存大小，如图 1-34 所示。

10 单击 Next 按钮，打开 Verify Settings 界面，如图 1-35 所示。

11 单击 Finish 按钮，打开 Downloading Components 界面，开始自行下载和安装 SDK 工具，如图 1-36 所示。

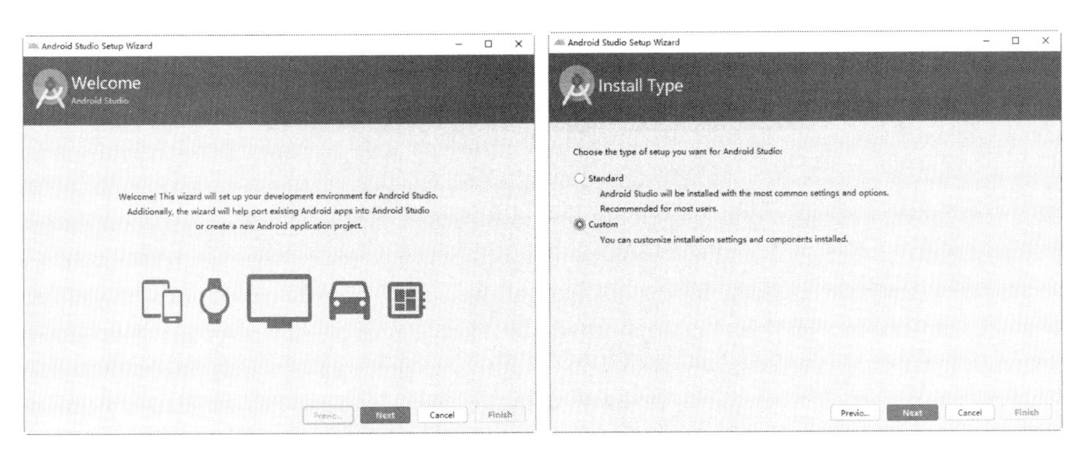


图 1-30　欢迎界面

图 1-31　Install Type 界面

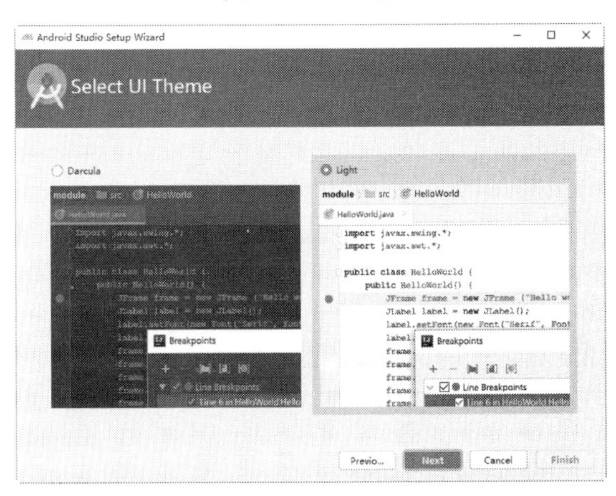


图 1-32　Select UI Theme 界面

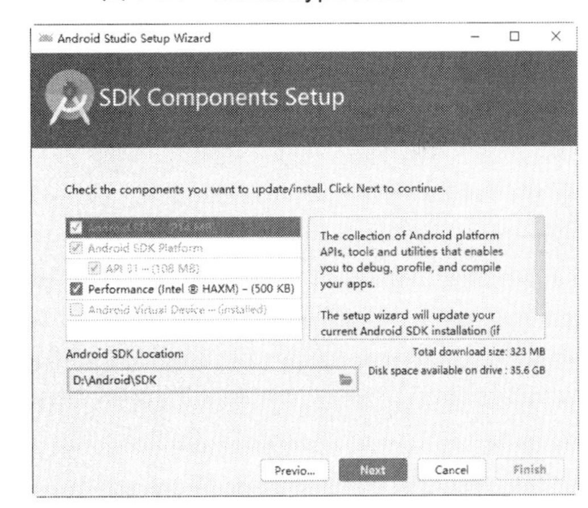


图 1-33　SDK Components Setup 界面

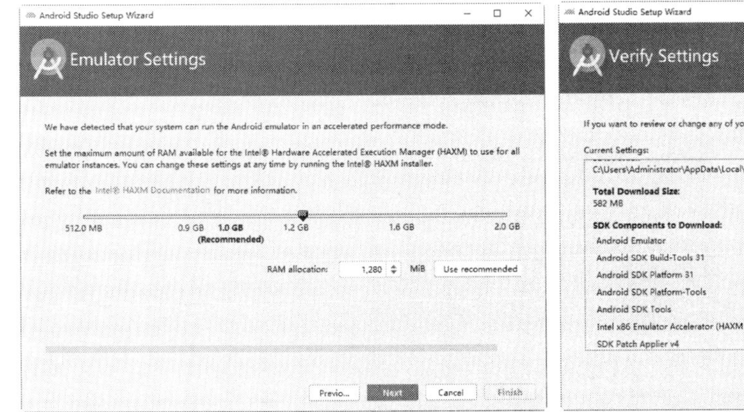


图 1-34　Emulator Settings 界面

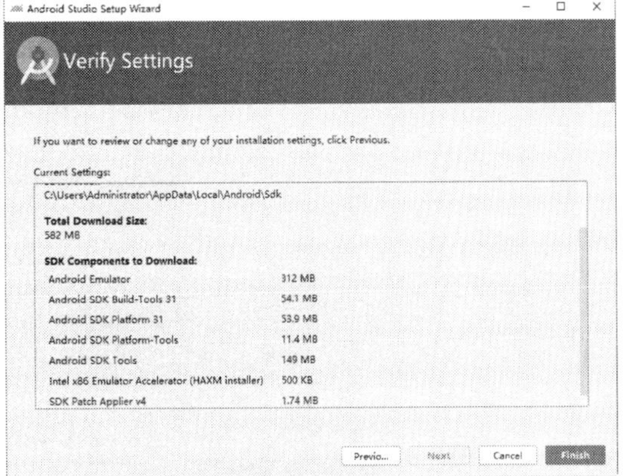


图 1-35　Verify Settings 界面

**12** 安装完成后，单击 Finish 按钮，打开 Android Studio 欢迎界面。单击 Configure 按钮，在弹出的下拉菜单中选择 Settings 命令，如图 1-37 所示。

**13** 打开 Settings for New Projects 界面。选择 Build Tools 下的 Gradle 选项，然后在右侧窗格中输入 D:\Android\.gradle，单击 OK 按钮完成设置，如图 1-38 所示。

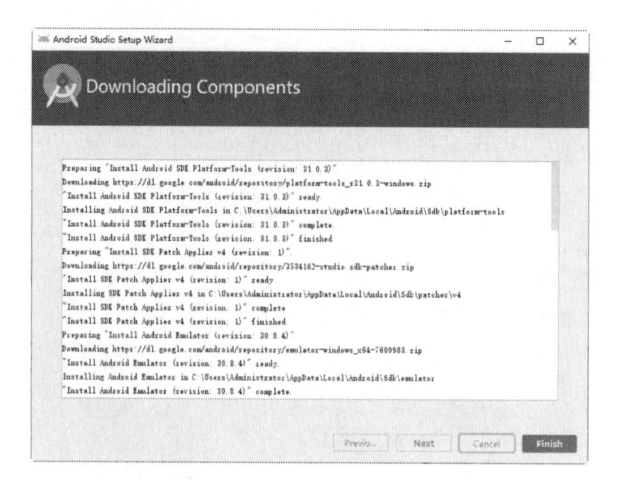


图 1-36　Downloading Components 界面

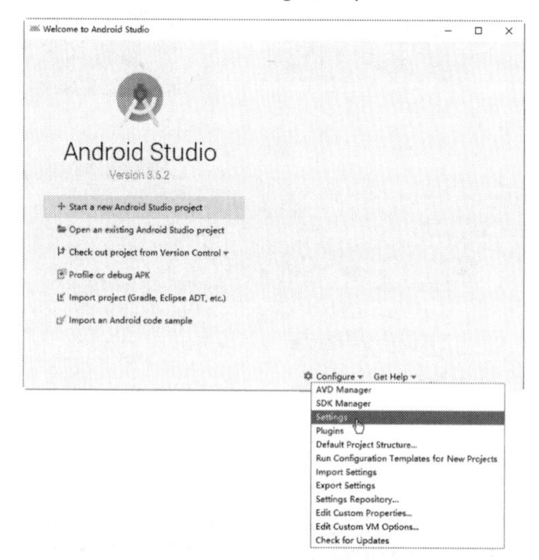


图 1-37　Android Studio 欢迎界面

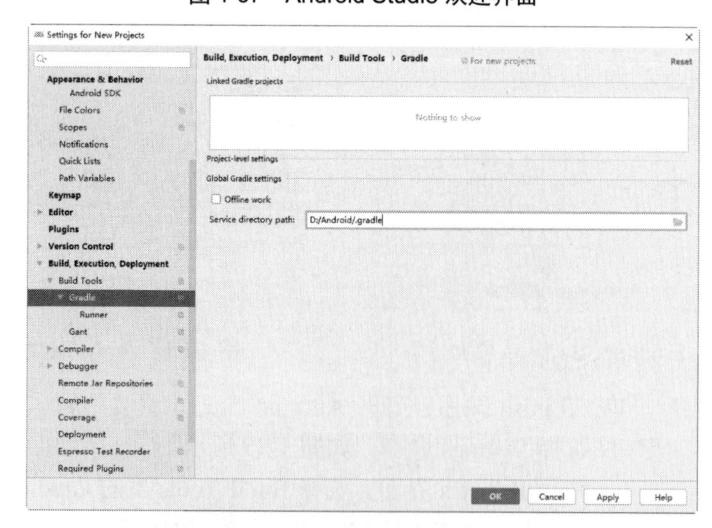


图 1-38　Settings for New Projects 界面

**14** Android Studio 默认使用谷歌源构建工程，但是速度特别慢，这里可以选择国内的阿里源。打开 D:\Android\AS\plugins\android\lib\templates\gradle-projects\NewAndroidProject\root，选择文件 build.gradle.ftl，如图 1-39 所示。

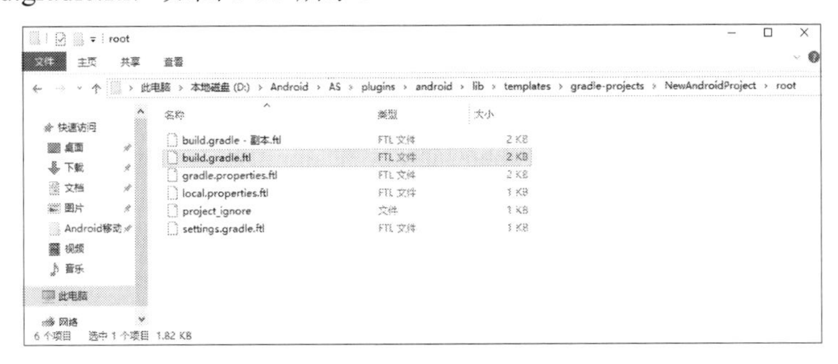

图 1-39　选择文件 build.gradle.ftl

**15** 打开文件 build.gradle.ftl，在两个位置处加入如下代码，结果如图 1-40 所示，然后保存文件。

```
maven { url'https://maven.aliyun.com/repository/public/' }
maven { url'https://maven.aliyun.com/repository/google/' }
maven { url'https://maven.aliyun.com/repository/jcenter/' }
maven { url'https://maven.aliyun.com/repository/central/' }
```

图 1-40　修改 build.gradle.ftl 文件

## 1.3　小试身手——第一个 Android 项目

Android 开发环境搭建成功后，下面通过新建一个简单的 Android 项目，学习如何创建和运行项目。

### 1.3.1　新建 Android 项目

在 Android Studio 中，新建一个 Android 项目的步骤如下：

01在 Android Studio 欢迎界面，单击 Start a new Android Studio project 选项，如图 1-41 所示。

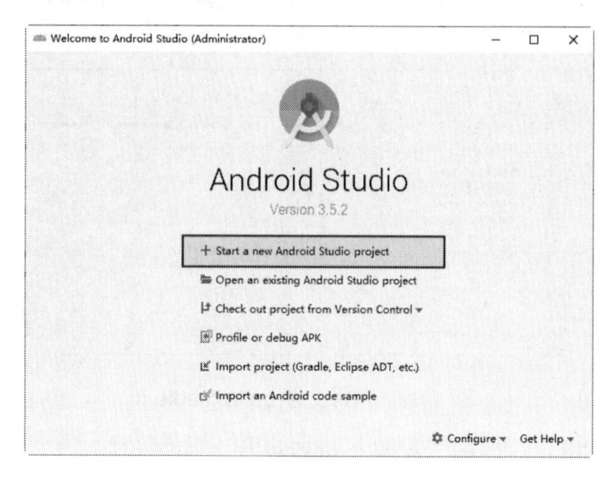


图 1-41　Android Studio 欢迎界面

02打开 Choose your project 对话框。Android Studio 提供了很多种内置模板，这里选择 Empty Activity 选项来创建一个空的活动，如图 1-42 所示。

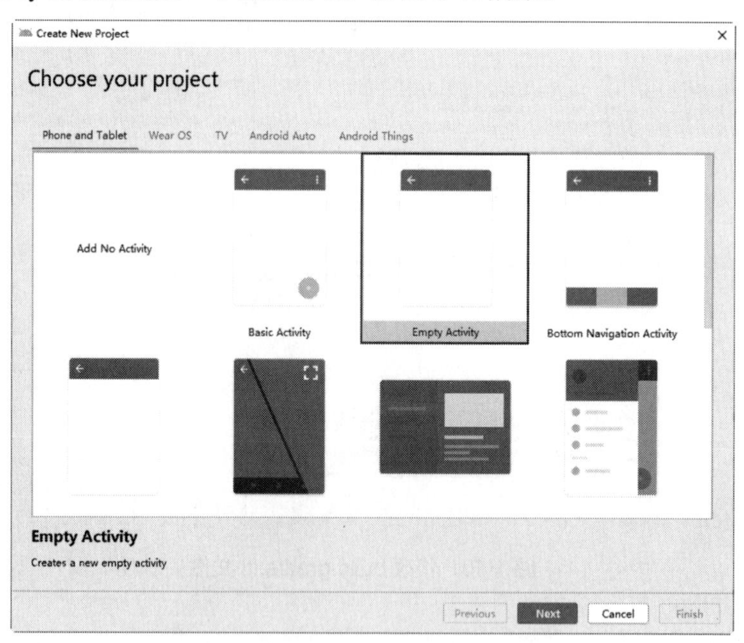


图 1-42　Choose your project 对话框

03单击 Next 按钮，打开 Configure your project 对话框。设置应用程序名称、包名称、应用程序存放位置、开发语言和系统版本等信息，如图 1-43 所示。

04单击 Finish 按钮，打开 Android Studio 主窗口，项目就创建成功了，如图 1-44 所示。

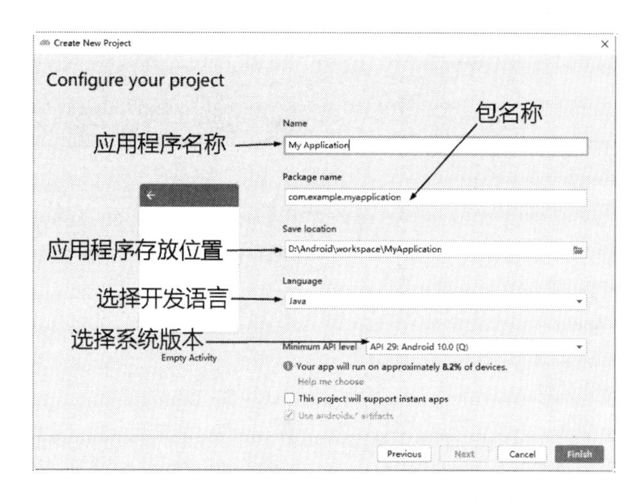


图 1-43　Configure your project 对话框

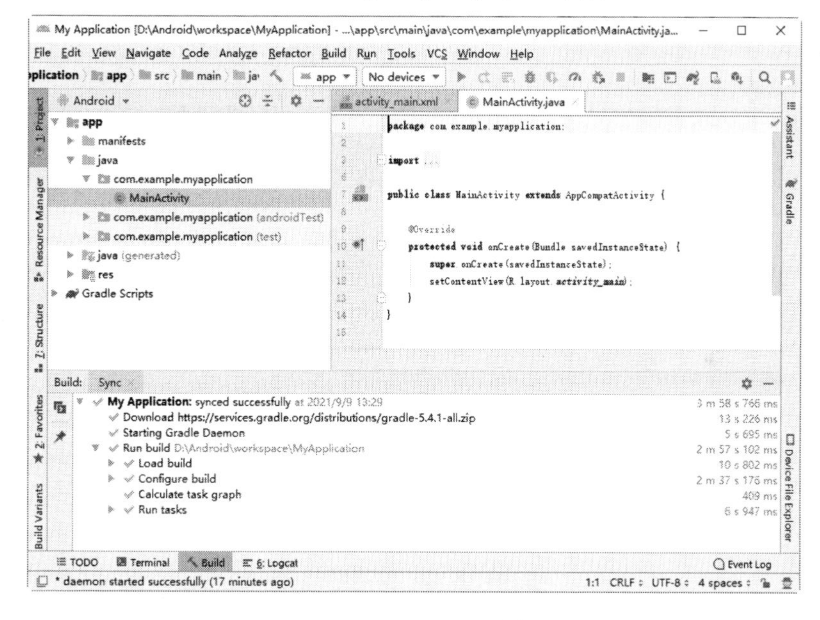


图 1-44　Android 项目窗口

## 1.3.2　启动模拟器

Android Studio 工具会自动生成许多东西，创建项目后不用编写任何代码，就可以试运行 Android 项目。在运行项目前，还需要有一个运行该项目的载体，可以是一部 Android 手机或者 Android 模拟器。本节使用 Android 模拟器来运行项目，下面介绍如何启动一个 Android 模拟器。

启动 Android 模拟器的具体步骤如下：

01 在 Android Studio 中选择 Tools→AVD Manager 菜单项，如图 1-45 所示。

02 打开 Your Virtual Devices 界面，单击 Create Virtual Device 按钮，如图 1-46 所示。

03 打开 Select Hardware 界面，这里默认选择模拟器 Pixel 2。单击 Next 按钮，如图 1-47 所示。

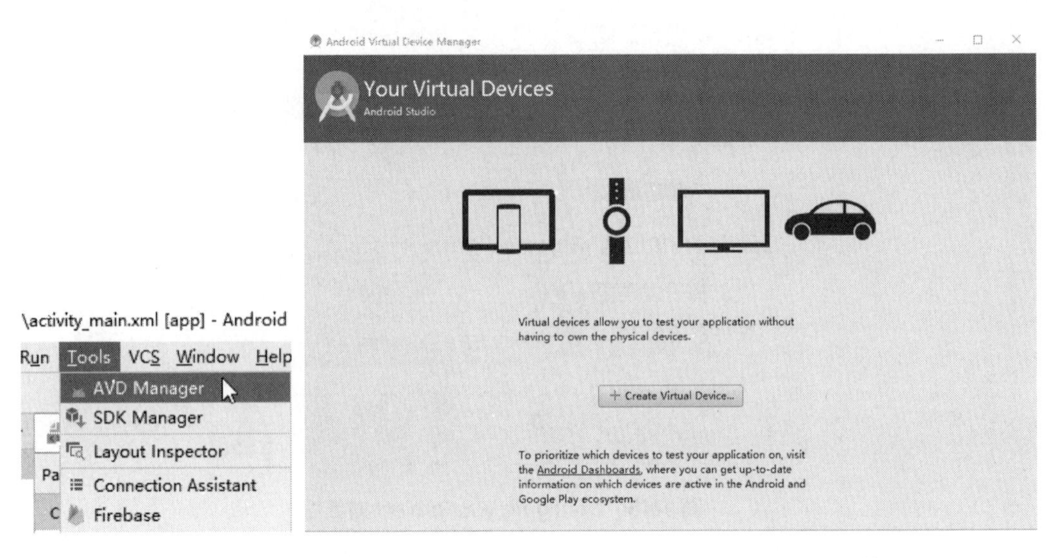


图 1-45　选择 AVD Manager 菜单项　　　　图 1-46　单击 Create Virtual Device 按钮

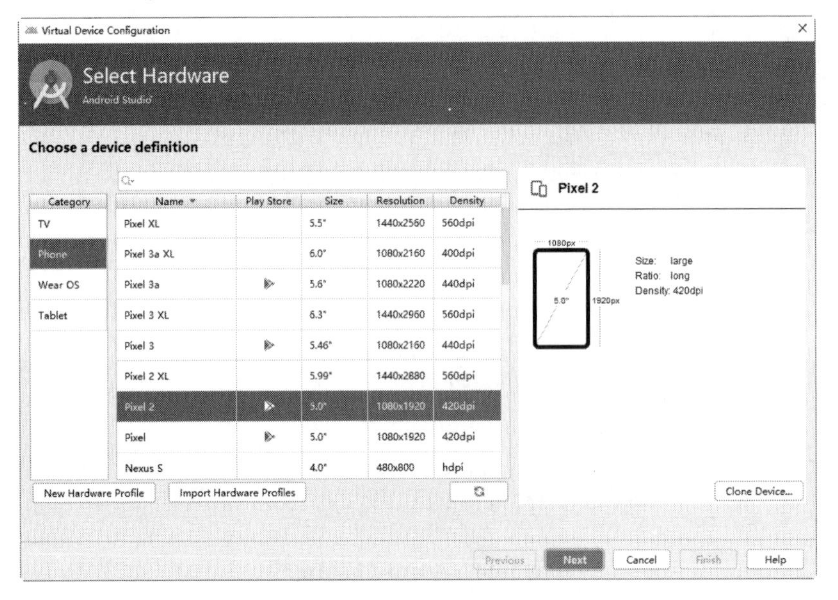


图 1-47　Select Hardware 界面

**04** 打开 System Image 界面，这里需要选择模拟器中的操作系统。单击对应的 Download 按钮，下载对应版本的操作系统，如图 1-48 所示。

**05** 选择模拟器要安装的操作系统版本后，单击 Next 按钮，打开 Android Virtual Device(AVD)界面，如图 1-49 所示。

**06** 单击 Finish 按钮，稍等一会儿，打开 Your Virtual Devices 界面，可以看到添加的 Android 模拟器，如图 1-50 所示。

**07** 单击绿色的运行按钮即可启动模拟器。第一次启动有些慢，稍等一会儿，模拟器如图 1-51 所示。Android 模拟器显示系统界面，其对手机的仿真度还是比较高的。

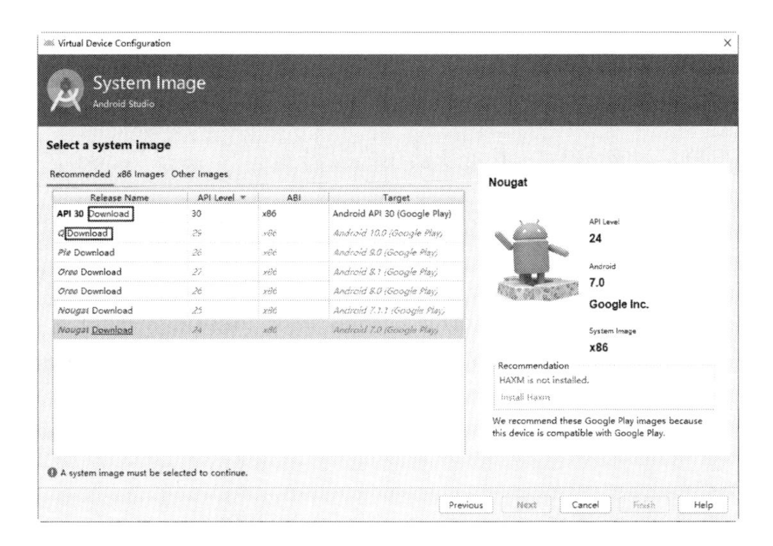


图 1-48　System Image 界面

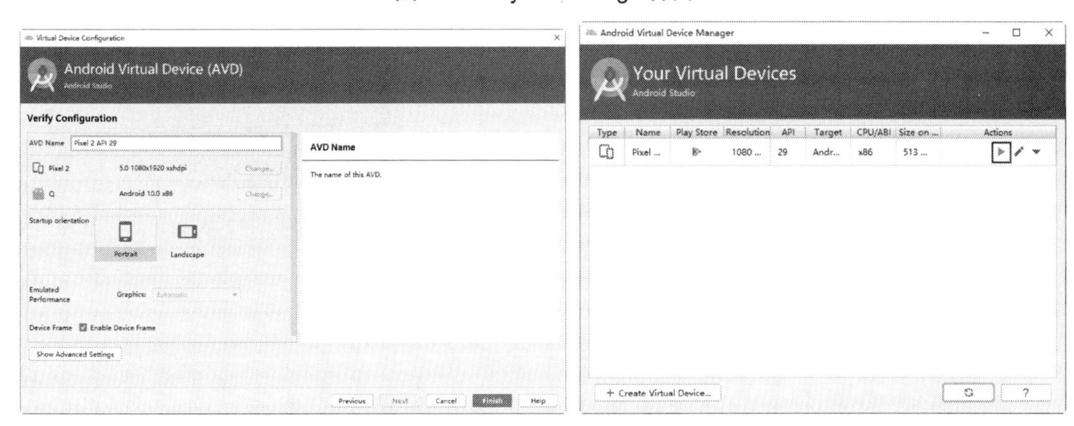


图 1-49　Android Virtual Device(AVD)界面　　　　图 1-50　Your Virtual Devices 界面

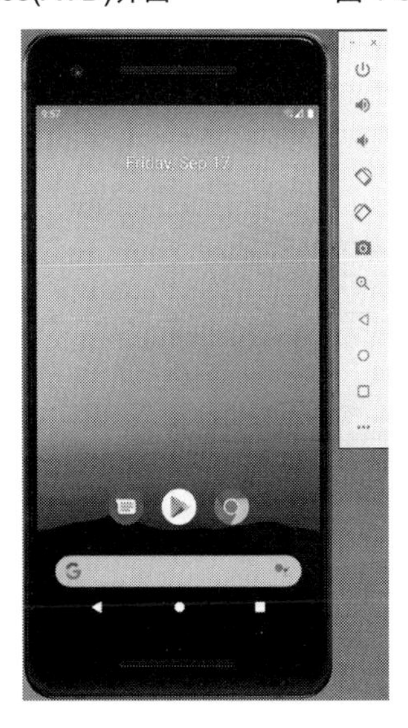


图 1-51　模拟器

## 1.3.3 运行程序

Android 模拟器启动起来后，下面开始在模拟器上运行 HelloWorld 项目，具体操作步骤如下。

01 选择 Run→Run ‘app’菜单项，如图 1-52 所示。或者在工具栏上单击 Run 按钮。

02 稍等一会儿，可以发现项目在模拟器上运行了，运行效果如图 1-53 所示。可以发现，在模拟器上生成了一句“Hello World!”代码，这是 Android Studio 自动生成的。

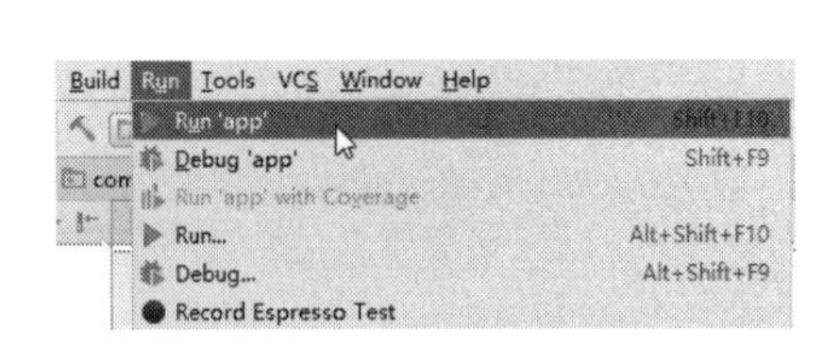


图 1-52 选择 Run ‘app’菜单项

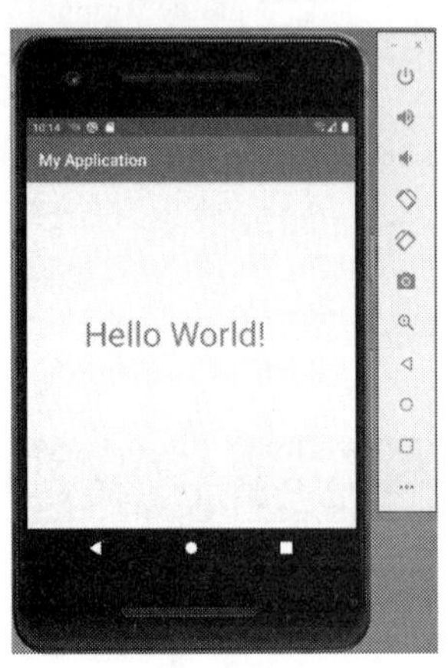


图 1-53 运行效果

## 1.3.4 项目结构

下面分析 My Application 项目的结构。任何一个新建的项目，默认都是 Android 模式，这种模式是 Android Studio 转换过的模式，不是真实的目录结构。这种项目结构只适合快速开发，但是不便于初学者理解，如图 1-54 所示。把项目结构模式切换成 Project 模式，才是项目的真实目录，如图 1-55 所示。

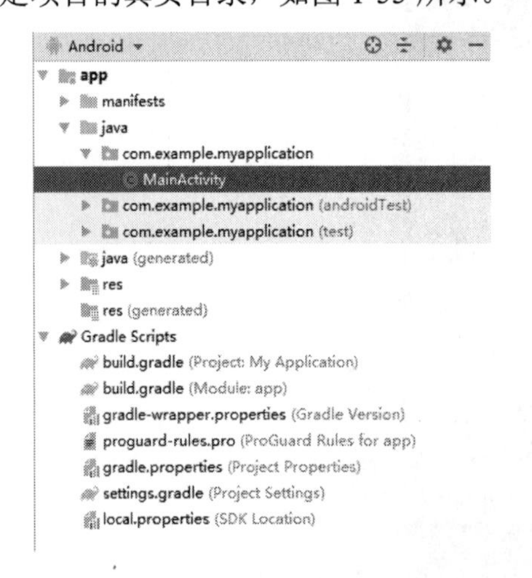


图 1-54 Android 模式

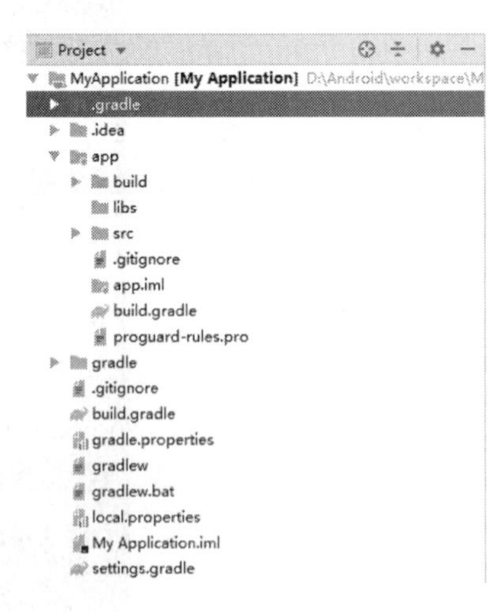


图 1-55 Project 模式

下面分析 Project 模式下项目 My Application 中的重要文件和文件夹的作用，如表 1-2

所示。

表 1-2　项目中的重要文件夹和文件

| 文件(夹)名 | 作　用 |
|---|---|
| .gradle | Gradle 编译系统，版本由 wrapper 指定 |
| .idea | Android Studio IDE 所需要的文件 |
| app | 项目的代码、资源等内容，开发工作都在该目录下进行 |
| gradle | gradle wrapper 的 jar 和配置文件 |
| .gitignore | git 使用的 ignore 文件 |
| build.gradle | gradle 编译的相关配置文件(相当于 Makefile) |
| gradle.properties | gradle 相关的全局属性配置文件，这里的属性配置会影响项目中所有的 gradle 编译脚本 |
| gradlew | Linux 或 Mac 系统下的 gradle wrapper 可执行文件 |
| gradlew.bat | Windows 系统下的 gradle wrapper 可执行文件 |
| My Application.iml | iml 文件是所有 IntelliJ IDEA 项目自动生成的文件，用于表示该项目 |
| local.properties | 指定本机中 Android SDK 的路径，当 Android SDK 的位置发生变化时，会自动将文件路径修改为新的位置 |
| settings.gradle | 指定项目中所有引入的模块，例如 app 模块。通常情况下模块的引入是自动完成的 |

项目中除了 app 文件夹外，其他文件和目录主要由 Android Studio 自动生成。在使用 Android Studio 进行项目开发时，主要操作在 app 目录下进行。app 目录中的文件以及文件夹，如表 1-3 所示。

表 1-3　app 中的文件及文件夹

| 文件(夹)名 | 作　用 |
|---|---|
| build | 与外层的 build 目录类似，存放编译时生成的文件，包含最终生成的 apk |
| libs | 存放项目中使用的第三方 jar 包，该目录下的 jar 包会被自动添加到构建路径中 |
| src | 源代码所在的目录 |
| src/androidTest | 编写 Android Test 测试用例，对项目进行一些自动化测试 |
| src/main/java | Java 代码存放位置 |
| src/main/res | Android 资源文件，存放图片、布局、字符串等资源 |
| src/main/AndroidManifest.xml | Android 项目的配置文件，程序中定义的四大组件需要在这里注册，也可以在该文件中给应用程序添加权限声明 |
| test | 编写 Unit Test 测试用例，对项目进行自动化测试的另一种方式 |
| .gitignore | 将 app 模块内指定目录或文件排除在版本控制外 |
| app.iml | Intellij idea 自动生成的项目配置文件 |
| build.gradle | app 模块的 gradle 构建脚本，指定项目的相关配置信息 |
| proguard-rules.pro | 代码混淆配置文件 |

## 1.3.5 代码分析

了解项目的整个目录结构之后，下面来分析 My Application 项目是如何运行的。

1. *注册活动*

Android 项目在配置文件 AndroidManifest.xml 中对四大组件进行注册。打开该文件，代码如下：

```
<?xml version="1.0" encoding="utf-8"?>
<manifest xmlns:android="http://schemas.android.com/apk/res/android"
   package="com.example.myapplication">
   <application
      android:allowBackup="true"
      android:icon="@mipmap/ic_launcher"
      android:label="@string/app_name"
      android:roundIcon="@mipmap/ic_launcher_round"
      android:supportsRtl="true"
      android:theme="@style/AppTheme">
      <activity android:name=".MainActivity">
         <intent-filter>
            <action android:name="android.intent.action.MAIN" />

            <category android:name="android.intent.category.LAUNCHER" />
         </intent-filter>
      </activity>
   </application>
</manifest>
```

本案例在<activity>标签中对活动进行注册，其中 android:name 指定活动的名称。该标签的子标签<intent-filter>中的两行代码，指定 MainActivity 是项目的主活动，应用程序启动时首先启动该活动。

2. *运行活动*

活动是 Android 应用程序的首页，在应用程序中看到的东西都在活动中注册。在 Android Studio 中打开 MainActivity.java 文件，其代码如下：

```
package com.example.myapplication;
import androidx.appcompat.app.AppCompatActivity;
import android.os.Bundle;
public class MainActivity extends AppCompatActivity {
   @Override
   protected void onCreate(Bundle savedInstanceState) {
      super.onCreate(savedInstanceState);          //调用父类方法
      setContentView(R.layout.activity_main);      //设置布局界面
   }
}
```

可以发现，该活动类继承自 AppCompatActivity 类，它是 Activity 类的子类。Activity 类是 Android 系统提供的一个活动基类。在该类中有一个 onCreate()方法，当一个活动被创建时一定执行该方法。在该方法中，通过 super 关键字调用父类的 onCreate()方法，通过

setContentView()方法对当前活动引入一个 activity_main 布局。由于在该方法中没有显示信息的代码，那么显示信息的代码一定在 activity_main 布局中。

Android 程序一般是逻辑与视图分离的，通常不在活动中编写界面，而是在布局文件中编写界面，然后在活动中引入布局。

3. 布局文件

布局文件在 res 目录下的 layout 文件夹中，打开 activity_main.xml 文件，切换到 Text 视图。布局文件代码如下：

```
<?xml version="1.0" encoding="utf-8"?>
<androidx.constraintlayout.widget.ConstraintLayout
xmlns:android="http://schemas.android.com/apk/res/android"
   xmlns:app="http://schemas.android.com/apk/res-auto"
   xmlns:tools="http://schemas.android.com/tools"
   android:layout_width="match_parent"
   android:layout_height="match_parent"
   tools:context=".MainActivity">
   <TextView
      android:layout_width="wrap_content"
      android:layout_height="wrap_content"
      android:text="Hello World!"
      app:layout_constraintBottom_toBottomOf="parent"
      app:layout_constraintLeft_toLeftOf="parent"
      app:layout_constraintRight_toRightOf="parent"
      app:layout_constraintTop_toTopOf="parent" />
</androidx.constraintlayout.widget.ConstraintLayout>
```

在本案例中，<TextView>标签的 android:text 属性指定了在活动页面显示的文字“HelloWorld!”。这是 Android Studio 工具自动生成的。

## 1.4　就业面试问题解答

**面试问题 1：启动 Android Studio 时总会弹出 Android Studio First Run 提示框，如图 1-56 所示，怎么办？**

打开 Android Studio 安装目录 bin，在 idea.properties 文件的最后追加一句代码，代码如下：

```
disable.android.first.run=true
```

重启 Android Studio，此时不再弹出该提示框。

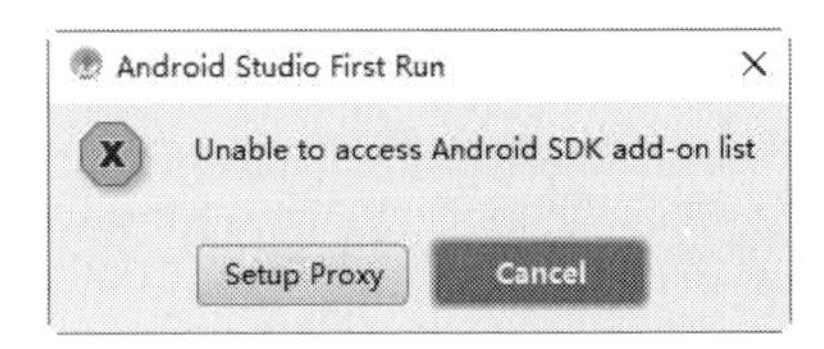


图 1-56　Android Studio First Run 提示框

### 面试问题 2：启动模拟器总是失败，怎么办？

这里需要检查 HAXM installer 是否安装成功。选择 Tools→SDK Manager 菜单命令，打开 Settings for New Projects 窗口。查看 HAXM installer 的状态是不是 Installed，如图 1-57 所示。

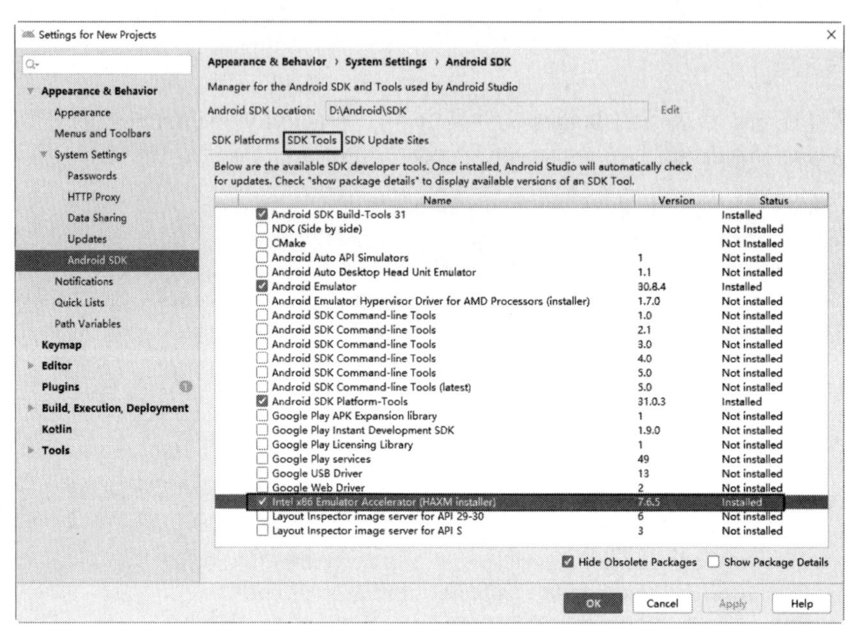


图 1-57　Settings for New Projects 窗口

如果 HAXM installer 的状态为 Not installed，则需要重新安装 HAXM installer。如果安装 HAXM installer 的过程中警告无法安装，需要到 BIOS 中设置 Virtualization Technology 为 Enabled。

# Android 界面布局

本章学习开发 Android 应用界面布局。Android 提供了多种布局及其实现的方法，项目不同，应选取不同的布局与实现方法，以加快项目的开发进度。

# 2.1 布局方式

布局更像一个城市建设规划，没有好的布局，界面中的组件则会杂乱地堆叠在一起，不美观，更无法操作。不同手机的分辨率不同，如何开发一个通用的应用程序就需要有一个合理的布局。本节讲解 Android 的几种常用布局方式。

## 2.1.1 相对布局

RelativeLayout(相对布局)管理器是通过参考对象来进行布局的管理器。首先要有一个参考的控件，例如桌面的顶端、左侧、右侧、底部等。

相对布局的语法格式如下：

```
<RelativeLayout xmlns:android="http://schemas.android.com/apk/res/android"
属性列表
>
</RelativeLayout>
```

其中，<RelativeLayout>为起始标签，</RelativeLayout>为结束标签，在起始标签中的 xmlns:android 为设置 XML 命名空间的属性，其属性值为固定写法。

RelativeLayout 的两个重要属性。

- gravity：用于设置布局中的各个控件的对齐方式。
- ignoreGravity：用于设置布局管理器中哪个控件不受 gravity 属性的控制。

仅有这两个属性是不够的，所以 RelativeLayout 提供了一个内部类 RelativeLayout.LayoutParams，通过这个内部类可以更好地控制界面中的各个控件。

下面介绍 RelativeLayout 布局控制器支持的常用 XML 属性。

(1) 基于布局管理器的属性

以 RelativeLayout 为参考对象的属性说明如下。

- layout_alignParentTop：当前控件与父控件的顶部对齐。
- layout_alignParentBottom：当前控件与父控件的底部对齐。
- layout_alignParentLeft：当前控件与父控件左对齐。
- layout_alignParentStart：当前控件与父控件的开始处对齐。
- layout_alignParentRight：当前控件与父控件右对齐。
- layout_alignParentEnd：当前控件与父控件的结束处对齐。
- layout_centerVertical：将当前控件置于父控件垂直方向的中心位置。
- layout_centerHorizontal：将当前控件置于父控件水平方向的中心位置。
- layout_centerInParent：将控件置于父控件的中心位置。

以布局管理器作为参考进行定位示意图，如图 2-1 所示。

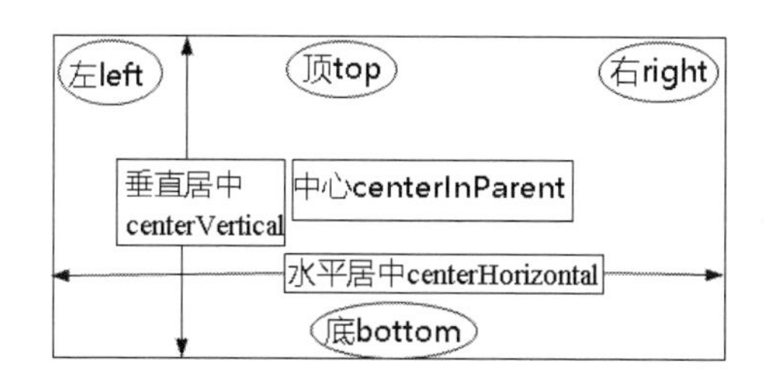


图 2-1　以布局管理器作为参考

(2) 基于其他控件的属性

以其他控件为参考对象的属性说明如下。

- layout_toLeftOf：在参考控件的左边。
- layout_toStartOf：在参考控件的开始处。
- layout_toRightOf：在参考控件的右边。
- layout_toEndOf：在参考控件的结束处。
- layout_above：在参考控件的上方。
- layout_below：在参考控件的下方。
- layout_alignLeft：当前控件与参考控件的左对齐。
- layout_alignStart：当前控件与参考控件的开始处对齐。
- layout_alignRight：当前控件与参考控件的右对齐。
- layout_alignEnd：当前控件与参考控件的结束处对齐。
- layout_alignTop：当前控件与参考控件的上边界对齐。
- layout_alignBottom：当前控件与参考控件的下边界对齐。

(3) 设置控件的位置偏移量

设置控件在布局管理器中的偏移量，相关属性说明如下。

- layout_margin：设置控件在布局管理其中的边距。
- layout_marginTop：设置控件与布局管理器顶端的边距。
- layout_marginBottom：设置控件与布局管理器底端的边距。
- layout_marginLeft：设置控件与布局管理器左边的边距。
- layout_marginHorizontal：设置控件与布局管理器垂直的边距。
- layout_marginRight：设置控件与布局管理器右边的边距。
- layout_marginVertical：设置控件与布局管理器水平的边距。

(4) 设置组件内容与组件边框的填充量

设置组件内容与组件容器的填充方式，相关属性说明如下。

- padding：内部元素上下左右进行填充。
- paddingTop：顶部填充。
- paddingBottom：底部填充。
- paddingLeft：左边距填充。
- paddingVertical：垂直填充。
- paddingRight：右边距填充。
- paddingHorizontal：水平填充。

### 实例 1 使用相对布局管理器

01 在 Android Studio 中，选择 File→New→New Module 菜单项，然后在弹出的对话框中选择 Phone & Tablet Module，如图 2-2 所示。

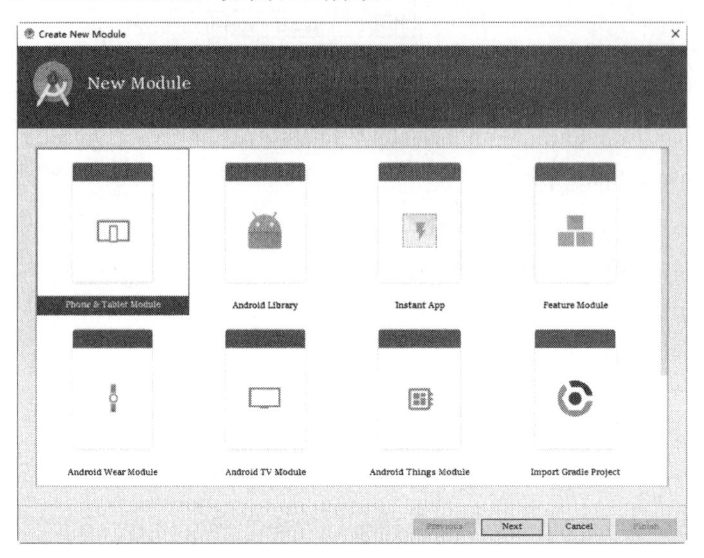


图 2-2 创建新的模块

02 单击 Next 按钮，打开 Phone & Tablet Module 对话框。在 Application/Library name 文本框中输入 RelativeLayout，如图 2-3 所示。

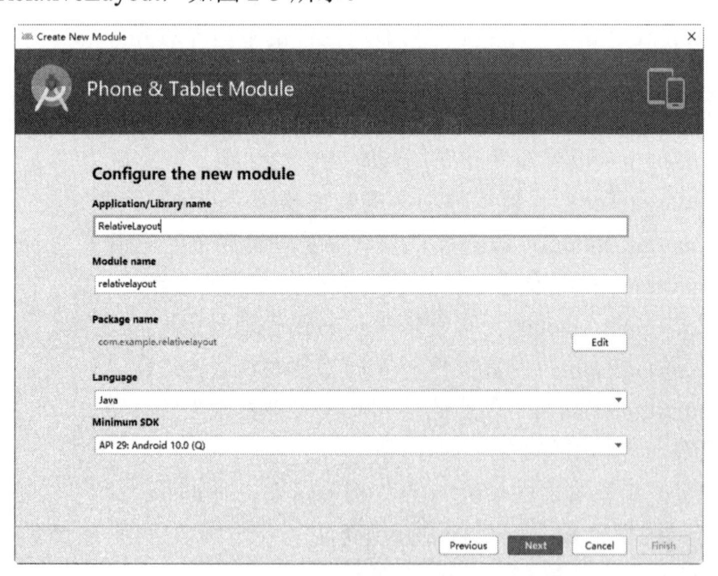


图 2-3 输入应用的名称

03 单击 Next 按钮，打开 Add an Activity to Mobile 对话框。选择一个空的模板 Empty Activity，如图 2-4 所示。

04 单击 Next 按钮，打开 Configure Activity 对话框。单击 Finish 按钮，完成模块创建，如图 2-5 所示。

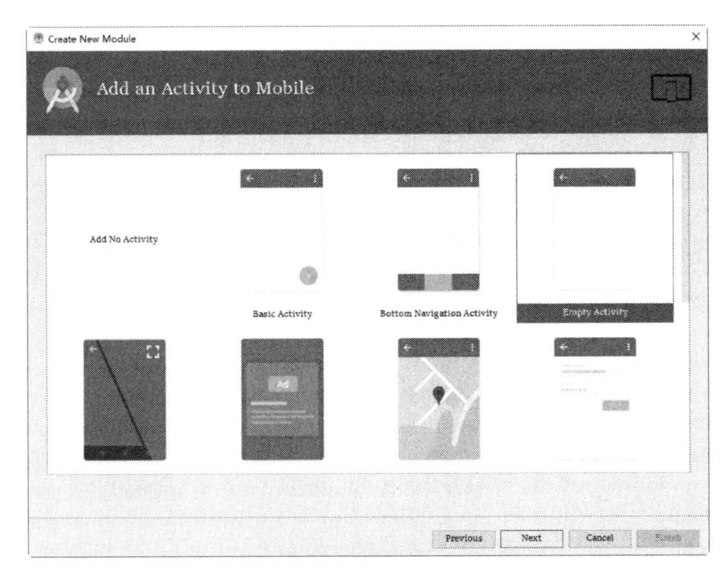


图 2-4　选择空的模板

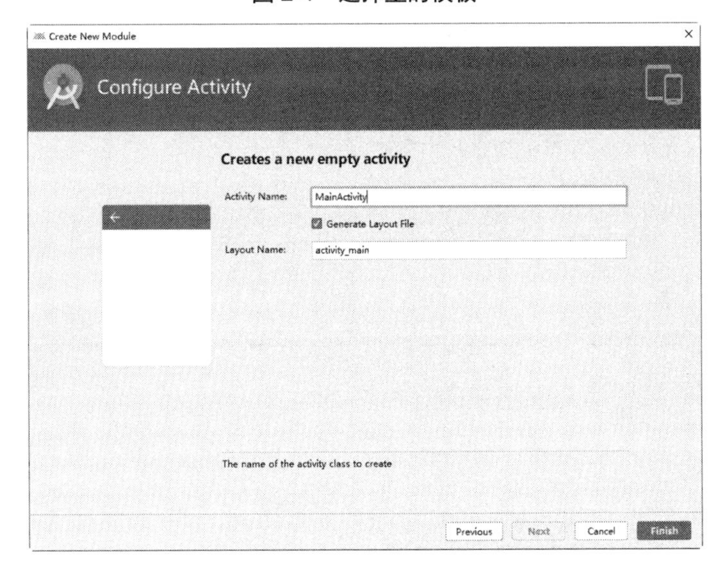


图 2-5　完成模块创建

**05** 在工程目录中选择 relativelayout 工程，选择 res 文件夹，并选择 layout 文件夹下的 activity_main.xml 文件，如图 2-6 所示。

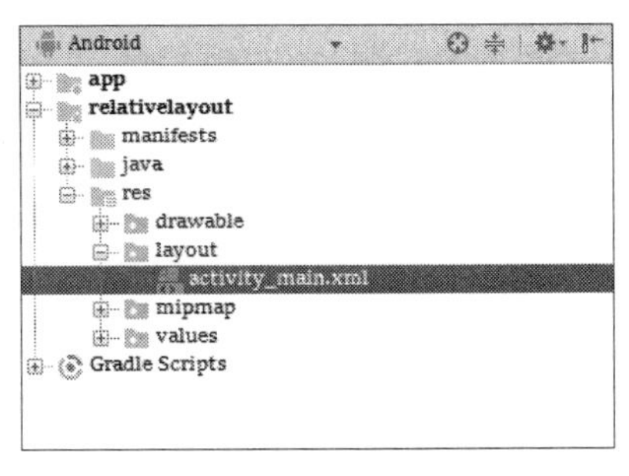


图 2-6　选中布局文件

06 双击打开布局文件，修改代码如下：

```
<?xml version="1.0" encoding="utf-8"?>
<RelativeLayout xmlns:android="http://schemas.android.com/apk/res/android"
    xmlns:app="http://schemas.android.com/apk/res-auto"
    xmlns:tools="http://schemas.android.com/tools"
    android:layout_width="match_parent"
    android:layout_height="match_parent"
    tools:context="com.example.relativelayout.MainActivity">
    <!-- 在容器中央 -->
    <Button
        android:id="@+id/Btn1"
        android:layout_width="wrap_content"
        android:layout_height="wrap_content"
        android:layout_centerInParent="true"
        android:text="第一个按钮"
        android:textColor="#ff0000" />
    <!-- 第一个按钮的左边 -->
    <Button
        android:layout_width="wrap_content"
        android:layout_height="wrap_content"
        android:layout_centerInParent="true"
        android:layout_toLeftOf="@id/Btn1"
        android:text="第二个按钮"
        android:textColor="#00ff00" />
    <!-- 第一个按钮的右边 -->
    <Button
        android:layout_width="wrap_content"
        android:layout_height="wrap_content"
        android:layout_centerInParent="true"
        android:layout_toRightOf="@id/Btn1"
        android:text="第三个按钮"
        android:textColor="#0000ff" />
    <!-- 第一个按钮的上边 -->
    <Button
        android:layout_width="wrap_content"
        android:layout_height="wrap_content"
        android:layout_above="@id/Btn1"
        android:layout_centerHorizontal="true"
        android:text="第四个按钮"
        android:textColor="#225522" />
    <!-- 在布局管理器的底部 -->
    <Button
        android:id="@+id/Btn2"
        android:layout_width="wrap_content"
        android:layout_height="wrap_content"
        android:layout_alignParentBottom="true"
        android:text="第五个按钮"
        android:textColor="#995599" />
    <!-- 在第五个按钮的右边 -->
    <Button
        android:layout_width="wrap_content"
        android:layout_height="wrap_content"
        android:layout_alignParentBottom="true"
        android:layout_toRightOf="@id/Btn2"
```

```
    android:text="第六个按钮"
    android:textColor="#553300" />
</RelativeLayout>
```

上述代码创建了 6 个按钮，分别设置了不同的颜色。关于按钮的一些属性后面还会重点讲解。这里将第一个按钮设置位于布局管理器的中间，第二个按钮位于第一个按钮的左边，第三个按钮位于第一个按钮的右边，第四按钮位于第一个按钮的上面，第五个按钮位于底部，第六个按钮位于第五个按钮的右边。

注意　使用相对布局管理器时，需要给参照的控件添加 ID 属性，以便为其他控件属性赋值。

07 查看运行效果，如图 2-7 所示。

图 2-7　运行效果

## 2.1.2　线性布局

LinearLayout(线性布局)管理器是将其中的组件按照水平或者垂直方向排列，图 2-8 是垂直布局模板，图 2-9 是水平布局模板。

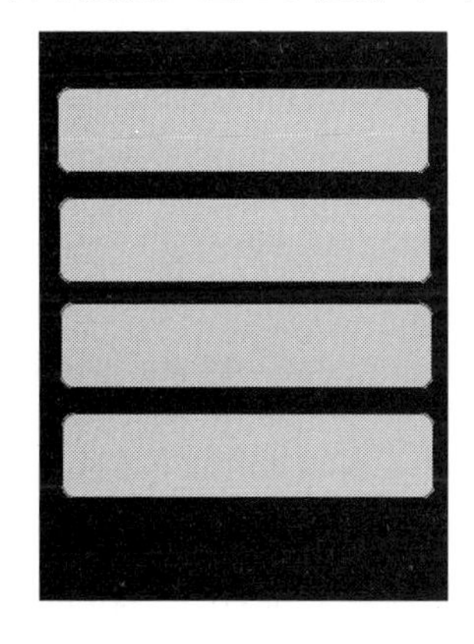

图 2-8　垂直布局

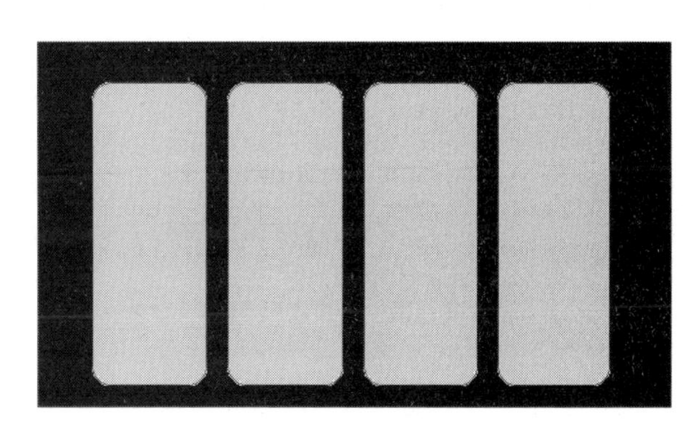

图 2-9　水平布局

线性布局的语法格式如下：

```
<LinearLayout xmlns:android="http://schemas.android.com/apk/res/android"
属性列表
>
</LinearLayout>
```

上述语法中，<LinearLayout>为起始标签，</LinearLayout>为结束标签，起始标签后面的语句采用固定格式设置 XML 命名空间的属性。

下面是 LinearLayout 支持的常用 XML 属性。

- orientation：布局排列方式，默认 vertical 为垂直排列，horizontal 为水平排列。
- gravity：布局管理器中组件的显示位置，值可以组合(如 left|bottom)。
- layout_weight：布局宽度。
- layout_height：布局高度。
- background：布局背景。
- id：用于标识。

**实例 2　使用线性布局管理器**

创建一个新的 Module 并命名为 LinearLayout，如何创建 Module 请参照上一节课程。修改布局文件代码如下：

```
<?xml version="1.0" encoding="utf-8"?>
<LinearLayout xmlns:android="http://schemas.android.com/apk/res/android"
   xmlns:app="http://schemas.android.com/apk/res-auto"
   xmlns:tools="http://schemas.android.com/tools"
   android:orientation="horizontal"
   android:layout_width="match_parent"
   android:layout_height="match_parent"
   tools:context="com.example.linearlayout.MainActivity">
   <Button
      android:layout_weight="1"
      android:layout_width="wrap_content"
      android:layout_height="wrap_content"
      android:text="按钮 1"
      android:background="#ff0000"/>
   <Button
      android:layout_weight="5"
      android:layout_width="wrap_content"
      android:layout_height="wrap_content"
      android:text="按钮 2"
      android:background="#ffff00"/>
   <Button
      android:layout_weight="9"
      android:layout_width="wrap_content"
      android:layout_height="wrap_content"
      android:text="按钮 3"
      android:background="#00ff00"/>
</LinearLayout>
```

这个实例创建了一个线性布局，布局中包含三个按钮，并设置了 layout_weight 属性。三个按钮按照权重分配区域大小，查看运行效果，如图 2-10 所示。

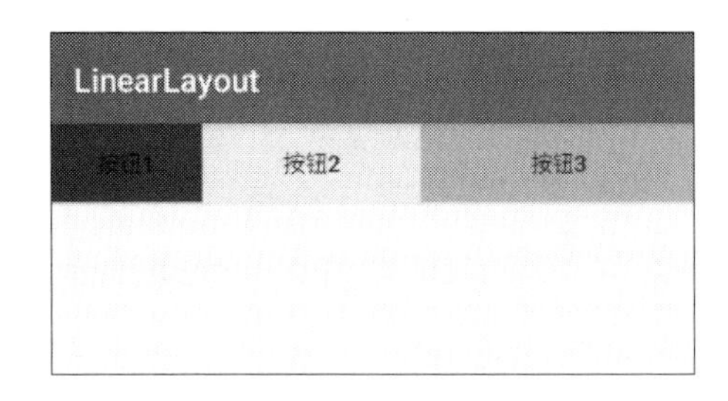


图 2-10　运行效果

## 2.1.3　帧布局

FrameLayout(帧布局)是一个相对简单的布局，它直接在屏幕上分配一块区域，创建的组件默认放到左上角，也可以通过 layout_gravity 属性指定其位置。这种布局没有任何的定位，布局大小由内部最大组件决定，新创建的组件将覆盖之前的组件，所以应用场景不多。

帧布局的语法格式如下：

```
<FrameLayout xmlns:android="http://schemas.android.com/apk/res/android"
属性列表
>
</FrameLayout>
```

FrameLayout 支持的常用 XML 属性如下。

- Foreground：设置布局管理器的前景色。
- foregroundGravity：设置前景图像的 gravity 属性，即前景图像的显示位置。

**实例 3**　使用帧布局管理器

创建一个新的 Module 并命名为 FrameLayout，修改布局文件代码如下：

```
<?xml version="1.0" encoding="utf-8"?>
<FrameLayout xmlns:android="http://schemas.android.com/apk/res/android"
   xmlns:app="http://schemas.android.com/apk/res-auto"
   xmlns:tools="http://schemas.android.com/tools"
   android:layout_width="match_parent"
   android:layout_height="match_parent"
   tools:context="com.example.framelayout.MainActivity">
   <TextView
      android:layout_width="200dp"
      android:layout_height="200dp"
      android:background="#FF0000"
      android:text="第 1 个文本控件"
      android:layout_gravity="center"/>
   <TextView
      android:layout_width="150dp"
      android:layout_height="150dp"
      android:background="#00FF00"
      android:text="第 2 个文本控件"
      android:layout_gravity="center"/>
   <TextView
      android:layout_width="100dp"
      android:layout_height="100dp"
```

```
        android:background="#FFFF00"
        android:text="第 3 个文本控件"
        android:layout_gravity="center"/>
</FrameLayout>
```

这里创建了三个不同颜色和大小的文本控件，三个控件居中显示，这样就可以看到层叠的帧布局效果，运行结果如图 2-11 所示。

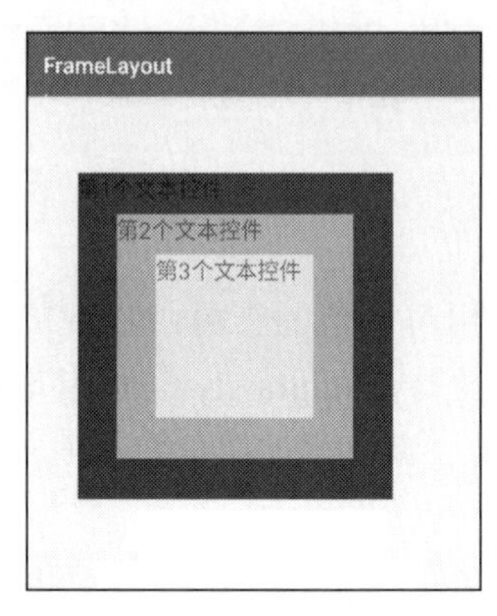


图 2-11　运行效果

## 2.1.4　表格布局

TableLayout(表格布局)管理器通过表格来管理内部的组件，表格管理器通过设定行和列来划分区域，列可以设置为隐藏，也可以设置为伸展，这些都是它的特性。

表格布局的语法格式如下：

```
<TableLayout xmlns:android="http://schemas.android.com/apk/res/android"
属性列表
>
<TableRow 属性列表>添加的组件</TableRow>
可以有多个<TableRow>
</TableLayout >
```

TableLayout 继承了 LinearLayout，因此所有线性布局管理器的属性它都支持。除此之外，TableLayout 还支持如下 XML 属性。

- collapseColumns：隐藏列(序号从 0 开始)，多个列之间用“,”分隔。
- shrinkColumns：收缩列。
- stretchColumns：拉伸列。

**实例 4　使用表格布局隐藏列**

创建一个新的 Module 并命名为 TableLayout，修改布局文件代码如下：

```
<?xml version="1.0" encoding="utf-8"?>
<TableLayout xmlns:android="http://schemas.android.com/apk/res/android"
    xmlns:app="http://schemas.android.com/apk/res-auto"
    xmlns:tools="http://schemas.android.com/tools"
    android:layout_width="match_parent"
    android:layout_height="match_parent"
```

```
    tools:context="com.example.tablelayout.MainActivity"
    android:collapseColumns="0,2">
    <TableRow>
        <Button
            android:layout_width="wrap_content"
            android:layout_height="wrap_content"
            android:text="1-1" />
        <Button
            android:layout_width="wrap_content"
            android:layout_height="wrap_content"
            android:text="1-2" />
        <Button
            android:layout_width="wrap_content"
            android:layout_height="wrap_content"
            android:text="1-3" />
        <Button
            android:layout_width="wrap_content"
            android:layout_height="wrap_content"
            android:text="1-4" />
        <Button
            android:layout_width="wrap_content"
            android:layout_height="wrap_content"
            android:text="1-5" />
    </TableRow>
    <TableRow>
        <Button
            android:layout_width="wrap_content"
            android:layout_height="wrap_content"
            android:text="2-1"/>
        <Button
            android:layout_width="wrap_content"
            android:layout_height="wrap_content"
            android:text="2-2"/>
        <Button
            android:layout_width="wrap_content"
            android:layout_height="wrap_content"
            android:text="2-3"/>
    </TableRow>
</TableLayout>
```

这里通过表格布局管理器创建了两行按钮，两行中都隐藏了第一列按钮与第三列按钮。运行效果如图 2-12 所示。

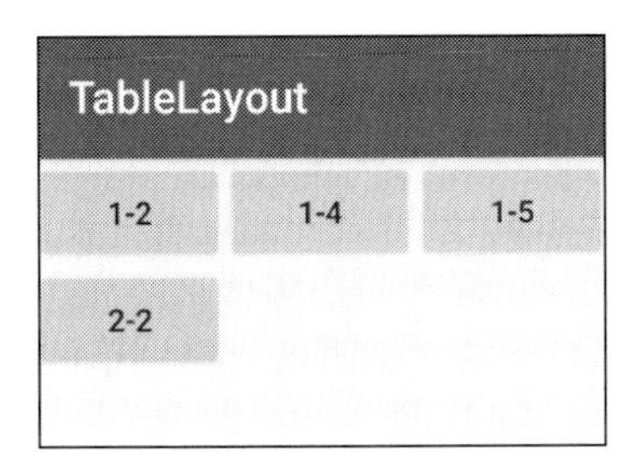


图 2-12 运行效果

## 2.1.5　网格布局

GridLayout(网格布局)管理器与表格布局管理器类似，但是它更加灵活。在网格布局中，屏幕被分成很多行与列，在行列交叉处可以放置一个组件，这样就可以跨行或者跨列摆放组件。表格布局则不能进行跨行显示，这正是网格布局的优势。表格布局与网格布局分别如图 2-13 和 2-14 所示。

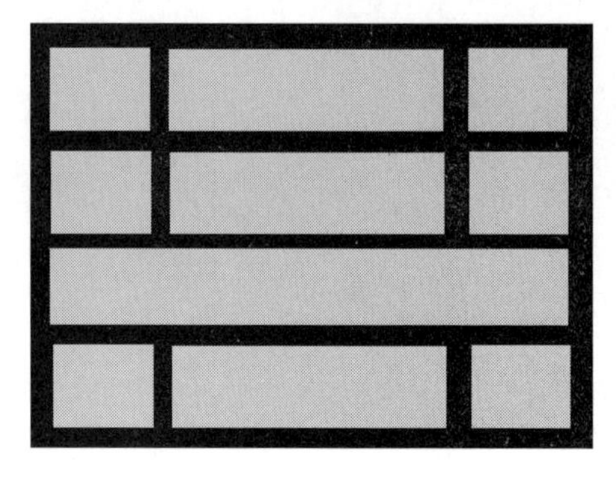

图 2-13　表格布局

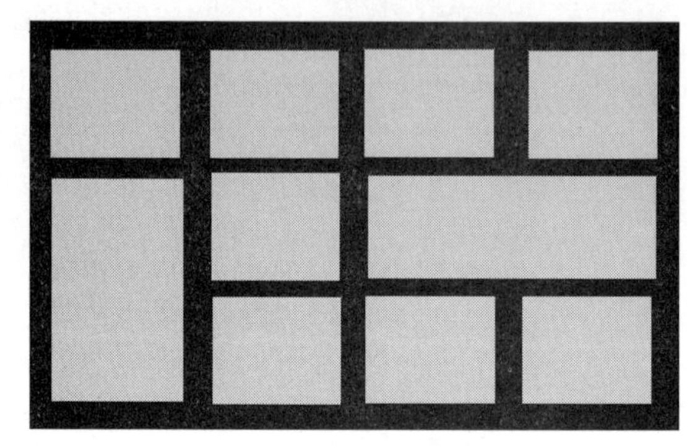

图 2-14　网格布局

网格布局的语法格式如下：

```
<GridLayout xmlns:android="http://schemas.android.com/apk/res/android"
属性列表
>
</GridLayout>
```

GridLayout 支持的常用 XML 属性说明如下。

- columnCount：指定网格的最大列数。
- orientation：设定放入组件的排列方式。
- rowCount：指定网格的最大行数。
- useDefaultMargins：指定是否使用默认边距。
- alignmentMode：指定布局管理器的对齐模式。
- rowOrderPreserved：设置边界显示的顺序和行索引是否相同。
- columnOrderPreserved：设置边界显示的顺序和列索引是否相同。

为了控制网格布局中各个组件的排列，GridLayout 还提供了一个内部类 LayoutParams，该类中提供的 XML 属性说明如下。

- layout_column：指定组件位于网格的第几列。
- layout_columnSpan：指定组件横向跨几列(索引从 0 开始)。
- layout_columnWeight：指定组件列上的权重。
- layout_gravity：指定组件采用什么方式占据网格的空间。
- layout_row：指定组件位于网格的第几行。
- layout_rowSpan：指定组件纵向跨几行。
- layout_rowWeight：指定组件横向跨几列。

如果一个组件需要设置跨行或者跨列显示，需要先设置 layout_columnSpan 或者

layout_rowSpan，然后再设置 layout_gravity 属性为 fill，这样就能填满横跨的行或者列。

**实例 5　使用网格布局管理器创建一个计算器效果**

创建一个新的 Module 并命名为 GridLayout，修改布局文件代码如下：

```
<?xml version="1.0" encoding="utf-8"?>
<GridLayout xmlns:android="http://schemas.android.com/apk/res/android"
    xmlns:app="http://schemas.android.com/apk/res-auto"
    xmlns:tools="http://schemas.android.com/tools"
    android:layout_width="match_parent"
    android:layout_height="match_parent"
    android:columnCount="4"
    android:rowCount="6"
    tools:context="com.example.gridlayout.MainActivity">
    <!--跨四列 自动填充 权重 2-->
    <EditText
        android:layout_columnSpan="4"
        android:layout_gravity="top|left"
        android:layout_marginLeft="5dp"
        android:layout_marginRight="5dp"
        android:background="#FFCCCC"
        android:text="0"
        android:textSize="50dp" />
    //列、行权重为 1
    <Button
        android:text="C"
        android:layout_columnWeight="1"
        android:layout_rowWeight="1"
        android:textSize="20dp"
        android:textColor="#00F"/>
    //列、行权重为 1
    <Button
        android:text="回退"
        android:layout_columnWeight="1"
        android:layout_rowWeight="1"
        android:textSize="20dp"/>
    //列、行权重为 1
    <Button
        android:text="/"
        android:layout_columnWeight="1"
        android:layout_rowWeight="1"
        android:textSize="20dp"/>
    //列、行权重为 1
    <Button
        android:text="x"
        android:layout_columnWeight="1"
        android:layout_rowWeight="1"
        android:textSize="20dp"/>
    //列、行权重为 1
    <Button
        android:text="7"
        android:layout_columnWeight="1"
        android:layout_rowWeight="1"
        android:textSize="20dp"/>
```

```
//列、行权重为1
<Button
    android:text="8"
    android:layout_columnWeight="1"
    android:layout_rowWeight="1"
    android:textSize="20dp"/>
//列、行权重为1
<Button
    android:text="9"
    android:layout_columnWeight="1"
    android:layout_rowWeight="1"
    android:textSize="20dp"/>
//列、行权重为1
<Button
    android:text="-"
    android:layout_columnWeight="1"
    android:layout_rowWeight="1"
    android:textSize="20dp"/>
//列、行权重为1
<Button
    android:text="4"
    android:layout_columnWeight="1"
    android:layout_rowWeight="1"
    android:textSize="20dp"/>
//列、行权重为1
<Button
    android:text="5"
    android:layout_columnWeight="1"
    android:layout_rowWeight="1"
    android:textSize="20dp"/>
//列、行权重为1
<Button
    android:text="6"
    android:layout_columnWeight="1"
    android:layout_rowWeight="1"
    android:textSize="20dp"/>
//列、行权重为1
<Button
    android:text="+"
    android:layout_columnWeight="1"
    android:layout_rowWeight="1"
    android:textSize="20dp"/>
//列、行权重为1
<Button
    android:text="1"
    android:layout_columnWeight="1"
    android:layout_rowWeight="1"
    android:textSize="20dp"/>
//列、行权重为1
<Button
    android:text="2"
    android:layout_columnWeight="1"
    android:layout_rowWeight="1"
    android:textSize="20dp"/>
//列、行权重为1
```

```
    <Button
        android:text="3"
        android:layout_columnWeight="1"
        android:layout_rowWeight="1"
        android:textSize="20dp"/>
    //跨两行，自动填充，列权重为 1，行权重为 2
    <Button
        android:text="="
        android:layout_rowSpan="2"
        android:layout_gravity="fill"
        android:layout_columnWeight="1"
        android:layout_rowWeight="1"
        android:background="#dd7aef"/>
    //跨两列，自动填充，列权重为 2，行权重为 1
    <Button
        android:text="0"
        android:layout_columnSpan="2"
        android:layout_gravity="fill_horizontal"
        android:layout_columnWeight="2"
        android:layout_rowWeight="1"
        android:textSize="20dp"/>
    //列、行权重为 1
    <Button
        android:text="."
        android:layout_columnWeight="1"
        android:layout_rowWeight="1"
        android:textSize="20dp"/>
</GridLayout>
```

这里创建了一个 6 行 4 列的计算器，数值显示跨 4 列，并且设置数值显示为左上，“0”号按钮横向跨两列显示，“=”号键纵向跨两行显示，运行效果如图 2-15 所示。

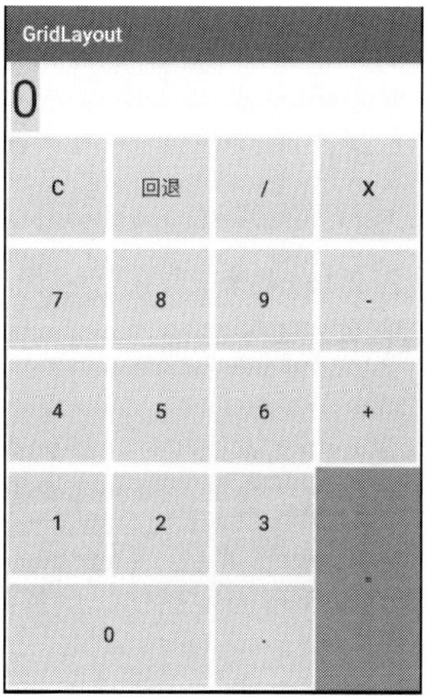

图 2-15　运行效果

### 2.1.6 约束布局

前面介绍的常规布局都是通过 XML 文件进行界面布局。这里介绍新型布局方式 ConstraintLayout(约束布局)。

约束布局的特点如下：

- ConstraintLayout 适合以可视化方式来编写界面，可视化操作的背后仍然使用 XML 代码来实现，只不过这些代码是由 Android Studio 根据实际操作自动生成的。
- ConstraintLayout 可以有效地解决布局嵌套过多的问题。

约束布局的语法格式如下：

```
<android.support.constraint.ConstraintLayout>
</android.support.constraint.ConstraintLayout>
```

1. 操作约束布局

创建完工程以后，双击布局文件，默认以 Text 文件视图打开。选中窗口下方的 Design 标签，将其切换为设计视图，如图 2-16 所示。

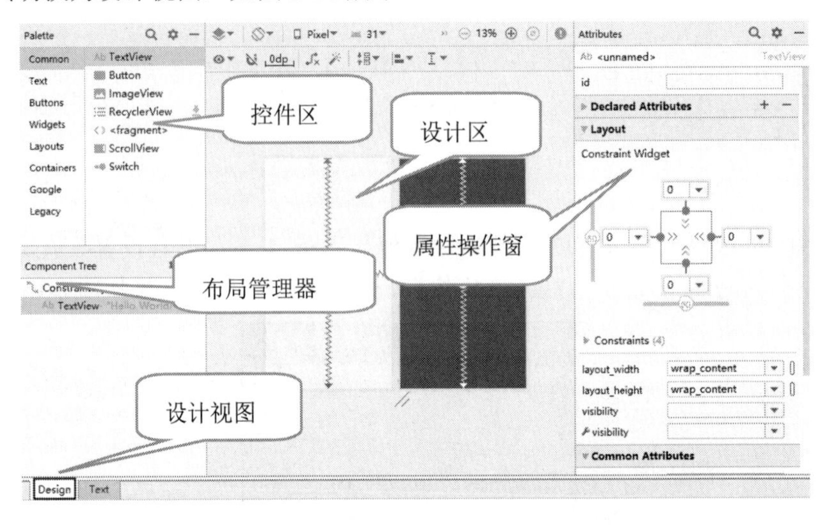


图 2-16 约束布局的设计视图

可以看出，约束布局管理器默认有两个界面，左侧为运行效果界面，右侧为约束设计界面。

默认情况下，系统会自动创建一个文本框控件，并约束至居中显示，如图 2-17 所示。可以看到上下左右分别有带箭头的折线，这些就是约束的条件。

拖动一个按钮控件到设计界面，如图 2-18 所示。上下左右的空心圆圈是可操作的约束条件，拖动圆圈到想要约束的位置即可固定控件，一旦添加好约束，空心圈会变成实心圆圈。

如果想要将控件放置于界面的某个位置，可以将上下左右四个约束分别与界面四周关联，然后拖动控件到某个位置即可。

例如，修改默认的文本框控件，改变其原有的位置，可以在约束状态下拖动控件到某一个位置，如图 2-19 所示。

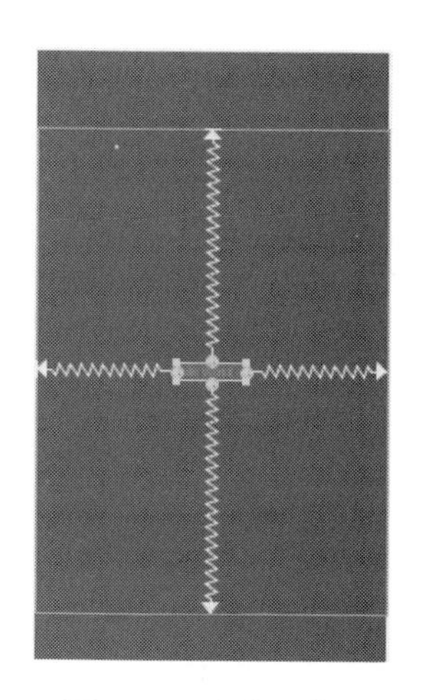

图 2-17　文本框布局

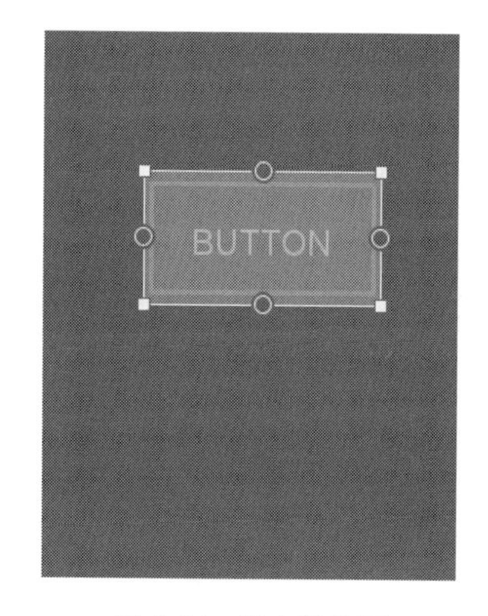


图 2-18　约束操作区

除此之外，还可以参照某一控件来进行约束定位。例如，将按钮控件约束在文本框下方，可以将按钮左右侧对应约束在文本框的左右侧，最后将上方位置与其约束，如图 2-20 所示。

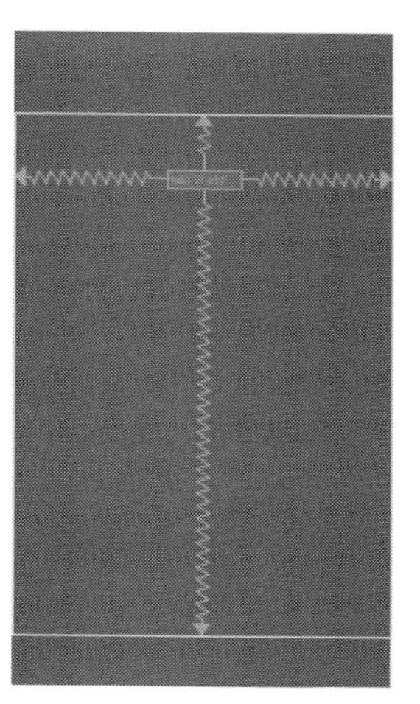

图 2-19　改变控件位置

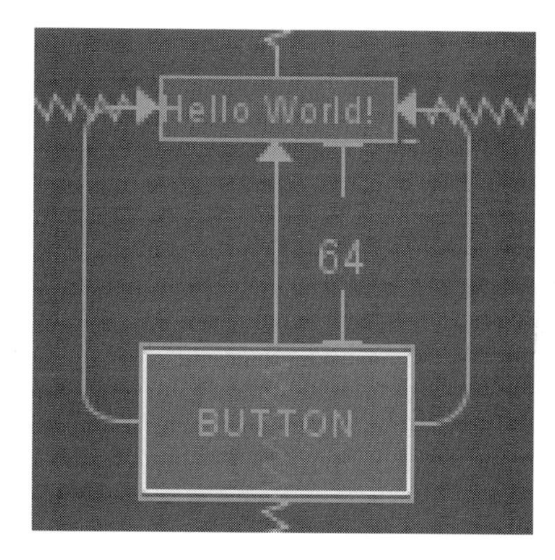


图 2-20　控件相对约束

如果想删除约束，可以先将其选中，右击并从弹出的快捷菜单中选择 Clear Constraints of Selection 菜单项，如图 2-21 所示。也可以从导航栏中单击 Clear All Constraints 去除约束按钮，如图 2-22 所示。

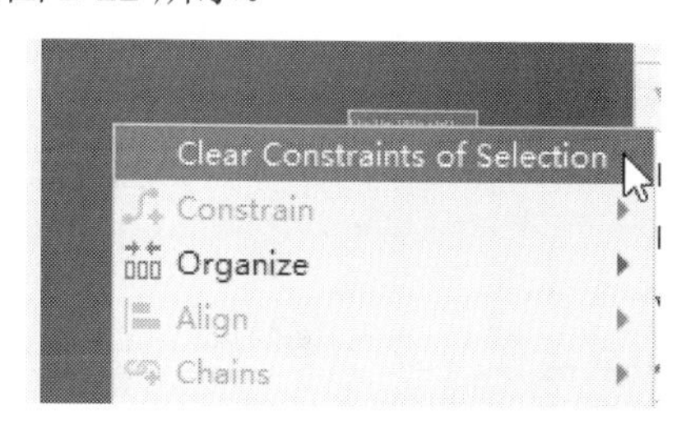


图 2-21　删除约束

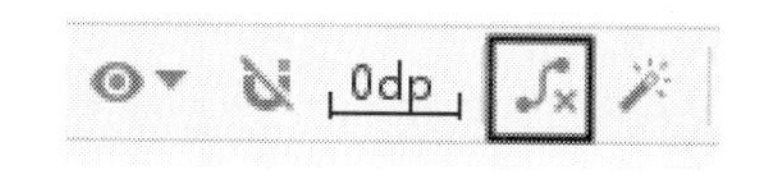


图 2-22　去除约束按钮

2. 修改约束属性

在约束布局的右侧有一个属性操作区域，如图 2-23 所示。有垂直拖动条与水平拖动条数值都是 50，此时控件居中，拖动滑块控件，位置将随之改变。

实心圆与四个方位都有一个数字 8，代表控件与屏幕边缘的距离。单击数字会出现一个下拉按钮，可以修改数值，如图 2-24 所示。

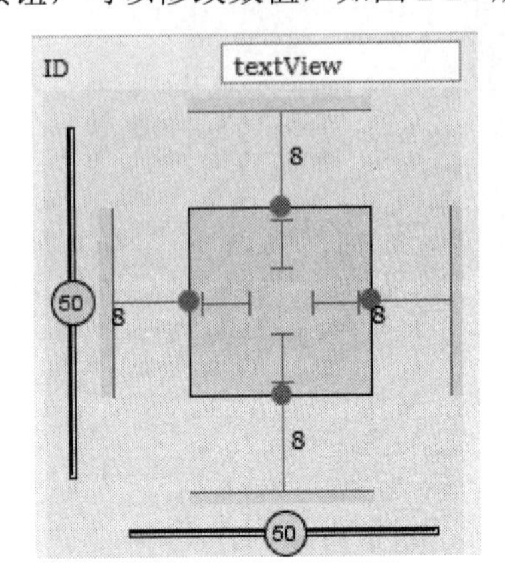


图 2-23　约束属性

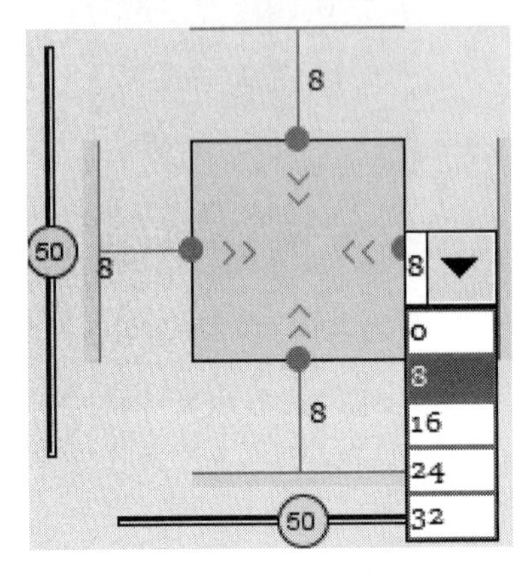


图 2-24　边距调整

方框内部有三种样式，分别是工字线段、双箭头以及工字折线。

如图 2-25 所示，这是工字线段，它代表组件大小是固定的。

如图 2-26 所示，这个是双箭头，它代表“wrap_content”包裹其自身的内容。

如图 2-27 所示，这个是工字折线，表示“any size(任何大小)”，它有点类似于“match_parent”，但和“match_parent”并不一样，是属于 ConstraintLayout 中特有的一种大小控制属性。

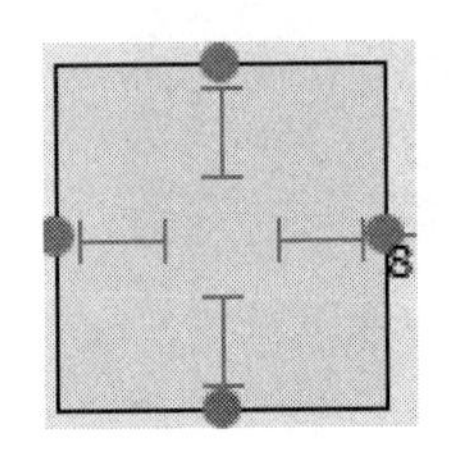

图 2-25　工字线段

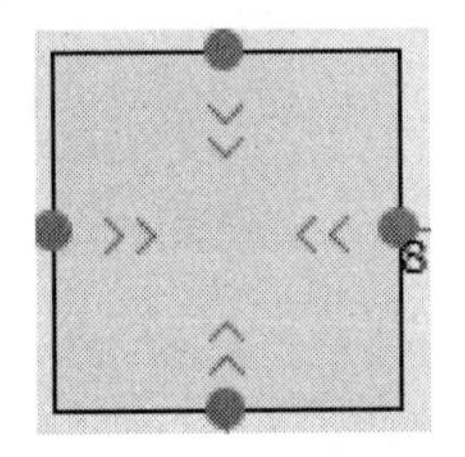

图 2-26　双箭头

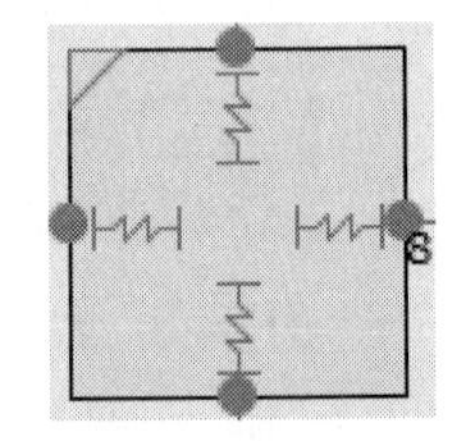

图 2-27　工字折线

注意　“match_parent”表示与父容器的宽度或高度相同，如果同行或者同列没有其他控件，“any size”与“match_parent”效果相同，但如果同行有其他控件，“any size”只占用父容器剩余部分空间，这是这两个的区别。

3. 自动约束

虽然可以通过修改约束来控制组件，但如果组件很多，逐个修改也很麻烦，因此 Android Studio 提供了自动约束。

自动约束分为两种：一种是 Autoconnect(自动连接)，一种是 Infer Constraint(推断约束)。在导航栏中类似 U 型的图标是自动连接，类似魔术棒的图标是推断约束，如图 2-28

所示。

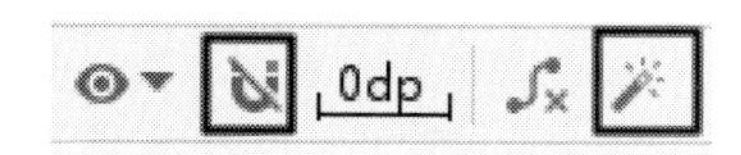


图 2-28　自动约束图标

Autoconnect(自动连接)默认情况是关闭的，单击导航栏自动约束按钮即可打开它。打开自动约束后拖动一个控件到设计界面，出现辅助线的时候松开鼠标，系统将为此控件自动建立约束。

自动连接约束每次连接不是很准确，可以通过手动修改约束。

拖动控件到设计界面摆好位置后，单击 Infer Constraint(推断约束)按钮，即可自动完成约束。推断约束操作比较简单，同样可以根据需求调整约束条件。

4. 精确布局

为了使约束布局能够精确把控每一个组件，Android Studio 提供了 Guideline(参考线)，通过 Guideline 可以创建水平或者垂直参考线，以此为参考进行布局。

Guideline 位于导航栏的最右侧，单击可以出现下拉列表，如图 2-29 所示。

选择 Add Vertical Guideline 可以创建一条垂直参考线，选择 Add Horizontal Guideline 可以创建一条水平参考线，如图 2-30 所示。

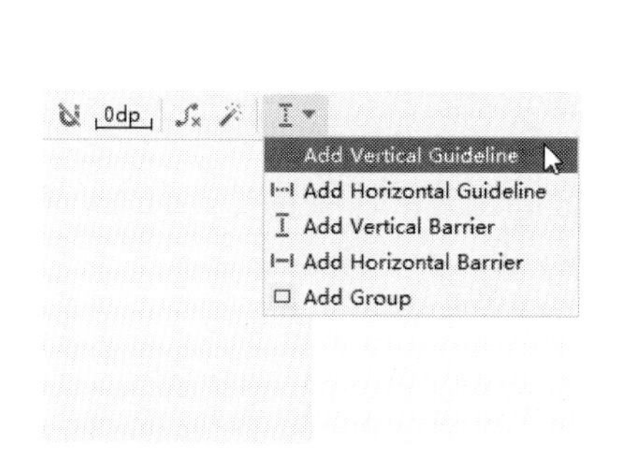


图 2-29　Guidelines 下拉列表

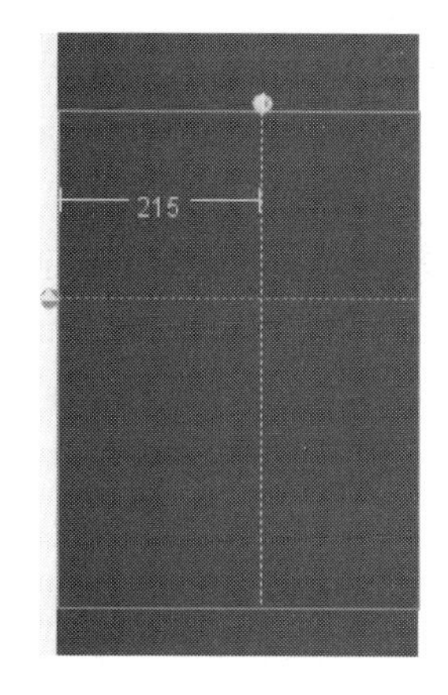


图 2-30　创建参考线

单击创建的参考线上的箭头可以改变方向，再次单击可切换成百分比模式。将光标放置于虚线上进行拖动，可以改变参考线的位置，同时可以创建多条参考线。

## 2.2　熟悉 UI 设计

前面讲解的布局管理器属于视图管理，真正的视图远不止这些。程序运行需要一个界面，也就是 User Interface，简称 UI。界面设计中经常会用到 View 和 ViewGroup，本节将对这两个概念进行讲解。

## 2.2.1 认识 View

View(视图)占据屏幕的一块矩形区域，负责提供组件绘制以及事件响应。在 Android App 中，所有的用户界面元素都是由 View 和 ViewGroup 对象构成的。View 是所有组件的一个基类。View 类的继承关系如图 2-31 所示。

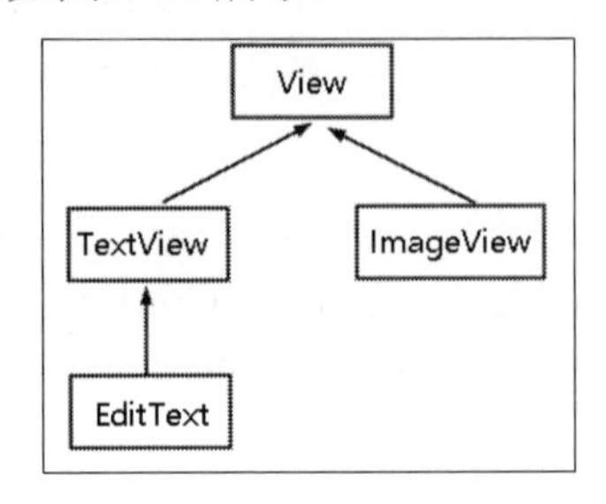


图 2-31 继承关系视图

View 是所有组件的基类，它位于 android.view 包，其他子类位于 android.widget 包。

View 类的常用 XML 属性与对应方法如下所示。

- background 属性的 setBackground(int)方法：设置背景颜色或者图片资源。
- clickable 属性的 setClickable(boolean)方法：设置是否响应单击事件。
- elevation 属性的 setElevation(float)方法：设置 Z 轴深度，取值为带单位的浮点数。
- focusable 属性的 setFocusable(boolean)方法：设置是否获取焦点。
- id 属性的 setId(int)方法：设置组件的一个标识符 ID，用于获取组件。
- longClickable 属性的 setLongClickable(boolean)方法：设置是否响应长单击事件。
- minHeight 属性的 setMinimumHeight(int)方法：设置最小高度。
- minWidth 属性的 setMinimumWidth(int)方法：设置最小宽度。
- padding 属性 setPaddingRelative(int,int,int,int)：设置 4 个边的内边距。
- paddingBottom 属性 setPaddingRelative(int,int,int,int)：设置底边的内边距。
- paddingTop 属性 setPaddingRelative(int,int,int,int)：设置顶边的内边距。
- visibility 属性 setVisibility(int)方法：设置 View 的可见性。
- paddingLeft 属性 setPadding(int,int,int,int)：设置左边的内边距。
- paddingRight 属性 setPadding(int,int,int,int)：设置右边的内边距。

## 2.2.2 认识 ViewGroup

View 是一个组件，而 ViewGroup 相当于 View 的一个分组。ViewGroup 控制其子组件 View 布局过程当中的内边距、宽度、高度等，它依赖于 LayoutParams 和 MarginLayoutParams 两个内部类，下面分别进行介绍。

1. LayoutParams 类

这个类封装了布局当中的位置、高度和宽度等信息。它有两个属性 layout_height 和 layout_width，这两个属性值可以是精确的数值，也可以是定义的常量 MATCH_PARENT(表示控件与父容器有相同的宽度或高度)或者 WRAP_CONTENT(表示和自身内容一样的宽度或高度)。

2. MarginLayoutParams 类

这个类用于控制其子组件的边距，它的常用 XML 属性如下所示。

- layout_marginBottom：设置底部边距。
- layout_marginTop：设置顶部边距。
- layout_marginLeft：设置左外边距。
- layout_marginVertical：设置垂直边距。
- layout_marginRight：设置右外边距。
- layout_marginHorizontal：设置水平边距。

如图 2-32 所示，可以很好地了解 ViewGroup 与 View 之间的关系。ViewGroup 包含一个或多个 View，也可以包含一个或多个 ViewGroup。

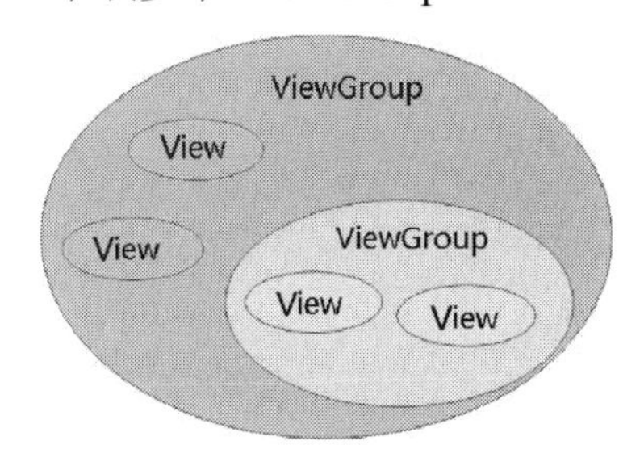


图 2-32 关系图

## 2.2.3 通过 Java 代码控制 UI 界面

在 Android 中，除了可以通过 XML 布局管理器进行布局以外，还可以通过 Java 代码实现 UI 界面的布局与控制，也就是通过 new 关键字创建组件。本节讲解如何通过 Java 代码控制 UI 界面。

在 Java 代码中控制 UI 界面大致可以分为三个步骤。

01 创建布局管理器，如线性布局、相对布局、帧布局、表格布局或网格布局等，并设置布局管理器的属性。

02 创建具体的组件，如 TextView、ImageView、EditText 和 Button 等，Android 提供的所有组件都可以，并设置好组件的布局和属性。

03 将创建的组件添加到布局管理器当中。

**实例 6** 通过 Java 代码控制 UI 界面

创建一个新的 Module，命名为 JAVA_UI。在所创建的工程中，打开 java/com.example.java_ui 节点下的 MainActivity.java 文件，具体代码如下：

```
public class MainActivity extends AppCompatActivity {
    @Override
    protected void onCreate(Bundle savedInstanceState) {
        super.onCreate(savedInstanceState);
        //创建相对布局管理器
        RelativeLayout layout = new RelativeLayout(this);
        //为相对布局管理器设置属性
        RelativeLayout.LayoutParams params = new RelativeLayout.LayoutParams(
                GridView.LayoutParams.MATCH_PARENT,
                GridView.LayoutParams.MATCH_PARENT
        );
        Button btn1 = new Button(this);//创建第一个按钮
        btn1.setText("按钮 1");//为按钮设置显示文本
        //为按钮设置布局属性
        RelativeLayout.LayoutParams params1 = new RelativeLayout.LayoutParams(
                GridView.LayoutParams.MATCH_PARENT,
                GridView.LayoutParams.WRAP_CONTENT
        );
        btn1.setId(1001);//为按钮设置 id
        btn1.setLayoutParams(params1);//设置布局属性
        //设置按钮单击事件监听器
        btn1.setOnClickListener(new View.OnClickListener() {
            @Override
            public void onClick(View v) {
                //单击后做出提示
                Toast.makeText(MainActivity.this,"单击了按钮 1",
Toast.LENGTH_SHORT).show();
            }
        });
        layout.addView(btn1);//将按钮 1 加入布局管理器
        Button btn2 = new Button(this);//创建第二个按钮
        btn2.setText("按钮 2");//为按钮设置显示文本
        //设置布局属性
        RelativeLayout.LayoutParams params2 = new RelativeLayout.LayoutParams(
                GridView.LayoutParams.MATCH_PARENT,
                GridView.LayoutParams.WRAP_CONTENT
        );//设置按钮 2 位于按钮 1 的下方
        params2.addRule(RelativeLayout.BELOW,1001);
        btn2.setLayoutParams(params2);//设置按钮 2 的布局属性
        layout.addView(btn2);//将按钮 2 加入布局管理器
        setContentView(layout);//设置显示布局管理器
    }
}
```

以上通过纯 Java 代码实现了一个相对布局管理器，并在布局管理器中放置两个按钮，为其中一个按钮设置单击事件。

### 2.2.4 通过 Java 代码与 XML 控制 UI 界面

完全通过 XML 布局文件控制 UI 界面，虽然方便、快捷，但是灵活性差，而通过 Java 代码实现显得比较烦琐。有一种折中的方法，使用 XML 进行界面控制，再通过 Java 代码进行逻辑控制，这体现了一种 MVC 思想。

MVC 全名是 model view controller，是模型(model)、视图(view)、控制器(controller)的缩写。它是一种软件设计典范，是采用一种将业务逻辑、数据、界面显示分离的方法组织代码。

### 实例 7　混合使用 XML 文件和 Java 代码控制 UI 界面

新建一个 Module，命名为 XML_JAVA_LAYOUT，修改布局文件代码如下：

```
<?xml version="1.0" encoding="utf-8"?>
<LinearLayout xmlns:android="http://schemas.android.com/apk/res/android"
   xmlns:tools="http://schemas.android.com/tools"
   android:layout_width="match_parent"
   android:layout_height="match_parent"
   tools:context="com.example.xml_java_layout.MainActivity"
   android:orientation="vertical">
   <EditText
      android:id="@+id/edit"
      android:layout_width="match_parent"
      android:layout_height="wrap_content"
      android:hint="可以从这里输入文本"/>
   <Button
      android:id="@+id/btn"
      android:layout_width="match_parent"
      android:layout_height="wrap_content"
      android:text="按钮"/>
</LinearLayout>
```

修改 MainActivity.java 文件的代码，具体代码如下：

```
public class MainActivity extends AppCompatActivity {
   EditText e;//定义编辑框
   @Override
   protected void onCreate(Bundle savedInstanceState) {
      super.onCreate(savedInstanceState);
      setContentView(R.layout.activity_main);
      e = findViewById(R.id.edit);//绑定编辑框
      Button btn = findViewById(R.id.btn);//定义并绑定按钮
      btn.setOnClickListener(new View.OnClickListener() {
         @Override
         public void onClick(View v) {
            String str = e.getText().toString();//定义字符串，保存编辑框中的内容
            //打印提示信息
            Toast.makeText(MainActivity.this,"你输入了:"
+str,Toast.LENGTH_SHORT).show();
         }
      });
   }
}
```

以上通过 XML 与 Java 代码共同完成了一个小程序。可以看到，界面使用 XML 布局管理清晰明了，可以在不运行的情况下查看布局界面，而逻辑部分由 Java 来做非常灵活。这也是 Android 推荐的开发方式。

## 2.3 就业面试问题解答

**面试问题 1：如何优化 Android 布局？**

优化 Android 布局的方法如下：

- 尽可能减少布局的嵌套层级。
- 不设置不必要的背景，避免过度绘制。比如，父控件设置了背景色，而子控件完全将父控件覆盖，此时父控件就没必要设置背景色。
- 使用<include>标签复用相同的布局代码。
- 使用<merge>标签减少视图的层次结构。

**面试问题 2：为什么有的布局组件没有按照设定的参数摆放？**

在布局管理中，布局不同参考的属性也不同，排列组件有时候需要多重属性进行叠加，如果只使用单一属性，可能会造成组件排列的效果没有按照设定的参数摆放。

例如在相对布局中，要参考一个中心的组件将某个组件排放到它的正下方，除了要设置该组件位于参考组件的下方以外，还应设置该组件位于居中的位置。

# 第 3 章

# UI 组件应用

Android 提供了丰富的 UI 组件，这些组件是构成程序的最小单元。了解每个组件的特性，可以合理、高效地开发 Android 程序。本章将详细讲解 Android 提供的一些常用 UI 组件。

# 3.1 文本类组件

文本类组件用于文本显示与输入，通过这些组件用户可以看到显示的文本或者输入数据。文本类组件有两个基类：TextView(文本框)和 EditView(编辑框)，其中 TextView 用于显示文本，EditView 用于编辑文本。

## 3.1.1 TextView 组件

TextView 组件一般用于显示文本信息。提示信息、更新信息，以及用户之间的聊天信息等，都可以通过 TextView 组件实现。

在 Android 中，可以使用两种方式添加 TextView 组件：一种是通过 XML 在布局管理器的<TextView>标签内进行添加，另一种是在 Java 代码中通过 new 关键字进行创建；Android 推荐采用第 1 种方法。

在 XML 中添加 TextView 组件，语法格式如下：

```
<TextView
属性列表
>
</TextView>
```

TextView 支持的常用 XML 属性如下所示。

- autoLink：指定是否将文本格式转换成超链接形式。
- drawableBottom：用于在文本框的底部绘制图像，该图像可以存放于 res\mipmap 目录下。
- drawableTop：用于在文本框的顶部绘制图像。
- drawableLeft：用于在文本框的左侧绘制图像。
- drawableRight：用于在文本框的右侧绘制图像。
- gravity：设置 TextView 中的文字相对于 TextView 的对齐方式。
- hint：设置文本框提示信息。
- inputType：指定文本框的输入类型，可选 textPassword、phone 和 date 等。
- text：指定文本框的显示内容。
- textColor：指定文本的颜色。
- textSize：指定文本的大小。
- height：指定文本的高度，单位可以是 dp、px、pt、sp 和 in 等。
- width：指定文本的宽度，单位可以是 dp、px、pt、sp 和 in 等。

**实例 1 创建文本框**

创建一个新的 Module 并命名为 TextView，修改布局文件代码如下：

```
<?xml version="1.0" encoding="utf-8"?>
<RelativeLayout xmlns:android="http://schemas.android.com/apk/res/android"
    xmlns:tools="http://schemas.android.com/tools"
```

```
    android:layout_width="match_parent"
    android:layout_height="match_parent"
    tools:context=".MainActivity"
    android:gravity="center"
    android:background="#ffe7e723">
    <TextView
        android:gravity="center"                    //设置居中显示
        android:id="@+id/id_text1"                  //设置文本 ID
        android:layout_width="200dp"                //设置文本框的宽度
        android:layout_height="100dp"               //设置文本框的高度
        android:background="#C8D549"                //设置文本框的背景颜色
        android:text="第 1 个文本框"                  //显示文本
        android:textColor="#ffffff"/>               //设置文本颜色
    <TextView
        android:gravity="center"                    //设置居中显示
        android:layout_width="200dp"                //设置文本框的宽度
        android:layout_height="100dp"               //设置文本框的高度
        android:layout_below="@id/id_text1"         //设置为参考第一个文本框的下方
        android:text="第 2 个文本框"                  //显示文本
        android:background="#00ff00"                //设置文本框的背景颜色
        android:textColor="#ffffff"/>               //文本颜色
</RelativeLayout>
```

本实例创建了一个相对布局管理器，还创建了两个文本框，并设置了文本框的背景颜色及字体颜色，设置居中显示。查看运行效果，如图 3-1 所示。

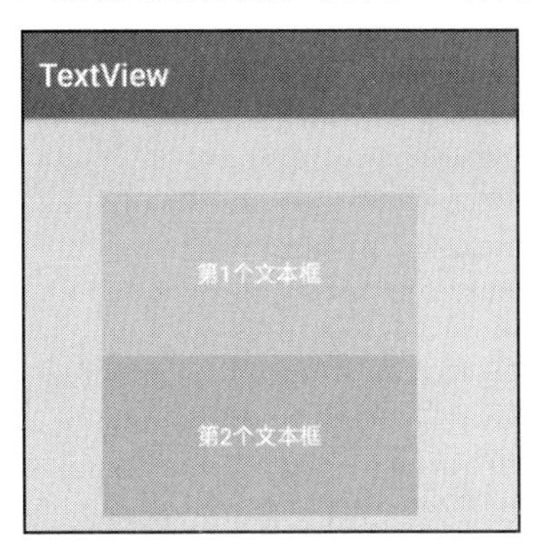


图 3-1　运行效果

### 3.1.2　EditText 组件

EditText(编辑框)组件的应用非常多，需要进行数据交互的程序多数会使用编辑框。编辑框的特性在于可以录入数据。

EditText 组件在 XML 中的基本语法：

```
<EditText
属性列表
>
</EditText>
```

由于 EditText 是 TextView 的子类，所以它支持 TextView 的所有 XML 属性，其中

inputType 属性可以控制输入框的显示类型。例如，使用 inputType 属性设置 textPassword 值，可以实现输入密码的效果。

在实际开发中，通过 getText()方法可以获取编辑框中的内容。例如以下代码：

```
EditText tex1 = (EditText)findViewById(R.id.tex1);
String str = tex1.getText().toString();
```

**实例 2　创建编辑框**

创建一个新的 Module 并命名为 EditText，修改布局文件代码如下：

```
<?xml version="1.0" encoding="utf-8"?>
<RelativeLayout
xmlns:android="http://schemas.android.com/apk/res/android"
   xmlns:tools="http://schemas.android.com/tools"
   android:layout_width="match_parent"
   android:layout_height="match_parent"
   tools:context=".MainActivity">
   <EditText
      android:id="@+id/edit1"                   //编辑框 ID
      android:layout_width="match_parent"       //设置编辑框与父容器同宽
      android:layout_height="wrap_content"      //设置编辑框与内容同高
      android:hint="请输入用户名"                //设置编辑框的提示信息
      android:paddingBottom="20dp"/>            //内容与底部的距离
   <EditText
      android:id="@+id/edit2"                   //编辑框的 ID
      android:inputType="textPassword"          //输入类型
      android:layout_width="match_parent"       //设置编辑框与父容器同宽
      android:layout_height="wrap_content"      //设置编辑框与内容同高
      android:hint="请输入密码"                  //设置编辑框的提示信息
      android:layout_below="@id/edit1"          //位于第一个编辑框的下面
      android:paddingBottom="20dp"/>            //内容与底部的距离
   <Button
      android:text="确定"                        //按钮控件的显示内容
      android:layout_width="wrap_content"       //控件与内容同宽
      android:layout_height="wrap_content"      //控件与内容同高
      android:layout_alignRight="@id/edit2"     //参考第二个编辑框的右侧
      android:layout_below="@id/edit2"/>        //位于第二个编辑框的下面
</RelativeLayout>
```

这里通过相对布局管理器创建了两个编辑框，并且设置了编辑框的提示信息。第二个编辑框位于第一个编辑框的下方。创建了一个按钮，它位于第二个编辑框的下方，并在第二个编辑框的右侧摆放。运行效果如图 3-2 所示。

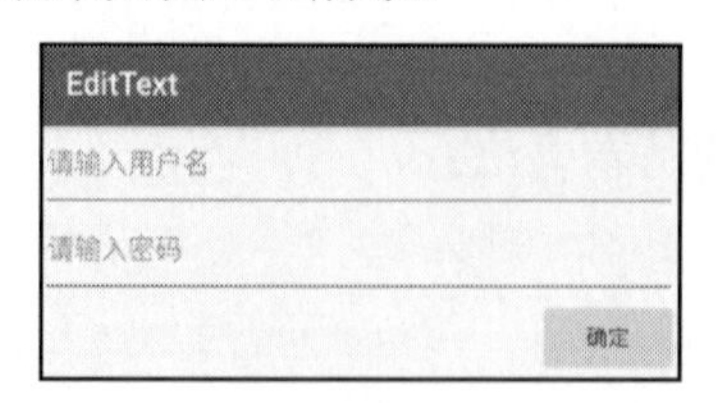


图 3-2　运行效果

## 3.2　按钮类组件

Android 提供了普通按钮、图片按钮、单选按钮和多选按钮(复选框)四类按钮组件。其中，普通按钮使用 Button 类表示，用于触发一个指定的响应事件；图片按钮使用 ImageButton 类表示，也用于触发一个指定的响应事件，但是它是以图片的形式展现；单选按钮使用 RadioButton 类表示；多选按钮使用 CheckBox 类表示。

图 3-3 所示为按钮类的继承关系。

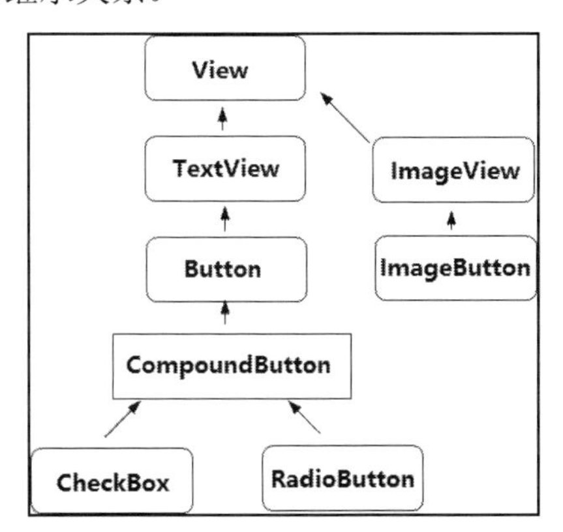


图 3-3　按钮类的继承关系

### 3.2.1　普通按钮

普通按钮在实际开发中使用非常广泛，提交数据、进入游戏、发送聊天数据等，都可以使用不同的按钮来实现。

普通按钮在 XML 中的基本语法如下：

```
<Button
属性列表
>
</Button>
```

例如，在屏幕中添加一个“确定”按钮，代码如下：

```
<Button
   android:id="@+id/ok"
   android:text="确定"
   android:layout_width="wrap_content"
   android:layout_height="wrap_content"/>
```

添加完按钮以后，如果不设置监听事件，它将没有任何作用。Android 提供了两种为按钮添加监听事件的方法。

第一种：在 Java 代码中完成，例如在 Activity 的 onCreate()方法中添加如下代码:

```
Button btn_ok = (Button)findViewById(R.id.btn_ok);    //通过 id 获取按钮
//为按钮添加单击事件监听器
btn_ok.setOnClickListener(new View.OnClickListener() {
```

```
@Override
public void onClick(View view) {
//执行单击后的代码
}
```

第二种：在 Activity 中编写一个包含 View 类型参数的方法，将需要触发的代码放入其中，然后在布局文件中通过 onClick 属性指定对应的方法名。例如，在 Activity 中编写一个名为 myonClick()的方法，关键代码如下：

```
public myonClick(View view){
    //执行单击后的代码
}
```

**实例 3　创建普通按钮**

创建一个新的 Module 并命名为 Button，在布局文件中加入两个按钮，代码如下：

```
<?xml version="1.0" encoding="utf-8"?>
<LinearLayout xmlns:android="http://schemas.android.com/apk/res/android"
   xmlns:tools="http://schemas.android.com/tools"
   android:layout_width="match_parent"
   android:layout_height="match_parent"
   tools:context=".MainActivity"
   android:orientation="vertical">
   <Button
      android:id="@+id/btn1"
      android:layout_width="match_parent"
      android:layout_height="wrap_content"
      android:text="按钮 1"/>
   <Button
      android:id="@+id/btn2"
      android:layout_width="match_parent"
      android:layout_height="wrap_content"
      android:text="按钮 2"
      android:onClick="doClick"/>
</LinearLayout>
```

添加按钮后，还需要设置一个事件监听器，在主活动类 MainActivity 的 onCreate 方法中，首先获取布局文件中的按钮，然后为其设置事件监听器，并且重写 onClick 方法。在 onClick 方法中弹出提示信息，具体代码如下：

```
package com.example.button;
import androidx.appcompat.app.AppCompatActivity;
import android.os.Bundle;
import android.view.View;
import android.widget.Button;
import android.widget.Toast;
public class MainActivity extends AppCompatActivity {
   @Override
   protected void onCreate(Bundle savedInstanceState) {
      super.onCreate(savedInstanceState);
      setContentView(R.layout.activity_main);
      Button btn = findViewById(R.id.btn1);
      btn.setOnClickListener(new View.OnClickListener() {
```

```
        @Override
        public void onClick(View view) {
//使用弹出消息，提示用户单击了按钮 1
            Toast.makeText(MainActivity.this, "你单击了按钮 1！",
Toast.LENGTH_SHORT).show();
        }
    });
}
public void doClick(View v)
{
//使用弹出消息，提示用户单击了按钮 2
    Toast.makeText(this, "你单击了按钮 2！", Toast.LENGTH_SHORT).show();
}
}
```

这段代码主要是设置“确定”按钮的事件监听器，当触发监听事件以后，弹出提示消息，提示用户单击了某个按钮。查看运行效果，如图 3-4 所示。

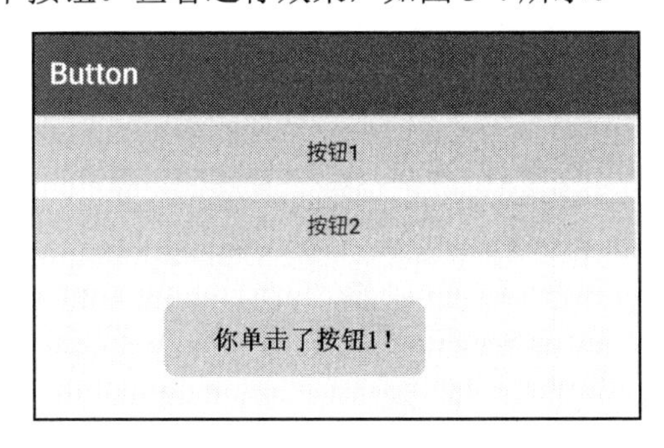


图 3-4　运行效果

### 3.2.2　图片按钮

在 Android 应用中，图片按钮也非常多见，因为使用图片按钮能够使界面的整体更美观。

图片按钮与普通按钮的使用方法基本相同，只不过是使用<ImageButton>标签定义，并且可以为其制定 src 属性，用于设置要显示的图片。基本语法如下：

```
<ImageButton
  android:id="@+id/imagebtn_ok"
  android:layout_height="wrap_content"
  android:layout_width="wrap_content"
  android:src="@mipmap/实际名称"
  android:scaleType="缩放方式">
</ImageButton>
```

各个属性的含义：src 属性用于指定按钮上显示的图片，scaleType 属性用于指定显示的图片以何种方式缩放。

scaleType 的具体属性值说明如下。

- matrix：保持原图大小、从左上角的点开始，以矩阵形式绘图。
- fitXY：对图像横向、纵向单独缩放，以适应 ImageButton 的大小，在缩放过程中，它不会按照原图的比例来缩放。

- fitStart：保持纵横比例缩放，以适应 ImageButton 的大小，缩放完会放在控件左上角。
- fitCenter：保持纵横比例缩放，以适应 ImageButton 的大小，缩放后放于中间。
- fitEnd：保持纵横比例缩放，以适应 ImageButton 的大小，缩放后放于右下角。
- center：把图像放在控件的中间，不进行任何缩放。
- centerCrop：保持纵横比例缩放图片，使得图片能完全覆盖 ImageButton。
- centerInside：保持纵横比例缩放图片，使得 ImageButton 能完全显示该图片。

例如，添加一个图片按钮，代码如下：

```
<ImageButton
    android:id="@+id/imagebtn_ok"
    android:layout_height="wrap_content"
    android:layout_width="wrap_content"
    android:src="@mipmap/apple">
</ImageButton>
```

运行效果如图 3-5 所示。

图 3-5　运行效果

添加图片按钮时并没有设置 background 属性，所以图片显示在一个灰色背景上，这时图片按钮会随着用户的操作而发生改变。修改 background 属性后，它不会随着用户的操作而发生改变。

## 3.2.3　单选按钮

单选按钮一般用于从一组同类对象中选择一个，比如性别、生肖等。单选按钮默认是一个圆形图标，在旁边附带一些说明性文字。在实际开发中，一般将多个单选按钮放置在一个按钮组中，选中其中一个，其他的将失去选中状态。本节讲解单选按钮的使用方法。

单选按钮通过在 XML 布局文件中添加<RadioButton>标签来实现，基本语法格式如下：

```
<RadioButton
  android:id="@+id/radio1"
  android:text="说明性文本"
  android:checked="是否为选中状态"
  android:layout_width="wrap_content"
  android:layout_height="wrap_content">
</RadioButton>
```

单选按钮一般与 RadioGroup 组件一起使用，组成一个单选按钮组。RadioGroup 在 XML 布局文件中的基本语法格式如下：

```
<RadioGroup
  android:id="@+id/radioGroup1"
  android:orientation="horizontal"
  android:layout_width="wrap_content"
  android:layout_height="wrap_content">
  <!--添加单选按钮-->
</RadioGroup>
```

**实例 4　创建单选按钮**

下面给出一个选择性别的单选按钮实例，关键代码如下：

```
<?xml version="1.0" encoding="utf-8"?>
<LinearLayout xmlns:android="http://schemas.android.com/apk/res/android"
   xmlns:tools="http://schemas.android.com/tools"
   android:layout_width="match_parent"
   android:layout_height="match_parent"
   tools:context="com.example.radiobutton.MainActivity"
   android:orientation="vertical">
   <TextView
      android:layout_width="wrap_content"
      android:layout_height="wrap_content"
      android:text="请选择性别"
      android:textSize="23dp"/>
   <RadioGroup
      android:id="@+id/radioGroup"
      android:layout_width="wrap_content"
      android:layout_height="wrap_content"
      android:orientation="horizontal">
      <RadioButton
         android:id="@+id/btnMan"
         android:layout_width="wrap_content"
         android:layout_height="wrap_content"
         android:text="男"
         android:checked="true"/>
      <RadioButton
         android:id="@+id/btnWoman"
         android:layout_width="wrap_content"
         android:layout_height="wrap_content"
         android:text="女"/>
   </RadioGroup>
   <Button
      android:id="@+id/btnpost"
      android:layout_width="wrap_content"
      android:layout_height="wrap_content"
      android:text="提交"/>
</LinearLayout>
```

运行效果如图 3-6 所示。

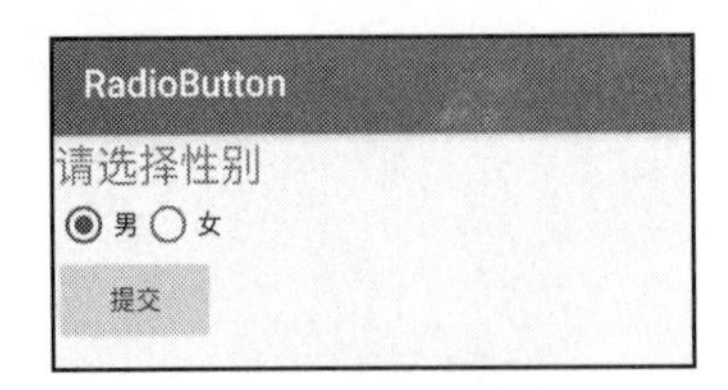


图 3-6　运行效果

通过 onCheckedChanged()方法得知单选按钮是否被选中，还可以通过 getText()方法获取单选按钮的值，前提是添加一个 setOnCheckedChangeListener 事件监听器。下面的代码可以获取单选按钮的值。

```
RadioGroup re = (RadioButton) findViewById(R.id.radioGroup);
re.setOnCheckedChangeListener(new RadioGroup.OnCheckedChangeListener(){
   @Override
   public void onCheckedChanged(RadioGroup radioGroup, int i) {
RadioButton radio=(RadioButton)findViewById(R.id.btnMan);
radio.getText();}
});
```

### 3.2.4　多选按钮

多选按钮也叫复选框，同单选按钮类似，也是进行对象选择的按钮，它们唯一的不同是，多选按钮可以选取多个。多选按钮用一个方框图标显示，同样在旁边有说明性文字。在实际开发中，多选按钮的使用也非常普遍，例如选择个人兴趣爱好、特长等。本节学习多选按钮的使用方法。

多选按钮通过<CheckBox>标签在 XML 布局文件中添加，其基本语法格式如下：

```
<CheckBox
  android:id="@+id/check1"
  android:text="显示文本"
  android:layout_width="wrap_content"
  android:layout_height="wrap_content">
</CheckBox>
```

多选按钮可以选中多项，为了判断是否被选中，还需要为每一个按钮添加事件监听器。给多选按钮添加事件监听器，可以使用下面的代码：

```
CheckBox check=(CheckBox) findViewById(R.id.check1);//获取多选按钮
check.setOnCheckedChangeListener(new
CompoundButton.OnCheckedChangeListener() {
   @Override
   public void onCheckedChanged(CompoundButton compoundButton,
boolean b) {
  if(check.isChecked())//判断是否被选中
  {
    check.getText();//获取选中值
  }
   }
});
```

**实例 5**　创建多选按钮

创建一个新的 Module 并命名为 CheckBox，在布局文件中加入如下代码：

```
<?xml version="1.0" encoding="utf-8"?>
<LinearLayout xmlns:android="http://schemas.android.com/apk/res/android"
   xmlns:tools="http://schemas.android.com/tools"
   android:layout_width="match_parent"
   android:layout_height="match_parent"
   tools:context="com.example.checkbox.MainActivity"
   android:orientation="vertical"
   android:background="#ffff00">
   <TextView                          //提示性文本
      android:layout_width="wrap_content"
      android:layout_height="wrap_content"
      android:text="请选择自己的兴趣爱好！"
      android:textSize="16sp"
      android:textColor="#000000"
      android:paddingTop="100dp"/>
   <CheckBox                          //第 1 个多选按钮
      android:id="@+id/check1"
      android:text="篮球"
      android:layout_width="wrap_content"
      android:layout_height="wrap_content"/>
   <CheckBox                          //第 2 个多选按钮
      android:id="@+id/check2"
      android:text="钢琴"
      android:layout_width="wrap_content"
      android:layout_height="wrap_content"/>
   <CheckBox                          //第 3 个多选按钮
      android:id="@+id/check3"
      android:text="素描"
      android:layout_width="wrap_content"
      android:layout_height="wrap_content"/>
   <CheckBox                          //第 4 个多选按钮
      android:id="@+id/check4"
      android:text="太极"
      android:layout_width="wrap_content"
      android:layout_height="wrap_content"/>
   <CheckBox                          //第 5 个多选按钮
      android:id="@+id/check5"
      android:text="游泳"
      android:layout_width="wrap_content"
      android:layout_height="wrap_content"/>
   <Button                            //“确定”按钮
      android:id="@+id/btn"
      android:text="确定"
      android:layout_height="wrap_content"
      android:layout_width="wrap_content"
      android:background="#FF6ADE6A"/>
</LinearLayout>
```

修改主活动类 MainActivity.java 文件中的代码：

```
package com.example.checkbox;
import androidx.appcompat.app.AppCompatActivity;
import android.os.Bundle;
import android.view.View;
import android.widget.Button;
import android.widget.CheckBox;
import android.widget.CompoundButton;
import android.widget.Toast;
public class MainActivity extends AppCompatActivity {
    Button btn;                              //定义一个“确定”按钮
    CheckBox check1, check2, check3, check4, check5;
    @Override
    protected void onCreate(Bundle savedInstanceState) {
        super.onCreate(savedInstanceState);
        setContentView(R.layout.activity_main);
        btn = findViewById(R.id.btn);          //获取“确定”按钮
        check1 = findViewById(R.id.check1); //获取多选按钮
        check2 = findViewById(R.id.check2);
        check3 = findViewById(R.id.check3);
        check4 = findViewById(R.id.check4);
        check5 = findViewById(R.id.check5);
//添加“确定”按钮单击事件监听器
        btn.setOnClickListener(new View.OnClickListener() {
            @Override
            public void onClick(View view) {
                String str = "你的兴趣有: ";     //创建一个字符串变量
//判断多选按钮是否被选中
                if (check1.isChecked()) {      //将文本加入字符串变量
                    str += check1.getText().toString()+"、";
                }//判断多选按钮是否被选中
                if (check2.isChecked()) {
                    str += check2.getText().toString()+"、";
                }
                if (check3.isChecked()) {
                    str += check3.getText().toString()+"、";
                }
                if (check4.isChecked()) {
                    str += check4.getText().toString()+"、";
                }
                if (check5.isChecked()) {
                    str += check5.getText().toString()+"、";
                }/将组合好的文本输出显示
                Toast.makeText(MainActivity.this,str,
Toast.LENGTH_LONG).show();
            }
        });
    }
}
```

查看运行效果如图 3-7 所示。

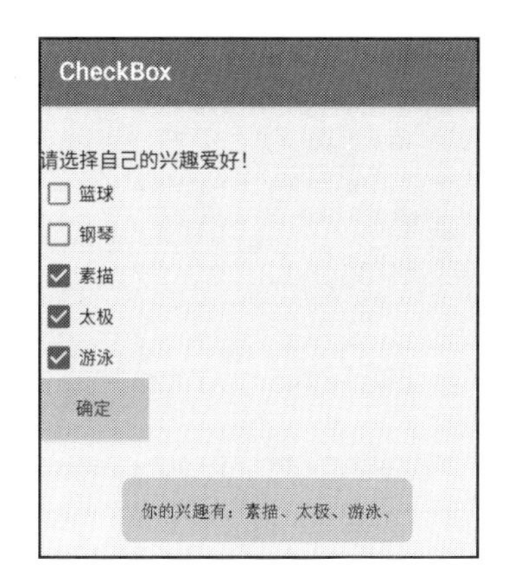


图 3-7　运行效果

## 3.3　日期和时间类组件

Android 提供了日期选择器 DatePicker、时间选择器 TimePicker、计时器 Chronometer，它们之间的继承关系如图 3-8 所示。

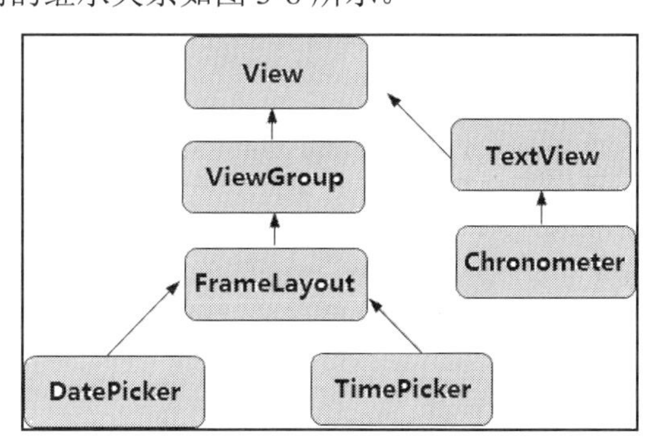


图 3-8　日期、时间类组件的继承关系

可以看出，DatePicker 和 TimePicker 继承自 FrameLayout，所以它们可以将内容层叠显示，并且可以实现拖动动画效果。Chronometer 则继承自 TextView，所以它与前两个在显示方式上是不同的。

### 3.3.1　日期选择组件

利用日期选择组件可以更加直观地选择对应的日期。该组件使用比较简单，可以通过 XML 布局管理器进行布局，也可以使用 Android Studio 可视化界面设计器拖动产生。在程序中要获取用户选择的日期，需要为其添加日期监听器 OnDateChangedListener。

**实例 6**　使用日期选择组件

创建一个新的 Module 并命名为 DatePicker，在布局文件中加入如下代码：

```
<?xml version="1.0" encoding="utf-8"?>
<LinearLayout xmlns:android="http://schemas.android.com/apk/res/android"
```

```
    xmlns:tools="http://schemas.android.com/tools"
    android:layout_width="match_parent"
    android:layout_height="match_parent"
    tools:context="com.example.datepicker.MainActivity"
    android:orientation="vertical">
    <DatePicker          //创建一个日期选择组件
        android:id="@+id/date"
        android:layout_width="wrap_content"
        android:layout_height="wrap_content"
        ></DatePicker>
    <Button              //创建一个确定按钮
        android:id="@+id/btn"
        android:text="确定"
        android:layout_width="wrap_content"
        android:layout_height="wrap_content"/>
</LinearLayout>
```

修改主活动类 MainActivity.java 文件的代码如下：

```
public class MainActivity extends AppCompatActivity {
    int year,month,day;          //创建三个整型变量，用于存放年、月、日
    DatePicker datepicker;       //创建一个日期选择组件
    @Override
    protected void onCreate(Bundle savedInstanceState) {
        super.onCreate(savedInstanceState);
        setContentView(R.layout.activity_main);
        datepicker=(DatePicker) findViewById(R.id.date);     //获取组件
        Calendar calendar= Calendar.getInstance();       //获取一个日期对象
        year=calendar.get(Calendar.YEAR);                //获取当前年份
        month=calendar.get(Calendar.MONTH);              //获取当前月份
        day=calendar.get(Calendar.DAY_OF_MONTH);         //获取当前日
//初始化日期选择器，并设置监听
        datepicker.init(year, month, day, new DatePicker.OnDateChangedListener() {
            @Override
            public void onDateChanged(DatePicker datePicker, int i, int i1,
int i2) {
                MainActivity.this.year=i;                //替换改变后的年份
                MainActivity.this.month=i1;              //替换改变后的月份
                MainActivity.this.day=i2;                //替换改变后的日
            }
        });
        Button btn=findViewById(R.id.btn);               //获取“确定”按钮
        btn.setOnClickListener(new View.OnClickListener() {
            @Override
            public void onClick(View view) {
                String str;              //创建字符串变量，将获取的日期格式化
                str=MainActivity.this.year+"年
"+(MainActivity.this.month+1)+"月"+MainActivity.this.day+"日";
//输出格式化后的字符串
Toast.makeText(MainActivity.this,str,Toast.LENGTH_LONG).show();
            }
        });
    }
}
```

这里创建了一个日期选择器和一个“确定”按钮。在主活动中的 onCreate()方法中获取当前年月日，并设置日期选择监听，将改变后的年月日进行替换，最后通过按钮单击事件打印输出所选择的年月日。

注意

由于日期选择的月份是从 0 开始的，所以需要将其加 1，这样才能显示出正确的结果。运行效果如图 3-9 所示。

图 3-9　运行效果

## 3.3.2　时间选择组件

Android 提供了时间选择组件 TimePicker。该组件和日期选择组件类似，同样可以通过布局文件添加，也可以通过拖拽的方式创建。获取用户改变后的时间，可以通过 OnTimeChangedListener 监听器来完成。

下面通过一个具体实例演示如何使用时间选择组件。

**实例 7　使用日期选择组件**

创建一个新的 Module 并命名为 TimePicker，在布局文件中加入如下代码：

```
<?xml version="1.0" encoding="utf-8"?>
<LinearLayout xmlns:android="http://schemas.android.com/apk/res/android"
   xmlns:tools="http://schemas.android.com/tools"
   android:layout_width="match_parent"
   android:layout_height="match_parent"
   tools:context="com.example.timepicker.MainActivity"
   android:orientation="vertical">
   <TimePicker
      android:id="@+id/time"
      android:layout_width="wrap_content"
      android:layout_height="wrap_content"/>
```

```
    <Button
        android:id="@+id/btn"
        android:text="确定"
        android:layout_width="wrap_content"
        android:layout_height="wrap_content"/>
</LinearLayout>
```

修改主活动类 MainActivity.java 文件的代码如下：

```
public class MainActivity extends AppCompatActivity {
    int hour,minute;      //创建两个整型变量来存放时和分
    TimePicker time;      //创建一个时间选择器
    Button btn;           //创建一个按钮
    @Override
    protected void onCreate(Bundle savedInstanceState) {
        super.onCreate(savedInstanceState);
        setContentView(R.layout.activity_main);
        Calendar cal=Calendar.getInstance();    //创建时间对象
        hour=cal.get(Calendar.HOUR_OF_DAY);     //获取当前小时的时间
        minute=cal.get(Calendar.MINUTE);        //获取当前分钟
        time=(TimePicker)findViewById(R.id.time);    //获取时间选择器组件
        btn=(Button) findViewById(R.id.btn);         //获取按钮组件
//初始化时间选择器组件，并设置事件监听
        time.setOnTimeChangedListener(new TimePicker.OnTimeChangedListener() {
            @Override
            public void onTimeChanged(TimePicker timePicker, int i, int i1) {
                MainActivity.this.hour=i;          //修改改变后的小时
                MainActivity.this.minute=i1;       //修改改变后的分钟
            }
        });
        btn.setOnClickListener(new View.OnClickListener() {
            @Override
            public void onClick(View view) {
                String str;//定义字符串变量
                str="你选择的时间是:"+MainActivity.this.hour+"时
"+MainActivity.this.minute+"分";                 //格式化选择后的分钟
                Toast.makeText(MainActivity.this,str,
Toast.LENGTH_LONG).show();                        //输出格式化后的字符串
            }
        });
    }
}
```

这里创建了一个时间选择器和一个按钮。在主活动中创建了两个变量，分别用于存放小时与分钟。先获取当前的时间，在时间选择器的事件监听中修改选择后的小时及分钟，通过单击“确定”按钮，输出修改后的小时与分钟。

*如果需要修改时间为 24 小时格式，可通过 setIs24HourView(true)方法修改。*

运行程序，单击“确定”按钮，即可查看具体的时间，结果如图 3-10 所示。

图 3-10 运行效果

## 3.3.3 文本时钟组件

文本时钟组件 TextClock 以字符串格式显示当前的日期和时间，它提供了两种不同的格式：一种是以 24 小时制显示时间和日期，另一种是以 12 小时制显示时间和日期。

TextClock 提供的用于设置时间格式和时区的属性或方法如下所示。

(1) android:format12Hour 和 setFormat12Hour(CharSequence)：设置 12 小时制的格式。

(2) android:format24Hour 和 setFormat24Hour(CharSequence)：设置 24 小时制的格式。

(3) android:timeZone 和 setTimeZone(String)：设置时区。

TextClock 还提供了非常丰富的外观样式，可以通过 CharSequence 来进行设置。

**实例 8** 使用文本时钟组件

创建一个新的 Module 并命名为 TextClock，在布局文件中加入如下代码：

```
<?xml version="1.0" encoding="utf-8"?>
<LinearLayout xmlns:android="http://schemas.android.com/apk/res/android"
   xmlns:app="http://schemas.android.com/apk/res-auto"
   xmlns:tools="http://schemas.android.com/tools"
   android:layout_width="match_parent"
   android:layout_height="match_parent"
   tools:context="com.example.timepicker.MainActivity"
   android:orientation="vertical">
   <TextClock
      android:layout_width="wrap_content"
      android:layout_height="wrap_content"
      android:format12Hour="MM/dd/yy h:mmaa"
      tools:targetApi="jelly_bean_mr1" />
   <TextClock
      android:layout_width="wrap_content"
```

```
        android:layout_height="wrap_content"
        android:format12Hour="MMM dd, yyyy h:mmaa"/>
    <TextClock
        android:layout_width="wrap_content"
        android:layout_height="wrap_content"
        android:format12Hour="MMMM dd, yyyy h:mmaa"/>
    <TextClock
        android:layout_width="wrap_content"
        android:layout_height="wrap_content"
        android:format12Hour="E, MMMM dd, yyyy h:mmaa"/>
    <TextClock
        android:layout_width="wrap_content"
        android:layout_height="wrap_content"
        android:format12Hour="EEEE, MMMM dd, yyyy h:mmaa"/>
    <TextClock
        android:layout_width="wrap_content"
        android:layout_height="wrap_content"
        android:format12Hour="Noteworthy day: 'M/d/yy"/>
</LinearLayout>
```

这里列出了 TextClock 的一些常用形式，运行效果如图 3-11 所示。

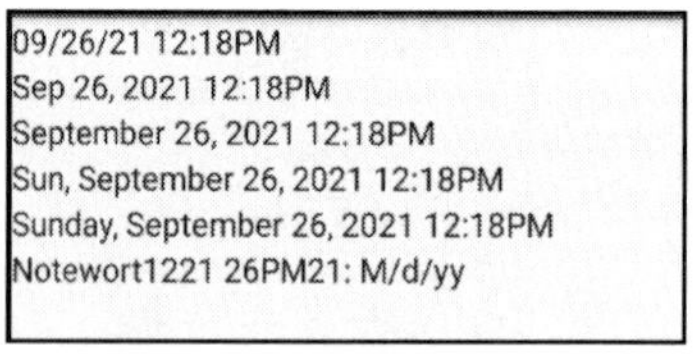

09/26/21 12:18PM
Sep 26, 2021 12:18PM
September 26, 2021 12:18PM
Sun, September 26, 2021 12:18PM
Sunday, September 26, 2021 12:18PM
Notewort1221 26PM21: M/d/yy

图 3-11　运行效果

### 3.3.4　计时器组件

计时器(Chronometer)组件用于设置倒计时，它继承自 TextView 组件，并以文本形式显示内容，常用于秒表、计时通关类游戏等。

计时器组件在 XML 布局文件中的语法格式如下：

```
<Chronometer
    android:id="@+id/chr"
    android:layout_width="match_parent"
    android:layout_height="wrap_content"
android:format="%s"
/>
```

其中，format 是一个特有的属性，用于指定时间的显示格式，%s 表示字符串类型的占位符，用于显示 MM:SS 或者 H:MM:SS 格式的时间。

计时器组件的方法如下所示。

- setBase()：用于设置计时器的开始时间。
- setFormat()：用于设置时间显示格式。
- start()：用于设置计时开始。
- stop()：用于设置计时结束。
- setOnChronometerTickListener()：用于设置计时器事件监听，当计时器改变时触发。

**实例 9　使用计时器组件**

创建一个新的 Module 并命名为 Chronometer，在布局文件中加入如下代码：

```
<?xml version="1.0" encoding="utf-8"?>
<LinearLayout xmlns:android="http://schemas.android.com/apk/res/android"
   xmlns:tools="http://schemas.android.com/tools"
   android:layout_width="match_parent"
   android:layout_height="match_parent"
   tools:context="com.example.chronometer.MainActivity"
   android:orientation="vertical">
<Chronometer//创建一个计时器组件
   android:id="@+id/chr"
   android:layout_width="match_parent"
   android:layout_height="wrap_content"
   android:format="%s"
   android:gravity="center"
   android:textSize="16dip"
   android:textColor="#000000"/>
   <LinearLayout//一个水平线性布局管理器
      android:layout_width="fill_parent"
      android:layout_height="wrap_content"
      android:layout_margin="10dip"
      android:orientation="horizontal">
      <Button//“开始”计时按钮
         android:id="@+id/btnStart"
         android:layout_width="fill_parent"
         android:layout_height="wrap_content"
         android:layout_weight="1"
         android:text="开始" />
      <Button//“停止”计时按钮
         android:id="@+id/btnStop"
         android:layout_width="fill_parent"
         android:layout_height="wrap_content"
         android:layout_weight="1"
         android:text="停止" />
      <Button//“重置”按钮
         android:id="@+id/btnReset"
         android:layout_width="fill_parent"
         android:layout_height="wrap_content"
         android:layout_weight="1"
         android:text="重置" />
   </LinearLayout>
</LinearLayout>
```

修改主活动类 MainActivity.java 文件的代码如下：

```
public class MainActivity extends AppCompatActivity {
   Chronometer chr1;              //定义计时器
   Button btn1,btn2,btn3;         //定义三个按钮
   @Override
   protected void onCreate(Bundle savedInstanceState) {
      super.onCreate(savedInstanceState);
      setContentView(R.layout.activity_main);
      chr1 = (Chronometer) findViewById(R.id.chr);     //获取计时器
```

```
        btn1 = (Button)findViewById(R.id.btnStart);        //获取“开始”按钮
        btn2 = (Button) findViewById(R.id.btnStop);        //获取“停止”按钮
        btn3 = (Button) findViewById(R.id.btnReset);       //获取“重置”按钮
//设置计时器监听器
        chr1.setOnChronometerTickListener(new
Chronometer.OnChronometerTickListener() {
            @Override
            public void onChronometerTick(Chronometer chronometer) {
                String str=chr1.getText().toString();      //获取计时器文本
                if(str.equals("00:10"))//比较文本
                {//符合条件则输出提示信息
                    Toast.makeText(MainActivity.this,"10 秒计时完成~",
Toast.LENGTH_LONG).show();
                    chr1.stop();//输出完信息同时停止计时
                }
            }
        });
        btn1.setOnClickListener(new View.OnClickListener() {
            @Override
            public void onClick(View view) {
                chr1.start();//单击“开始”按钮开始计时
            }
        });
        btn2.setOnClickListener(new View.OnClickListener() {
            @Override
            public void onClick(View view) {
                chr1.stop();//单击“停止”按钮停止计时
            }
        });
        btn3.setOnClickListener(new View.OnClickListener() {
            @Override
            public void onClick(View view) {
                chr1.setBase(SystemClock.elapsedRealtime()); //重置计时器
            }
        });
    }
}
```

这里定义了一个计时器组件、一个水平布局管理器和三个按钮。通过三个按钮的单击事件分别改变计时器的开始、停止、重置时间。查看运行效果如图 3-12 所示。

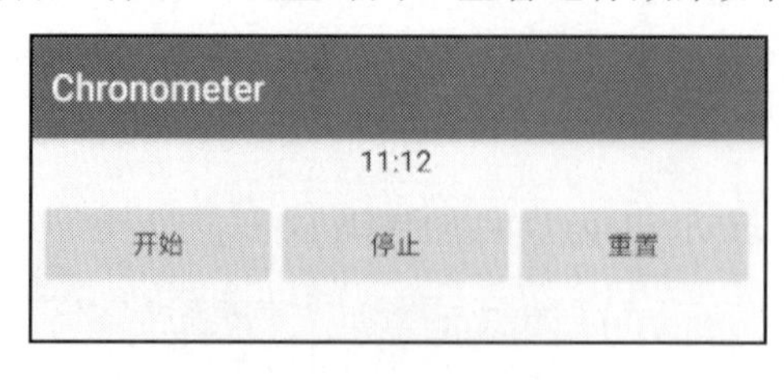


图 3-12　运行效果

# 3.4　进度条类组件

Android 提供了进度条、拖动条和星级评分等组件。其中，进度条使用 ProgressBar 表示；AbsSeekBar 类为抽象类；同进度条类似的是拖动条，它使用 SeekBar 表示；星级评分使用 RatingBar 表示。这三种进度类组件使用广泛，它们之间的继承关系如图 3-13 所示。

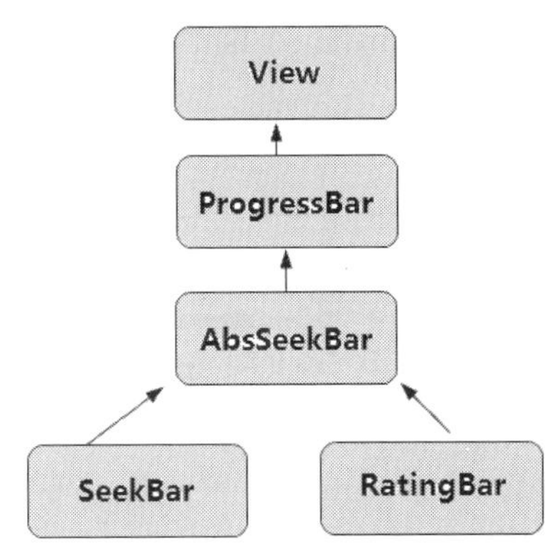


图 3-13　继承关系

从图 3-13 可以看到，ProgressBar 继承自 View，而 SeekBar 和 RatingBar 组件属于 ProgressBar 的子类，所以 SeekBar 和 RatingBar 支持 ProgressBar 的所有属性。下面对这三类组件进行讲解。

## 3.4.1　进度条组件

进度条的使用非常广泛，比如软件安装的过程就需要用到进度条，还有一些耗时的操作。如果时间过长却没有进度提示，用户会以为程序挂起了，所以在耗时操作的地方使用进度条，让用户知道程序正在进行是非常有必要的。下面讲解如何使用进度条。

进度条在 XML 布局文件中的基本属性说明如下。

- max：进度条的最大值。
- progress：进度条已经完成的值。
- progressDrawable：设置进度条轨道的绘制形式。
- Indeterminate：如果设置成 true，则进度条不精确显示进度。
- indeterminateDrawable：设置不显示进度条的绘制图形。
- indeterminateDuration：设置不精确显示进度的持续时间。

还有一些进度条的操作方法如下所示。

- getMax()：返回进度条的范围的上限。
- getProgress()：返回进度。
- getSecondaryProgress()：返回次要进度。
- incrementProgressBy(int diff)：指定增加的进度。
- isIndeterminate()：指定进度条是否显示确定的值。
- setIndeterminate(boolean indeterminate)：设置进度条显示不确定的值。

进度条通过 style 属性来设置显示风格。常用的显示风格如下所示。

- @android:style/Widget.ProgressBar.Large：大跳跃、旋转画面的进度条。
- @android:style/Widget.ProgressBar.Small：小跳跃、旋转画面的进度条。
- @android:style/Widget.ProgressBar.Horizontal：粗水平长条进度条。
- ?android:attr/progressBarStyleHorizontal：细水平长条进度条。
- ?android:attr/progressBarStyleLarge：大圆形进度条。
- ?android:attr/progressBarStyleSmall：小圆形进度条。

**实例 10　使用进度条组件**

创建一个新的 Module 并命名为 ProgressBar，在布局文件中加入如下代码：

```
<?xml version="1.0" encoding="utf-8"?>
<LinearLayout xmlns:android="http://schemas.android.com/apk/res/android"
   xmlns:app="http://schemas.android.com/apk/res-auto"
   xmlns:tools="http://schemas.android.com/tools"
   android:layout_width="match_parent"
   android:layout_height="match_parent"
   tools:context="com.example.progressbar.MainActivity"
   android:orientation="vertical">
   <!-- 系统提供的圆形进度条,依次是大、中、小 -->
   <ProgressBar
      style="@android:style/Widget.ProgressBar.Small"
      android:layout_width="wrap_content"
      android:layout_height="wrap_content" />
   <ProgressBar
      android:layout_width="wrap_content"
      android:layout_height="wrap_content" />
   <ProgressBar
      style="@android:style/Widget.ProgressBar.Large"
      android:layout_width="wrap_content"
      android:layout_height="wrap_content" />
   <!--系统提供的水平进度条-->
   <ProgressBar
      style="@android:style/Widget.ProgressBar.Horizontal"
      android:layout_width="match_parent"
      android:layout_height="wrap_content"
      android:max="100"
      android:progress="18" />
   <ProgressBar
      style="@android:style/Widget.ProgressBar.Horizontal"
      android:layout_width="match_parent"
      android:layout_height="wrap_content"
      android:layout_marginTop="10dp"
      android:indeterminate="true" />
</LinearLayout>
```

上面的代码创建了三个圆形进度条、两个长条进度条，运行效果如图 3-14 所示。

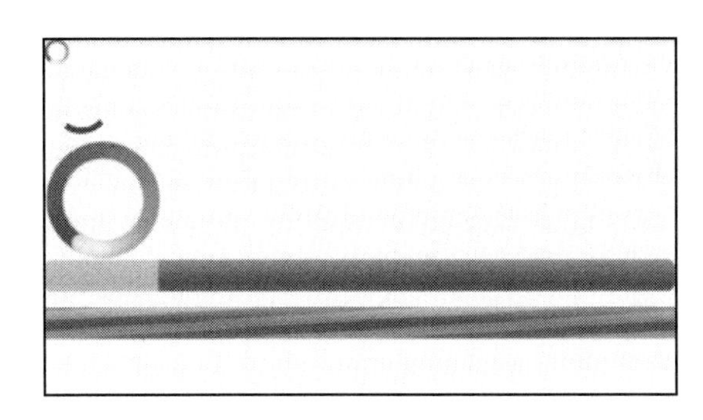

图 3-14　运行效果

### 3.4.2　拖动条组件

拖动条与进度条类似，不同之处在于拖动条由用户手动操作，进度条则是程序自动操作。拖动条通常用于数值的调整，例如音量调节、明暗度调节等。

拖动条在 XML 布局文件中的基本语法如下：

```
<SeekBar
   android:id="@+id/seekBar"
   android:layout_width="match_parent"
   android:layout_height="wrap_content"
/>
```

拖动条的常用属性说明如下。

- max：滑动的最大值。
- progress：滑动的当前值。
- secondaryProgress：二级滑动的进度。
- thumb：滑块的显示风格。

拖动条的 setOnSeekBarChangeListener 监听事件中有三个重要的方法说明如下。

- onProgressChanged：进度发生改变时会触发该事件。
- onStartTrackingTouch：触摸拖动条时触发的事件。
- onStopTrackingTouch：松开拖动条时触发的事件。

**实例 11**　使用拖动条组件

创建一个新的 Module 并命名为 SeekBar，在布局文件中加入如下代码：

```
<?xml version="1.0" encoding="utf-8"?>
<LinearLayout xmlns:android="http://schemas.android.com/apk/res/android"
   xmlns:app="http://schemas.android.com/apk/res-auto"
   xmlns:tools="http://schemas.android.com/tools"
   android:layout_width="match_parent"
   android:layout_height="match_parent"
   tools:context="com.example.seekbar.MainActivity"
   android:orientation="vertical">
   <SeekBar
      android:id="@+id/seekBar"
      android:layout_width="match_parent"
      android:layout_height="wrap_content"
```

```
        android:thumb="@drawable/tu"
        tools:layout_editor_absoluteX="112dp"
        tools:layout_editor_absoluteY="6dp"
        android:max="100"/>
    <TextView
        android:id="@+id/text"
        android:layout_width="match_parent"
        android:layout_height="wrap_content" />
</LinearLayout>
```

在主活动类 MainActivity 中加入如下代码：

```
public class MainActivity extends AppCompatActivity {
    private SeekBar seek;
    private TextView txt;
    @Override
    protected void onCreate(Bundle savedInstanceState) {
        super.onCreate(savedInstanceState);
        setContentView(R.layout.activity_main);
        seek=(SeekBar) findViewById(R.id.seekBar);
        txt=(TextView) findViewById(R.id.text);
        seek.setOnSeekBarChangeListener(new
SeekBar.OnSeekBarChangeListener() {
            @Override
            public void onProgressChanged(SeekBar seekBar, int i, boolean b) {
                txt.setText("当前进度值:" + i + "  / 100 ");
            }
            @Override
            public void onStartTrackingTouch(SeekBar seekBar) {
                Toast.makeText(MainActivity.this, "触摸了拖动条",
Toast.LENGTH_SHORT).show();
            }
            @Override
            public void onStopTrackingTouch(SeekBar seekBar) {
                Toast.makeText(MainActivity.this, "停止触摸拖动条",
Toast.LENGTH_SHORT).show();
            }
        });
    }
}
```

这里创建了一个拖动条组件，并且为其更换了拖动图标。在主活动中添加监听事件，通过拖动改变当前值。运行效果如图 3-15 所示。

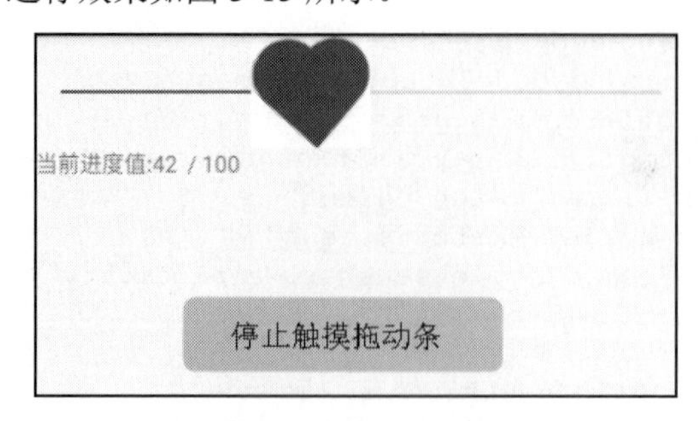


图 3-15　运行效果

### 3.4.3 星级评分组件

星级评分组件一般用于产品评价或者服务满意度评价，它同拖动条类似，都允许用户拖动来改变数值。唯一不同的是，星级评分是用星星图案来表示进度的。

星级评分组件在 XML 布局文件中的基本语法格式如下：

```
<RatingBar
 android:layout_width="match_parent"
 android:layout_height="wrap_content"
/>
```

星级评分组件支持的 XML 属性如下所示。

- isIndicator：设置为 true 用户将无法改变，默认是 false。
- numStars：设置显示多少个星星必须为整数。
- rating：默认的评分星级，必须为浮点数。
- stepSize：评分每次的增加值，默认为 0.5 个浮点数。

除了默认的星星图片以外，系统还提供了两种其他类型的显示图片，感兴趣的用户可以尝试一下。

- style="?android:attr/ratingBarStyleSmall"
- style="?android:attr/ratingBarStyleIndicator"

除了上面一些属性，星级评分组件还提供了三个比较常用的方法。

- getRating()：用于获取用户选中了几个星星。
- getStepSize()：用于获取每次最少要改变几个星星。
- getProgress()：用于指定每次最少需要改变多少个星级，默认是 0.5 个。

**实例 12　使用星级评分组件**

创建一个新的 Module 并命名为 RatingBar，在布局文件中加入如下代码：

```
<?xml version="1.0" encoding="utf-8"?>
<LinearLayout xmlns:android="http://schemas.android.com/apk/res/android"
   xmlns:app="http://schemas.android.com/apk/res-auto"
   xmlns:tools="http://schemas.android.com/tools"
   android:layout_width="match_parent"
   android:layout_height="match_parent"
   tools:context="com.example.ratingbar.MainActivity"
   android:orientation="vertical">
   <TextView
       android:layout_width="match_parent"
       android:layout_height="wrap_content"
       android:text="请对我的服务质量进行评价，您的支持将是我们前进的动力！"
       android:textSize="20sp"
       android:textColor="#000000"
       android:paddingTop="50dp"/>
   <RatingBar
       android:id="@+id/rating"
       android:layout_width="wrap_content"
       android:layout_height="wrap_content"
```

```
        android:numStars="5"
        android:rating="0"
        />
</LinearLayout>
```

在主活动类 MainActivity 中加入如下代码：

```
public class MainActivity extends AppCompatActivity {
    RatingBar rating;
    @Override
    protected void onCreate(Bundle savedInstanceState) {
        super.onCreate(savedInstanceState);
        setContentView(R.layout.activity_main);
        rating=(RatingBar) findViewById(R.id.rating);
        rating.setOnRatingBarChangeListener(new
RatingBar.OnRatingBarChangeListener() {
            @Override
            public void onRatingChanged(RatingBar ratingBar, float v,
boolean b) {
                Toast.makeText(MainActivity.this,"获得的评分："+
String.valueOf(v),Toast.LENGTH_LONG).show();
            }
        });
    }
}
```

这里创建了一个文本框控件，用于显示提示性文本。同时创建了一个星级评分组件，通过在主活动类中创建事件监听，当星级评分发生改变时输出评分。运行效果如图 3-16 所示。

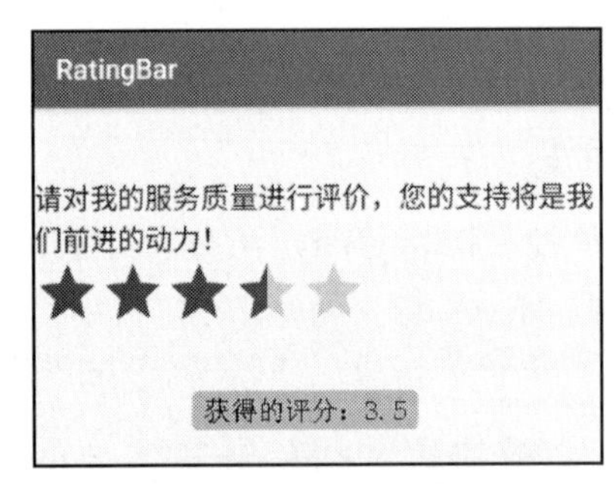


图 3-16　星级评分组件

# 3.5　图像视图组件

视图组件是相对比较简单的一个组件，主要用于进行一些图片显示。例如，经常使用的软件中的头像信息、皮肤、主题，这类图像信息都可以用视图组件显示。

视图组件在 XML 布局文件中的基本语法如下：

```
<ImageView
  android:layout_width="wrap_content"
  android:layout_height="wrap_content"
/>
```

视图组件支持的常用 XML 属性如下所示。

- adjustViewBounds：是否调整自己的边界来保持所显示图片的长宽比。
- maxHeight：需要 adjustViewBounds 设置为 true，才能调整 ImageView 的最大高度。
- maxWidth：调整组件的最大宽度。
- src：设置图片的来源位置，一般存放于 res/drawable 或者 res/mipmap 目录。
- tint：用于为图片着色，取值为一个颜色值，比如#rgb、#argb 等。

图像组件有一个重要的属性 scaleType，用于设置所显示的图片如何缩放或移动以适应 ImageView 的大小，取值如下所示。

- Matrix：以矩阵的方式进行缩放。
- FitXY：对图片横向、纵向独立缩放，使得图片完全适应 ImageView，图片的纵横比例可能会改变。
- FitStart：保持纵横比例缩放图片，直到符合 ImageView 显示，缩放完毕图片显示于组件左上角。
- FitCenter：保持纵横比例缩放图片，缩放完毕图片在中央显示。
- FitEnd：保持纵横比例缩放图片，缩放完毕图片在右下角显示。
- Center：把图像放置于组件中间，不进行任何缩放。
- CenterCrop：保持纵横比例缩放图片，使得图片能完全覆盖组件。
- centerInside：保持纵横比例缩放图片，使得组件能完全显示图片。

### 实例 13　使用图像视图组件

创建一个新的 Module 并命名为 ImageView，提前复制一个图片文件，放置于 drawable 文件夹下，同时在布局文件中加入如下代码：

```
<?xml version="1.0" encoding="utf-8"?>
<LinearLayout xmlns:android="http://schemas.android.com/apk/res/android"
   xmlns:tools="http://schemas.android.com/tools"
   android:layout_width="match_parent"
   android:layout_height="match_parent"
   tools:context=".MainActivity"
   android:orientation="vertical">
   <ImageView
      android:layout_width="wrap_content"
      android:layout_height="wrap_content"
      android:layout_margin="5dp"
      android:src="@drawable/p1" />
   <ImageView
      android:maxWidth="45dp"
      android:maxHeight="45dp"
      android:adjustViewBounds="true"
      android:layout_margin="5dp"
      android:layout_height="wrap_content"
      android:layout_width="wrap_content"
      android:src="@drawable/ p1" />
   <ImageView
      android:scaleType="fitStart"
      android:layout_margin="5dp"
```

```
        android:layout_height="120dp"
        android:layout_width="120dp"
        android:src="@drawable/p1" />
    <ImageView
        android:layout_height="90dp"
        android:layout_width="90dp"
        android:tint="#77ff7700"
        android:src="@drawable/p1" />
</LinearLayout>
```

上面的代码创建了 4 个视图组件，分别以不同的形式显示图片。第一个以原图大小进行显示，第二个以限制高、宽的形式进行显示，第三个以缩放的形式进行显示，第四个给图片添加了颜色效果。运行效果如图 3-17 所示。

图 3-17　图像视图组件

## 3.6　下拉列表框组件

下拉列表框(Spinner)组件，通常会提供一组固定选项并以下拉列表的方式供用户选择，方便用户操作。例如，电影类软件选择影片类型，包括动作、喜剧、爱情、科幻等。

Spinner 在 XML 布局文件中的基本语法如下：

```
<Spinner
    属性
    android:entries=""          //设置数组的名称
    android:prompt="">          //可选属性，用于指定下拉列表的标题
</Spinner>
```

其他常用属性如下所示。

- dropDownHorizontalOffset：设置列表框的水平偏移距离。
- dropDownVerticalOffset：设置列表框的垂直偏移距离。
- dropDownSelector：设置列表框被选中时的背景。
- dropDownWidth：设置下拉列表框的宽度。
- gravity：设置组件内部的对齐方式。

- popupBackground：设置列表框的背景。
- spinnerMode：设置列表框的模式，有两个可选值，即
  - dialog：对话框风格的窗口。
  - dropdown：默认；下拉菜单风格的窗口。

**实例 14　使用下拉列表框组件**

创建一个新的 Module 并命名为 Spinner，在布局文件中加入如下代码：

```
<?xml version="1.0" encoding="utf-8"?>
<LinearLayout xmlns:android="http://schemas.android.com/apk/res/android"
   xmlns:app="http://schemas.android.com/apk/res-auto"
   xmlns:tools="http://schemas.android.com/tools"
   android:layout_width="match_parent"
   android:layout_height="match_parent"
   tools:context="com.example.spinner.MainActivity"
   android:orientation="vertical">
   <TextView
      android:layout_width="match_parent"
      android:layout_height="wrap_content"
      android:text="根据风格选电影"
      android:background="#000000"
      android:textColor="#ffffff"
      android:gravity="center_horizontal"/>
   <Spinner
      android:id="@+id/spin"
      android:entries="@array/list_type"
      android:layout_width="wrap_content"
      android:layout_height="wrap_content">
   </Spinner>
</LinearLayout>
```

如果下拉列表中的选项固定，可以通过创建数组资源来进行设置。编写用于指定列表项的数组资源文件，将其保存于 res/values 目录，并将其命名为 arrays.xml。具体代码如下：

```
<?xml version="1.0" encoding="utf-8"?>
<resources>
   <string-array name="list_type">
      <item>全部</item>
      <item>动作</item>
      <item>喜剧</item>
      <item>爱情</item>
      <item>科幻</item>
      <item>悬疑</item>
   </string-array>
</resources>
```

在主活动类 MainActivity 中修改继承关系为 Activity 并导入 Activity 类，然后加入如下代码：

```
public class MainActivity extends Activity {
   @Override
   protected void onCreate(Bundle savedInstanceState) {
      super.onCreate(savedInstanceState);
```

```
        setContentView(R.layout.activity_main);
        Spinner sp=findViewById(R.id.spin);//获取到下拉列表框组件
        //设置下拉列表框组件选择监听事件
        sp.setOnItemSelectedListener(new AdapterView.OnItemSelectedListener() {
            @Override
            public void onItemSelected(AdapterView<?> adapterView, View
view, int i, long l) {
                //获取到下拉列表的选中项
                String str=adapterView.getSelectedItem().toString();
                if(!str.equals("全部"))//判断不是默认选项
                {   //打印提示信息
                    Toast.makeText(MainActivity.this,"你选择的电影类型是:
"+str+"电影",Toast.LENGTH_SHORT).show();
                }
            }
            @Override
            public void onNothingSelected(AdapterView<?> adapterView) {
            }
        });
    }
}
```

这里创建了一个下拉列表框组件，并且通过数组资源的形式为其指定了表项。在主活动类中设置下拉列表被选中项的监听事件，获取选中项后对其判断，然后显示选择的新值。

查看下拉列表的效果如图 3-18 所示，选择新的选项后效果如图 3-19 所示。

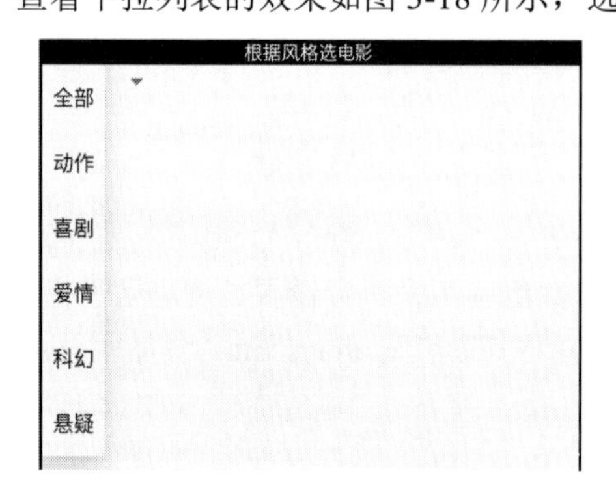


图 3-18 下拉列表

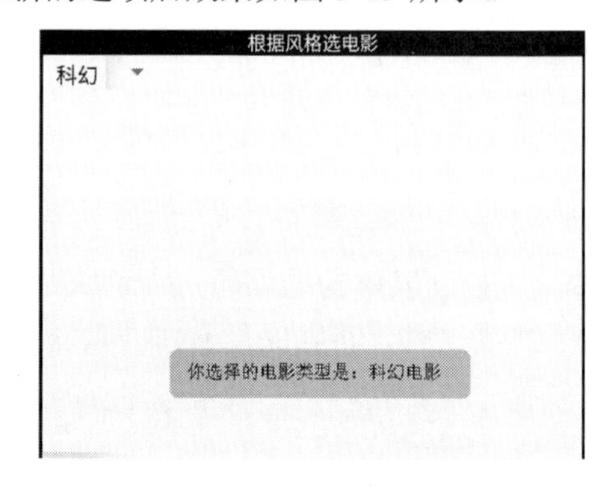


图 3-19 选择新的选项

## 3.7 通用组件

Android 提供了滚动视图组件 ScrollView，用于为其他组件提供滚动效果；提供了选项卡组件，它由 TabHost、TabWidget 和 FrameLayout 三个组件组成。本节将对滚动视图组件和选项卡组件进行详细讲解。

### 3.7.1 滚动视图组件

一般在内容比较多，不能够一屏显示，超出的部分不能被用户看到的时候，就可以使用滚动视图，以便用户通过滚动屏幕查看完整的内容。

滚动视图继承自帧布局管理器。在滚动视图中，可以添加任何组件，但是一个滚动视图中只能放置一个组件，如果有放入多个的需求，可以在滚动视图中添加一个布局管理器，然后将要放入的组件放入布局管理器中。

滚动视图只支持垂直滚动，如有水平滚动需求，可以通过水平滚动视图(HorizontalScrollView)来实现。

ScrollView 组件在 XML 布局文件中的语法如下：

```
<ScrollView
    android:layout_width="match_parent"
    android:layout_height="match_parent">
</ScrollView>
```

**实例 15**　使用滚动视图组件

创建一个新的 Module 并命名为 ScrollView，修改默认的布局管理器为垂直线性布局管理器，为其设置 id 属性，修改后的代码如下：

```
<LinearLayout xmlns:android="http://schemas.android.com/apk/res/android"
    xmlns:tools="http://schemas.android.com/tools"
    android:layout_width="match_parent"
    android:layout_height="match_parent"
    tools:context="com.example.scrollview.MainActivity"
    android:orientation="vertical"
    android:id="@+id/main_layout">
</LinearLayout>
```

在 res/values/strings.xml 文件中加入一个 text_shi 字符串资源，代码如下：

```
<resources>
    <string name="app_name">一副对联</string>
    <string name="text_shi">
        一\t\t\t\t\t\t 万\n\n
        卷\t\t\t\t\t\t 丈\n\n
        诗\t\t\t\t\t\t 豪\n\n
        书\t\t\t\t\t\t 情\n\n
        满\t\t\t\t\t\t 千\n\n
        腹\t\t\t\t\t\t 秋\n\n
        才\t\t\t\t\t\t 伟\n\n
        华\t\t\t\t\t\t 业\n\n
        试\t\t\t\t\t\t 敢\n\n
        问\t\t\t\t\t\t 对\n\n
        天\t\t\t\t\t\t 苍\n\n
        下\t\t\t\t\t\t 穹\n\n
        谁\t\t\t\t\t\t 我\n\n
        为\t\t\t\t\t\t 是\n\n
        王\t\t\t\t\t\t 英\n\n
        者\t\t\t\t\t\t 雄\n\n
    </string>
</resources>
```

其中\t 是转义字符，表示输出一个制表位的空格；\n 也是转义字符，表示换行。

在主活动类中添加如下代码：

```
public class MainActivity extends AppCompatActivity {
    @Override
    protected void onCreate(Bundle savedInstanceState) {
        super.onCreate(savedInstanceState);
        setContentView(R.layout.activity_main);
        //获取线性布局管理器
        LinearLayout linear=findViewById(R.id.main_layout);
        //创建滚动视图组件
        ScrollView s=new ScrollView(MainActivity.this);
        //创建文本框组件
        TextView t=new TextView(MainActivity.this);
        t.setText(R.string.text_shi);     //为文本框组件添加文本内容
        s.addView(t);                     //将文本框组件加入滚动视图组件中
        linear.addView(s);                //将滚动视图组件加入布局管理器中
    }
}
```

查看运行效果如图 3-20 所示。

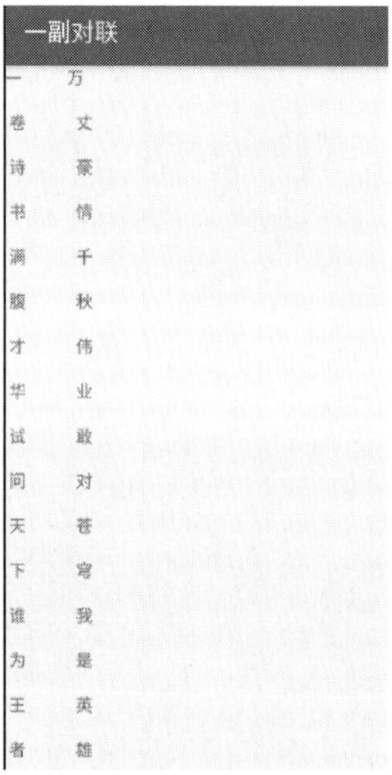

图 3-20　运行效果

## 3.7.2　选项卡组件

当一个页面无法满足显示需求，并且页面具有不同的功能属性时，可以采用选项卡组件，这样可以实现分页显示而不至于排列凌乱。

在 Android 中通过以下几个步骤来实现选项卡的分页功能。

**01** 在布局文件中添加实现选项卡的三个组件，即 TabHost、TabWidget 和 TabContent。通常情况下，TabContent 组件需要用 FrameLayout 来实现。

**02** 为不同的分页建立对应的 XML 布局文件。

**03** 在 Activity 中获取并初始化 TabHost 组件。

04 为 TabHost 对象添加标签页。

### 实例 16　使用选项卡组件实现分页显示的效果

创建一个新的 Module 并命名为 TableView，修改布局管理器文件的代码如下：

```
<?xml version="1.0" encoding="utf-8"?>
<TabHost xmlns:android="http://schemas.android.com/apk/res/android"
   xmlns:app="http://schemas.android.com/apk/res-auto"
   xmlns:tools="http://schemas.android.com/tools"
   android:layout_width="match_parent"
   android:layout_height="match_parent"
   tools:context="com.example.tableview.MainActivity"
  android:id="@android:id/tabhost">
   <LinearLayout
      android:layout_width="match_parent"
      android:layout_height="match_parent"
      android:orientation="vertical">
      <TabWidget
         android:id="@android:id/tabs"
         android:layout_width="match_parent"
         android:layout_height="wrap_content">
      </TabWidget>
      <FrameLayout
         android:layout_width="match_parent"
         android:layout_height="match_parent"
         android:id="@android:id/tabcontent">
      </FrameLayout>
   </LinearLayout>
</TabHost>
```

在 res/layout 目录下新建两个标签页布局管理器文件 tab1.xml 和 tab2.xml，并将需要用到的图片添加到 res/drawable 目录中。tab1.xml 文件的代码如下：

```
<?xml version="1.0" encoding="utf-8"?>
<LinearLayout xmlns:android="http://schemas.android.com/apk/res/android"
   android:layout_width="match_parent"
   android:layout_height="match_parent"
   android:id="@+id/lin1"
   android:orientation="vertical">
<ImageView
   android:layout_width="match_parent"
   android:layout_height="match_parent"
   android:src="@drawable/image1"/>
</LinearLayout>
```

tab2.xml 文件的代码如下：

```
<?xml version="1.0" encoding="utf-8"?>
<FrameLayout xmlns:android="http://schemas.android.com/apk/res/android"
   android:layout_width="match_parent"
   android:layout_height="match_parent"
   android:id="@+id/fra1">
   <LinearLayout
      android:layout_width="match_parent"
      android:layout_height="match_parent"
```

```
        android:id="@+id/lin2">
        <ImageView
            android:layout_width="match_parent"
            android:layout_height="match_parent"
            android:src="@drawable/image2"/>
    </LinearLayout>
</FrameLayout>
```

在主活动类中添加如下代码:

```
public class MainActivity extends AppCompatActivity {
    @Override
    protected void onCreate(Bundle savedInstanceState) {
        super.onCreate(savedInstanceState);
        setContentView(R.layout.activity_main);
        TabHost tab=findViewById(android.R.id.tabhost);
        tab.setup();
        //声明并实例化一个 LayoutInflater 对象
        LayoutInflater inflater=LayoutInflater.from(this);
        inflater.inflate(R.layout.tab1,tab.getTabContentView());
        inflater.inflate(R.layout.tab2,tab.getTabContentView());
        tab.addTab(tab.newTabSpec("tab1").setIndicator("湖光")
        .setContent(R.id. layout1));//添加第一个标签
        tab.addTab(tab.newTabSpec("tab2").setIndicator("山色")
                .setContent(R.id.layout2));//添加第二个标签
    }
}
```

以上代码创建了一个简单的选项卡实例,分别为两个标签页添加布局文件,并在主活动类中添加到 TabHost 组件中,实现分页显示。运行结果如图 3-21 所示。

图 3-21 运行效果

## 3.8　就业面试问题解答

**面试问题 1：设定多个单选按钮后没有单选效果怎么办？**

单选按钮需要放置于单选按钮组中才可以实现单选效果，否则它们是相互独立的。

**面试问题 2：如何使用 for 循环获取单选按钮的值？**

在按钮的单击事件中设置 for 循环进行遍历，通过 isChecked()方法判断该按钮的选中状态，再通过 getText()方法获取对应的值。

例如，单击“提交”按钮，获取被选中单选按钮的值，可以通过以下代码实现：

```
RadioGroup re = (RadioGroup)findViewById(R.id.radioSex);
Button btn = (Button)findViewById(R.id.btnpost);
btn.setOnClickListener(new View.OnClickListener() {
    @Override
    public void onClick(View view) {
        for(int i=0;i<re.getChildCount();i++)//通过循环遍历选中单选按钮
        {
    RadioButton r = (RadioButton)re.getChildAt(i);
    if(r.isChecked())//判断按钮是否被选中
    {
        r.getText();//获取选中按钮的值
        break;
    }
        }
    }
});
```

# 第4章

# 精通活动

使用 Android Studio 创建第一个 Android 项目后，要想进一步开发 Android 应用，就要从界面开始学习。不管你的程序算法如何高效、架构如何出色，用户不会在乎这些，一开始他们只会对看得到的东西感兴趣。本章将详细介绍组件活动的基础知识。

# 4.1 认 识 活 动

活动 Activity 是一种包含用户界面的组件，它是 Android 的四大基本组件之一，主要用于和用户进行交互。一个 Activity 相当于一屏，可以容纳一些需要的组件。在一个 Android 应用中可以有多个 Activity，这些 Activity 都是独占屏显的。

Activity 中有 4 个重要的状态，分别是运行、暂停、停止、销毁。

- 运行状态：处于当前显示状态，用户可见可操作。
- 暂停状态：处于休眠状态，随时可以唤醒，不能被系统 killed(杀死)，被唤醒前不能操作。
- 停止状态：被其他应用程序覆盖，不可见，但是可以被重新启用，系统内存低时将被系统 killed(杀死)。
- 销毁状态：该 Activity 被结束，或者所在的进程结束。

下面通过一张图来了解 Activity 的 4 个重要状态，以及它们调用的方法，如图 4-1 所示。



图 4-1 Activity 生命周期及回调方法

Activity 的一些重要回调方法如下所示。

- onCreate：初次创建时调用此方法。
- onStart：启动时调用，当一个活动变为可见时调用此方法。
- onResume：当一个活动从休眠变为可见时调用此方法，此方法一定在 onPause 方法之后被调用。

- onPause：暂停活动时调用，该方法通常用于持久保持数据，正在使用的程序突然被中断将调用此方法进行暂停。
- onRestart：重新启用活动时被调用，该方法总是在 onStart 方法以后执行。
- onStop：停止活动时调用。
- onDestroy：销毁活动时调用。

## 4.2　深 入 活 动

通过上一节的学习，已经对 Activity 有了简单的了解，其实在之前的程序中也已经使用过 Activity，只是不深入。本节将继续深入了解 Activity。

### 4.2.1　创建 Activity

新建程序默认会创建主活动，如果需要新的活动就应重新创建。这里以创建一个空的 Activity 为例进行讲解，具体操作步骤如下：

**01** 在 java 目录下创建 Activity，选中 java 目录右击并从弹出的菜单中依次选择 New→Activity→Empty Activity 菜单项，如图 4-2 所示。

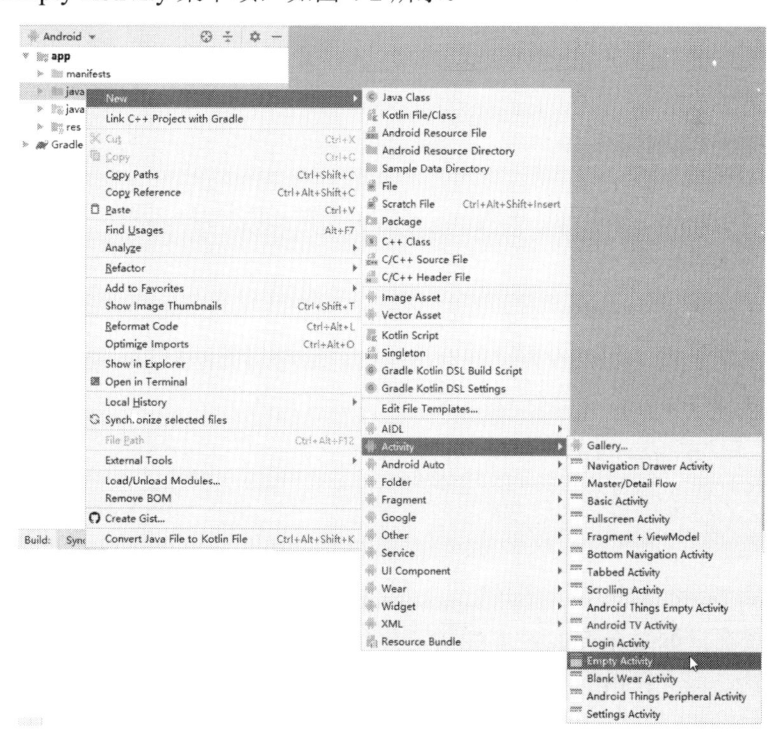


图 4-2　选择 Empty Activity 菜单项

**02** 弹出 Configure Activity 对话框。在 Activity Name 文本框中输入 TestActivity 作为此活动的名称，如图 4-3 所示。

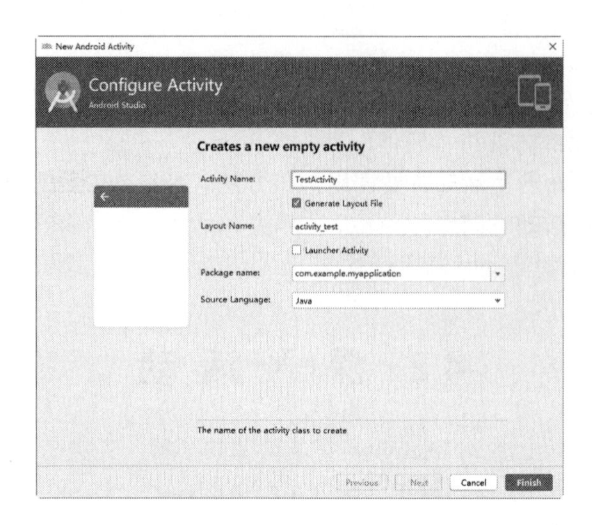


图 4-3　Configure Activity 对话框

03 单击 Finish 按钮即可创建一个空的 Activity。

04 一般活动都继承自 android.app 包中的 Activity 类，根据实际需要也可以继承自 Activity 的子类。选择好继承方式后，通常需要重写 onCreate 方法，并在 setContentView 方法中设置需要显示的页面，具体代码如下：

```
protected void onCreate(Bundle savedInstanceState) {
    super.onCreate(savedInstanceState);
    setContentView(R.layout.activity_main);}
```

## 4.2.2　配置 Activity

创建好 Activity 后，Android Studio 会自动配置新建的活动，即在 AndroidManifest.xml 文件中加入如下代码：

```
<activity android:name=".TestActivity"></activity>
```

这条配置非常关键，如果没有进行活动配置，活动将无法显示，程序也会报错。具体的配置方法是通过<activity>标签进行添加，其语法格式如下：

```
<activity android:name="对应的活动实现类"
   android:label="为 Activity 指定标签"
   android:theme="应用的主题">
</activity>
```

如果该活动类在<manifest>标签的 package 属性指定的包中，那么此活动的 name 属性可以直接使用类名：如果 package 属性指定类存在于子包中，那么 name 属性需填写完整路径。本例中活动保存在指定的包中，所以使用活动类名即可(这是一种简写，当然也可以书写完整包名加类名)，对应代码如下：

```
<?xml version="1.0" encoding="utf-8"?>
<manifest xmlns:android="http://schemas.android.com/apk/res/android"
   package="com.example.administrator.app">
   <application
```

```
        android:allowBackup="true"
        android:icon="@mipmap/ic_launcher"
        android:label="@string/app_name"
        android:roundIcon="@mipmap/ic_launcher_round"
        android:supportsRtl="true"
        android:theme="@style/AppTheme">
        <activity android:name=".MainActivity">        //这里便是注册的活动
            <intent-filter>
                <action android:name="android.intent.action.MAIN" />
                <category android:name="android.intent.category.LAUNCHER" />
            </intent-filter>
        </activity>
        <activity android:name=".TestActivity"></activity>//直接使用类名
    </application>
</manifest>
```

### 4.2.3 Activity 的启动与关闭

下面分别讲述 Activity 的启动与关闭方法。

1. *启动* Activity

启动 Activity 分为单活动启动和多活动启动两种，下面分别对这两种情况进行讲解。

- 单活动：在 Android 程序中，如果只有一个活动，那么它是一个主活动。当程序运行时，主活动被调用进行显示。前面所写的程序都是采用这种单活动模式。
- 多活动：在应用程序中存在多个活动，但依然只有一个主活动。当其他活动需要启动时，可通过 startActivity()方法来启动。该方法的语法格式如下：

```
public void startActivity(Intent intent)
```

该方法没有返回值，只有一个 Intent 类型的参数。Intent 是 Android 应用中各组件之间通信的一个信使，具体的内容后续章节中会重点讲解。在创建 Intent 对象时，需要指定被启动的 Activity。

多活动启动 Activity 实例代码如下：

```
Intent intent=new Intent(MainActivity.this,TestActivity);
startActivity(intent);
```

2. *关闭* Activity

在 Android 中想要关闭一个 Activity 非常简单，使用 Activity 类提供的 finish()方法即可。这个方法没有参数也没有返回值，直接调用即可关闭 Activity。下面给出一段关闭 Activity 的代码，即通过一个按钮来关闭 Activity，具体代码如下：

```
public class TestActivity extends AppCompatActivity {
    @Override
    protected void onCreate(Bundle savedInstanceState) {
        super.onCreate(savedInstanceState);
        setContentView(R.layout.activity_test);
        Button btn=findViewById(R.id.btn_close);
        btn.setOnClickListener(new View.OnClickListener() {
```

```
            @Override
            public void onClick(View view) {
                finish();    //调用此方法关闭 Activity
            }
        });
    }
}
```

关闭 Activity 分为两种情况：

- 在多活动中关闭其中一个活动，关闭后将返回上层活动。
- 如果只有一个活动，关闭后将返回桌面。

### 实例 1　启动与关闭 Activity

创建一个新的 Module 并命名为 StartActivity，因为实例需要两个 Activity，所以再创建一个新的 Activity 命名为 TestActivtiy。如何创建新的 Activity，请参考 4.2.1 节。修改主活动布局管理器文件的代码如下：

```
<?xml version="1.0" encoding="utf-8"?>
<RelativeLayout
xmlns:android="http://schemas.android.com/apk/res/android"
   xmlns:tools="http://schemas.android.com/tools"
   android:layout_width="match_parent"
   android:layout_height="match_parent"
   tools:context="com.example.startactivity.MainActivity">
   <TextView
      android:id="@+id/text_main"
      android:layout_width="wrap_content"
      android:layout_height="wrap_content"
      android:text="唐诗-劝学!"
      />
   <Button
      android:id="@+id/btn_ok"
      android:layout_toRightOf="@+id/text_main"
      android:layout_width="wrap_content"
      android:layout_height="wrap_content"
      android:text="详情"/>
</RelativeLayout>
```

新建活动布局管理器文件的代码如下：

```
<?xml version="1.0" encoding="utf-8"?>
   <RelativeLayout
xmlns:android="http://schemas.android.com/apk/res/android"
      xmlns:tools="http://schemas.android.com/tools"
      android:layout_width="match_parent"
      android:layout_height="match_parent"
      tools:context="com.example.startactivity.TestActivty">
      <TextView
         android:id="@+id/text1"
         android:gravity="center"
         android:layout_width="wrap_content"
         android:layout_height="wrap_content"
         android:text="@string/shi"/>
      <Button
```

```
        android:id="@+id/btn_back"
        android:layout_width="wrap_content"
        android:layout_height="wrap_content"
        android:layout_below="@+id/text1"
        android:gravity="center"
        android:layout_toRightOf="@+id/text1"
        android:text="返回"/>
</RelativeLayout>
```

新建活动布局文件中使用了字符串资源，所以在字符串资源中添加如下代码：

```
<resources>
    <string name="app_name">StartActivity</string>
    <string name="shi">//添加字符串变量资源
        劝学\n
        三更灯火五更鸡，正是男儿读书时。\n
        黑发不知勤学早，白首方悔读书迟。\n
    </string>
</resources>
```

主活动的 Java 代码如下：

```
public class MainActivity extends AppCompatActivity {
    @Override
    protected void onCreate(Bundle savedInstanceState) {
        super.onCreate(savedInstanceState);
        setContentView(R.layout.activity_main);
        Button btn=findViewById(R.id.btn_ok);    //获取按钮
        btn.setOnClickListener(new View.OnClickListener() {
            @Override
            public void onClick(View view) {     //创建 Intent 对象并初始化
                Intent intent=new Intent(MainActivity.this,TestActivty.class);
                startActivity(intent);           //启动新建活动
            }
        });
    }
}
```

新建活动的 Java 代码如下：

```
public class TestActivty extends AppCompatActivity {
    @Override
    protected void onCreate(Bundle savedInstanceState) {
        super.onCreate(savedInstanceState);
        setContentView(R.layout.activity_test_activty);
        Button btn=findViewById(R.id.btn_back); //获取“退出”按钮
        btn.setOnClickListener(new View.OnClickListener() {
            @Override
            public void onClick(View view) {
                finish();                        //退出活动页面
            }
        });
    }
}
```

以上代码创建了两个活动，主活动布局管理器使用相对布局，包含一个文本框组件和一个按钮组件，单击按钮调用新建活动页面。新建活动布局管理器使用相对布局，包含一个文本框组件和一个按钮组件，单击按钮退出此活动。

运行结果如图 4-4 所示。单击“详情”按钮，跳转到新建页面，如图 4-5 所示。

图 4-4 主活动页面

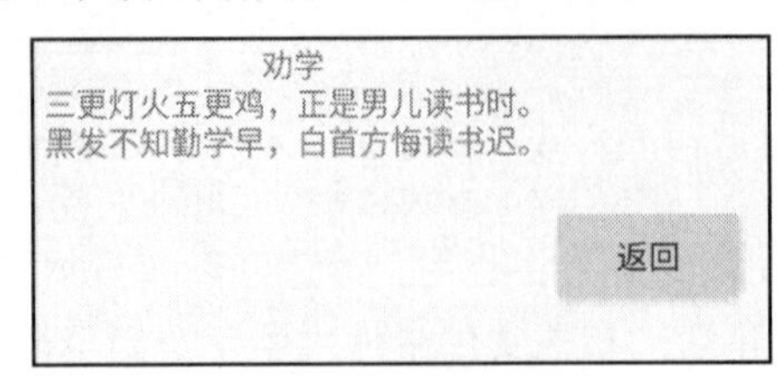


图 4-5 跳转页面

## 4.3 构建多个活动的应用

在 Android 应用中，单个 Activity 应用非常少见。为了满足更多的需求，多数会采用多 Activity 应用。下面介绍多页面之间如何交互数据。

### 4.3.1 数据交换之 Bundle

两个页面之间进行数据交互，首先要创建 Intent 对象，并以 Intent 对象作为桥梁。Android 将要传送的数据存放在 Bundle 对象中，然后通过 Intent 提供的 putExtras()方法将要传送的数据携带过去。

Bundle 相当于超市的储物柜，一个编号对应一个储物盒，只要拿到编号就可以取出物品。Bundle 携带的数据可以是基本数据类型也可以是数组，还可以是对象或者对象数组。如果是对象或者对象数组，则需要使用 Serializable 或者 Parcelable 接口。

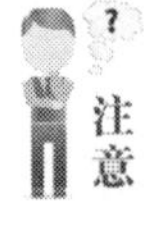

注意

使用 Bundle 传递数据时，数据必须小于 0.5MB，如果超过这个值会报 TransactionTooLargeException 异常。

**实例 2** 在两个页面之间传递数据

创建一个新的 Module 并命名为 Bundle-one，因为实例需要两个 Activity，所以再创建一个新的 Activity 命名为 ShowActivtiy。修改主活动布局管理器文件的代码如下：

```
<?xml version="1.0" encoding="utf-8"?>
<LinearLayout xmlns:android="http://schemas.android.com/apk/res/android"
    xmlns:tools="http://schemas.android.com/tools"
    android:layout_width="match_parent"
    android:layout_height="match_parent"
    tools:context="com.example.bundle_one.MainActivity"
    android:orientation="vertical">
    <EditText
        android:id="@+id/Edit1"
        android:layout_width="match_parent"
        android:layout_height="wrap_content"
        android:hint="请输入姓名"/>
    <EditText
```

```
        android:id="@+id/Edit2"
        android:layout_width="match_parent"
        android:layout_height="wrap_content"
        android:hint="年龄"/>
    <EditText
        android:id="@+id/Edit3"
        android:layout_width="match_parent"
        android:layout_height="wrap_content"
        android:hint="电话"/>
    <EditText
        android:id="@+id/Edit4"
        android:layout_width="match_parent"
        android:layout_height="wrap_content"
        android:hint="地址"/>
    <Button
        android:id="@+id/btn_ok"
        android:layout_width="match_parent"
        android:layout_height="wrap_content"
        android:text="确定"/>
</LinearLayout>
```

在主活动布局管理器文件中创建了四个编辑框，分别用于保存用户输入的姓名、年龄、电话、地址信息。还创建了一个按钮，用于打开另一个页面。

显示信息页面的布局文件代码如下：

```
<?xml version="1.0" encoding="utf-8"?>
<LinearLayout xmlns:android="http://schemas.android.com/apk/res/android"
    xmlns:tools="http://schemas.android.com/tools"
    android:layout_width="match_parent"
    android:layout_height="match_parent"
    tools:context="com.example.bundle_one.ShowActivity"
    android:orientation="vertical">
    <TextView
        android:layout_width="match_parent"
        android:layout_height="wrap_content"
        android:text="基本信息"/>
    <TextView
        android:id="@+id/text1"
        android:layout_width="match_parent"
        android:layout_height="wrap_content" />
    <Button
        android:id="@+id/btn_back"
        android:layout_width="match_parent"
        android:layout_height="wrap_content"
        android:text="返回"/>
</LinearLayout>
```

在显示信息布局文件中添加了两个文本框控件：一个用于显示提示信息，另一个显示传入的信息。还有一个“返回”按钮，用于退出此页面。

修改主活动类中的 java 代码如下：

```
public class MainActivity extends AppCompatActivity {
    @Override
    protected void onCreate(Bundle savedInstanceState) {
```

```
        super.onCreate(savedInstanceState);
        setContentView(R.layout.activity_main);
        Button btn=findViewById(R.id.btn_ok);
        btn.setOnClickListener(new View.OnClickListener() {
            @Override
            public void onClick(View view) {
                //获取编辑框中的信息
                String
str1=((EditText)findViewById(R.id.Edit1)).getText().toString();
                String
str2=((EditText)findViewById(R.id.Edit2)).getText().toString();
                String
str3=((EditText)findViewById(R.id.Edit3)).getText().toString();
                String
str4=((EditText)findViewById(R.id.Edit4)).getText().toString();
                //判断编辑框中是否都输入了信息
if(!str1.equals("")&&!str2.equals("")&&!str3.equals("")&&!str4.equals(""))
                {//创建并实例化一个 Intent 对象
                    Intent intent=new Intent(MainActivity.this,ShowActivity.class);
                    Bundle bund = new Bundle();    //创建并实例化一个 Bundle 对象
                    bund.putCharSequence("name",str1);     //保存姓名
                    bund.putCharSequence("age",str2);      //保存年龄
                    bund.putCharSequence("phone",str3);    //保存手机号
                    bund.putCharSequence("site",str4);     //保存地址
                    intent.putExtras(bund);    //将 Bundle 对象添加到 Intent 对象中
                    startActivity(intent);     //启动 Activity
                }
                else
                {
                    Toast.makeText(MainActivity.this,"请填写完整内容",
Toast.LENGTH_SHORT).show();
                }
            }
        });
    }
}
```

在主活动类中创建一个 Bundle 对象，并将获取的信息存入 Bundle 对象中。将 Bundle 对象添加到 Intent 对象中，实现数据的打包。在“确定”按钮的单击事件中实现页面跳转。

修改显示页面的 Java 代码如下：

```
public class ShowActivity extends AppCompatActivity {
    @Override
    protected void onCreate(Bundle savedInstanceState) {
        super.onCreate(savedInstanceState);
        setContentView(R.layout.activity_show);
        Intent intent = getIntent();//获取 intent 对象
        Bundle bun=intent.getExtras();
        TextView text=findViewById(R.id.text1);//绑定文本框组件
//组合字符串
        String str="姓名: "+bun.getString("name")+"\n"+"年龄:"
+bun.getString("age")+
        "\n"+"电话:"+bun.getString("phone")+"\n"+"地址: "+bun.getString("site");
```

```
        text.setText(str);//将获取的信息显示到文本框中
        Button btn = findViewById(R.id.btn_back);//绑定按钮组件
        btn.setOnClickListener(new View.OnClickListener() {
            @Override
            public void onClick(View view) {
                finish();//返回
            }
        });
    }
}
```

在显示页面中，获取 Intent 对象并将 Bundle 对象中的数据提取出来。在文本框中显示提取出来的信息，单击“返回”按钮则可退出此页面。

主活动页面如图 4-6 所示，输入信息后单击“确定”按钮转入显示，页面如图 4-7 所示。

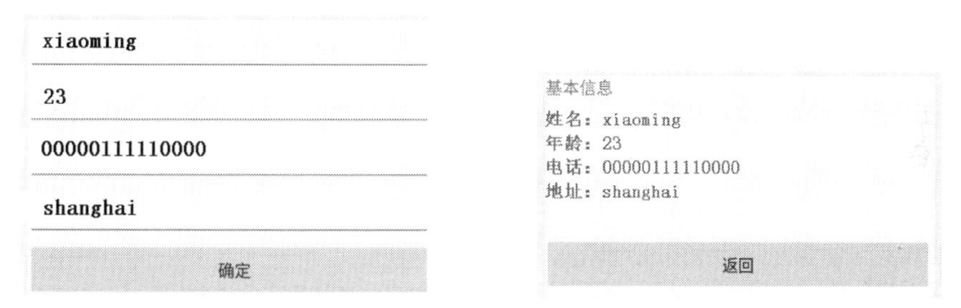


图 4-6　输入信息页面　　　　图 4-7　显示信息页面

## 4.3.2　调用页面返回数据

在 Android 开发中，有时需要调用另一个页面以返回数据。当用户选择或者输入完成后，返回调用页面，同时获取用户选择或输入的数据。

与之前的传递数据类似，同样需要使用 Intent 对象与 Bundle 对象。不同的是，此处需要调用 startActivityForResult()方法来启动另一个 Activity，之后在关闭页面时，可以将用户输入的数据返回到主活动页面。startActivityForResult()方法的语法如下：

```
public void startActivityForResult(Intent intent, int requestCode)
```

该方法将设置一个请求码，启动 Activity 完成工作后进行返回，此时调用者可以通过重写 onActivityResult()方法来获取返回的数据。RequestCode 由开发者自行设置，用于标识发起数据的来源。

**实例 3**　调用一个页面并返回数据

创建一个新的 Module 并命名为 Backdata，因为实例需要两个 Activity，所以再创建一个新的 Activity 命名为 BackActivtiy。修改主活动布局管理器文件代码如下：

```
<?xml version="1.0" encoding="utf-8"?>
<LinearLayout xmlns:android="http://schemas.android.com/apk/res/android"
    xmlns:tools="http://schemas.android.com/tools"
    android:layout_width="match_parent"
    android:layout_height="match_parent"
    tools:context="com.example.backdata.MainActivity"
```

```
    android:orientation="vertical">
    <TextView
        android:layout_gravity="center_horizontal"
        android:layout_width="match_parent"
        android:layout_height="wrap_content"
        android:text="单击按钮选择喜欢的图标!" />
    <ImageView
        android:id="@+id/image1"
        android:layout_width="match_parent"
        android:layout_height="wrap_content"
        android:src="@drawable/icon1"/>
    <Button
        android:id="@+id/btn_ok"
        android:layout_width="match_parent"
        android:layout_height="wrap_content"
        android:text="选择"/>
</LinearLayout>
```

主活动布局文件中采用线性布局，同时创建了一个用于提示信息的文本框，一个用于显示图标的图像组件，一个用于打开另一个页面的按钮。

返回选项页面的布局文件代码如下：

```
<?xml version="1.0" encoding="utf-8"?>
<GridLayout xmlns:android="http://schemas.android.com/apk/res/android"
    xmlns:tools="http://schemas.android.com/tools"
    android:layout_width="match_parent"
    android:layout_height="match_parent"
    tools:context="com.example.backdata.BackActivity">
    <GridView
        android:id="@+id/grid1"
        android:gravity="center"
        android:layout_width="match_parent"
        android:layout_height="match_parent"
        android:layout_marginTop="10dp"
        android:horizontalSpacing="4px"
        android:verticalSpacing="4px"
        android:numColumns="4">
    </GridView>
</GridLayout>
```

返回页面的布局管理器采用网格布局，同时创建了一个网格视图组件。

修改主活动类的 Java 代码如下：

```
public class MainActivity extends AppCompatActivity {
    @Override
    protected void onCreate(Bundle savedInstanceState) {
        super.onCreate(savedInstanceState);
        setContentView(R.layout.activity_main);
        Button btn=findViewById(R.id.btn_ok);    //获取“选择”按钮
        //设置按钮的事件监听器
        btn.setOnClickListener(new View.OnClickListener() {
            @Override
            public void onClick(View view) {//创建 Intent 对象并实例化
                Intent intent=new Intent(MainActivity.this,BackActivity.class);
                startActivityForResult(intent,0xFF);//启动页面并设置发送码
```

```
        }
    });
}
```

在主活动中创建了 Intent 对象，启动页面时设置了发送码。

修改返回页面的 Java 代码如下：

```
public class BackActivity extends AppCompatActivity {
    //定义图片资源数组
    public int[] pic=new int[]{
        R.drawable.icon1,R.drawable.icon2,R.drawable.icon3,
                R.drawable.icon4, R.drawable.icon5,
    };
    @Override
    protected void onCreate(Bundle savedInstanceState) {
        super.onCreate(savedInstanceState);
        setContentView(R.layout.activity_back);
        GridView grid=findViewById(R.id.grid1);//获取网格组件
        //设置网格组件的选择监听事件
        grid.setOnItemClickListener(new AdapterView.OnItemClickListener() {
            @Override
            public void onItemClick(AdapterView<?> adapterView, View view,
int i, long l) {
                Intent intent=getIntent();      //获取 Intent 对象
                Bundle bund=new Bundle();       //创建 Bundle 对象
                bund.putInt("id",pic[i]);       //将选中的图片保存于 Bundle 对象中
                intent.putExtras(bund);         //将数据保存于 Intent 中
                setResult(0xFF,intent);         //设置返回的结果码
                finish();                       //选择完成后关闭此页面
            }
        });
        BaseAdapter adapter = new BaseAdapter(){
            @Override
            public int getCount() {
                return pic.length;//获取图片资源数组长度
            }
            @Override
            public Object getItem(int i) {
                return i;
            }
            @Override
            public long getItemId(int i) {
                return i;
            }
            @Override
            public View getView(int i, View view, ViewGroup viewGroup) {
                ImageView imageView;        //声明图像视图组件
                if(view==null)
                {   //如果视图组件为空则实例化一个视图组件
                    imageView=new ImageView(BackActivity.this);
                    imageView.setAdjustViewBounds(true);  //设置组件的宽度及高度
                    imageView.setMaxWidth(150);           //设置宽度
                    imageView.setMaxHeight(150);       //设置高度
                    //设置组件内边距
                    imageView.setPadding(5,5,5,5);
                }
```

```
                else
                {
                    imageView=(ImageView)view;              //直接赋值给视图组件
                }
                imageView.setImageResource(pic[i]);     //设置显示图片资源
                return imageView;                       //返回图像视图
            }
        };
        grid.setAdapter(adapter);                       //设置适配器
    }
}
```

创建一个用于存放图像资源的数组，获取网格视图组件，设置网格视图选择事件监听器，获取 Intent 对象，创建 Bundle 对象，将数据打包捆绑并设置返回码，创建图像适配器并配置显示图像。

在主活动中重写 onActivityResult()方法，代码如下：

```
@Override
   protected void onActivityResult(int requestCode, int resultCode,
Intent data) {
       if(requestCode==0xFF)
       {
           Bundle bund=data.getExtras();                     //获取 Bundle 对象
           int imageID=bund.getInt("id");                    //定义图像 id
           ImageView image = findViewById(R.id.image1);      //创建并绑定视图组件
           image.setImageResource(imageID);                  //设置图片显示
       }
}
```

此方法判断返回码是否一致，如果一致则获取返回信息，修改图像显示。

重写方法的实现步骤如下：

**01** 在需要添加重写方法的位置单击右键，从弹出的菜单中选择 Generate 选项，如图 4-8 所示。

**02** 选择完成后在 Generate 菜单中选择 Override Methods 选项，如图 4-9 所示。

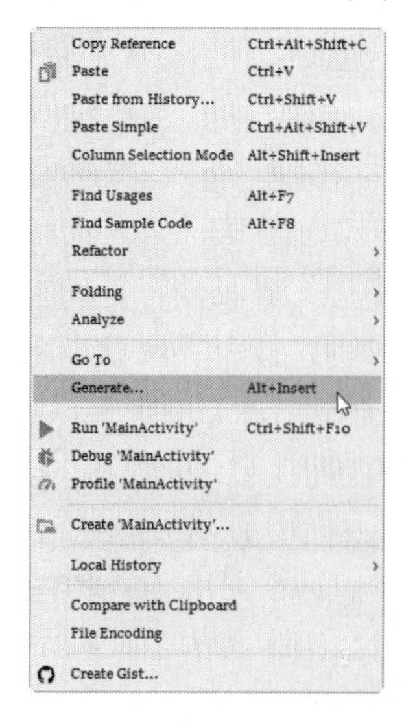


图 4-8　弹出菜单

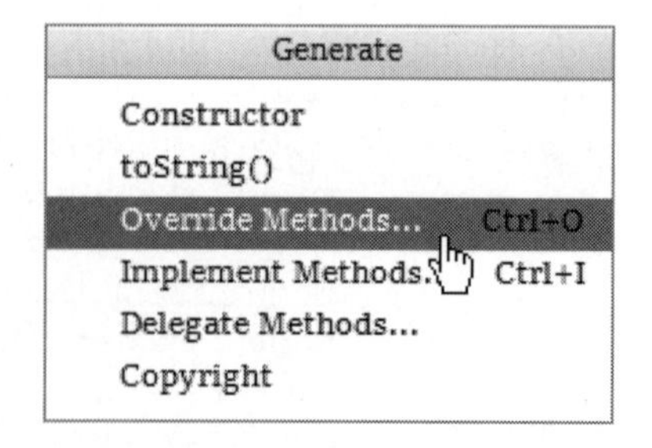


图 4-9　选择下级菜单

**03** 在弹出的对话框中选择相应的函数进行重写，如图 4-10 所示。也可以使用快捷键 Ctrl+O。

**04** 查看运行结果，主活动页面如图 4-11 所示，单击“选择”按钮，选择页面如图 4-12 所示。

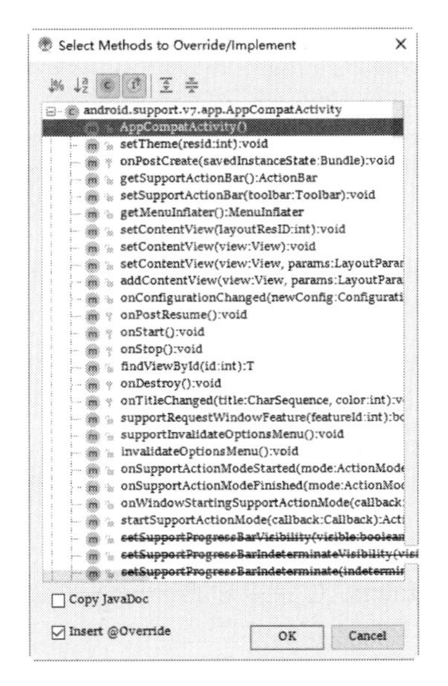


图 4-10　选择重写函数

图 4-11　主活动页面

图 4-12　图标选择页面

## 4.4　组件间的信使 Intent

Intent 中文翻译为“意图”，它是组件之间通信的信使。之前的章节已经使用过 Intent 对象，它除了可以开启一个 Activity 之外，还可以开启 Service 服务或者发送广播。本节将对 Intent 进行详细的讲解。

### 4.4.1　什么是 Intent

Android 提供了 Intent 机制来协助应用间的交互与通信，Intent 负责对应用中一次操作的动作、动作涉及的数据、附加数据进行描述，Android 根据 Intent 的描述，负责找到对应的组件，将 Intent 传递给调用的组件，完成组件的调用。Intent 不仅可用于应用程序之间，也可用于应用程序内部 Activity/Service 之间的交互。因此，可以将 Intent 理解为不同组件之间通信的“媒介”，是组件之间互相调用信息的信使。

Intent 是一个将要执行的动作的抽象描述，一般作为参数使用，由 Intent 协助完成 Android 中各个组件之间的通信。比如说，调用 startActivity()来启动一个 Activity，或者由 broadcaseIntent()传递给所有感兴趣的 BroadcaseReceiver，或者由 startService()/bindservice()启动一个后台的 Service。可以看出，Intent 主要用来启动其他的 Activity 或者 Service，所以可以将 Intent 理解成 Activity 之间的枢纽。

## 4.4.2 应用 Intent

Intent 的主要作用在于各个组件之间的沟通，那么它是如何进行通信的？通信的方式有哪些？这些是本节要讲解的内容。

第一种应用：开启 Activity

之前学习过，通过创建 Intent 对象并使用 startActivity()方法，可以启动一个新的 Activity，可以通过 Intent 对象携带数据，还可以通过 startActivityForRestult()方法启动 Activtiy。当 Activtiy 结束时，可以通过 onActivityResult()方法接收数据。

第二种应用：开启 Service

通过创建 Intent 对象并使用 startService()方法，可以启动一个 Service 来完成必要的操作，或者通过传递指令给现有的 Service，还可以将 Intent 对象传递给 bindService()方法，建立组件与目标服务之间的连接。

第三种应用：传递 Broadcast

通过 sendBroadcast()、sendOrderedBroadcast()或者 sendStickyBroadcast()方法，可以传递一个广播，感兴趣的用户可以接收这些发出的广播内容。

关于使用 Intent 如何开启 Service 与 Broadcast 的内容将在后面的章节中讲解。

Android 系统会自动匹配响应的组件来响应 Intent，当这些 Intent 没有重叠时，广播接收器只会传播信息给接收者，而不会传递信息给 Activity 或者 Service。

## 4.4.3 Intent 的属性

Intent 对象有 7 个属性，分别是 ComponentName(组件名称)、Action(动作)、Category(类别)、Data(数据)、Type(MIME 类型)、Extras(附加信息)、Flags(标签)。本节将对这些属性进行详细讲解。

### 1. ComponentName(组件名称)

ComponentName 属性用来设置 Intent 对象的组件名称，由组件所在应用程序配置文件中设置的包名，加上组件中定义的类名组成。这样可以保证组件的唯一性，应用程序可以通过组件名启动特定的组件。

如果采用显式 Intent 则需要设置组件名称，可通过 setComponent()、setClass()或 setClassName()方法设置，并通过 getComponent()方法来读取。下面分别介绍这几个方法。

setComponent()方法：用来为 Intent 对象设置组件，语法格式如下：

```
public Intent setComponet(ComponetName component)
```

该方法有一个参数就是要设置的组件名称，并返回一个 Intent 对象。

在使用该方法时，需要先创建 android.content.ComponentName 对象，该对象常用的构造方法有两种：

```
ComponentName(Context context,Class<?> cls)
```

或者

```
CompnentName(String pkg,String cls)
```

两个方法中的参数说明如下。

- context：上下文对象，可以使用“当前 Activity 名.this”来指定。
- cls：指具体打开的 Activity 对象。
- pkg：指定包名。
- 第二个 cls：指定具体启动 Activity 的完整包名。

比如，需要启动 TestActivity 的 Intent 对象，具体实例代码如下：

```
ComponentName cn = new ComponentName(OneActivity.this,TwoActivity.class);
Intent it = new Intent();
it.setComponent(cn);
```

2. Action(动作)

Action 属性用来指定将要执行的动作，一个普通的字符串，代表 Intent 要完成的一个抽象“动作”。比如，发信息的权限。具体由哪个组件来完成，需要明确此动作的相关组件。Intent 只负责提供这个动作，具体由谁来完成则交由 Intent-filter 进行筛选。

Java 文件中的 Action 与 Intent-filter 中的格式是不一样的，例如

```
<action android:name = "android.intent.action.CALL"/>
intent.setAction(Intent.CALL_ACTION);//Java 文件中的格式
```

其中的取值可以参考 API 文档中 Intent 类的说明，可阅读 docs/reference/android/content/Intent.html 文件。

3. Category(类别)

同样是普通的字符串，Category 用于为 Action 提供附加的类别信息，两者通常结合使用，一个 Intent 对象只能有一个 Action，但是可以有多个 Category。

Category 在 Java 与 Intent-filter 中的格式也是不一样的，例如：

```
<category android:name="android.intent.category.DEFAULT"/>
intent.addCategorie(Intetn.CATEGORY_DEFAULT);
```

可以调用 removeCategory() 删除上次添加的种类，也可以用 getCategories()方法获得当前对象包含的全部种类。

4. Data(数据) 与 Type(MIME 类型)

Data 通常用于向 Action 属性提供操作的数据，它可以是一个 URI 对象。Type 通常用于指定 Data 所指定的 URI 对应的 MIME 类型，不同的 Action 有不同的数据规格。下面给出一些常用的数据规格。

- 浏览网页：http://www.baidu.com
- 拨打电话：tel:010888888
- 发送短信：smsto:186666666
- 联系人信息：content://com.android.contacts/contacts/1
- 查找 SD 卡文件：file://sdcard/Download/xx.text

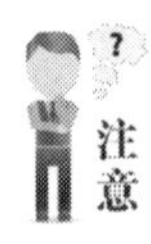

如果在 Java 代码中进行设置，另外两个属性会相互覆盖。如果两个属性都需要，则调用 setDataAndType()方法进行设置。在 AndroidManifest.xml 文件中，这两个属性都存放在 data 标签中。

```
<data
android:mineType = "Intent 的 Type 属性"
android:scheme = "Data 的 scheme 协议头"
android:host = "Data 的主机号"
android:port = "Data 的端口号"
android:path = "Data 的路径"
android:pathPattern = "Data 属性的 path 字符串模板"/>
```

5. Extras(附加信息)

这个属性用于向 Intent 组件添加附加信息，通常使用键值对的形式保存附加信息。通过 Bundle 对象，分别使用 putExtras()方法和 getExtras()方法添加或读取。

例如：

```
intent.putIntExtra().getputExtra()
Bundle:intent.putExtras().getExtras()
```

6. Flags(标签)

此属性用于指示 Android 程序如何启动一个 Activity(例如，Activity 属于哪个 Task)以及启动后如何处理。标签都定义在 Intent 类中，比如 FLAG_ACTIVITY_SINGLE_TOP 相当于加载模式中的 singleTop 模式。

系统不包含 Task 管理功能，若要使用 FLAG_ACTIVITY_MULTIPLE_TASK 标识，必需提供一种可以返回已经启动 Task 的方式。

## 4.4.4 Intent 的种类

Intent 按其显示类型可以分为显式 Intent 和隐式 Intent 两种。下面分别对这两种类型进行讲解。

1. 显式 Intent

这种类型的 Intent 在创建之初，已经指定了接收者，例如 Activity、Service 或者 BroadcastReceiver。由此知道要启动的是哪个组件，这种方式便是显式 Intent。

下面给出一段代码，通过显式调用 Intent 打开一个网页，具体代码如下：

```
Intent it = new Intent();                              //创建一个 Intent 对象
it.setAction(Intent.ACTION_VIEW);                      //设置一个 Intent 动作
it.setData(Uri.parse("http://www.baidu.com"));         //设置数据
startActivity(it);                                     //启动活动页面
```

2. 隐式 Intent

隐式 Intent 是相对于显式 Intent 而言的，在创建 Intent 对象时并不指定具体的接收者，而是根据要执行的 Action、Category 和 Data，然后由系统根据响应的匹配情况找到需要启动的 Activity。例如，我们需要拍照，可以直接通过 Intent 调用系统相机，而不必因为拍照另创建一个拍照的程序。具体代码如下：

```
//创建一个打开相机的 Intent
Intent intent = new Intent(MediaStore.ACTION_IMAGE_CAPTURE);
startActivityForResult(intent, 0);                 //启动一个需要返回值的活动页面
```

取出照片可以使用下面一段代码：

```
Bundle extras = intent.getExtras();                //设置 Bundle 对象
Bitmap bitmap = (Bitmap) extras.get("data");       //从 Bundle 中取出数据并还原成
//位图对象
```

### 4.4.5 Intent 过滤

使用隐式 Intent 启动 Activity 时没有明确指定 Avtivity 类，所以系统需要根据匹配机制找到相应的 Activity 类，这种机制需要通过 Intent 过滤器来实现。

Android 中的各个组件注册 Intent 过滤器，需要在 AndroidManifest.xml 文件中进行设置，使用<intent-filter>标签声明该组件所支持的动作、数据和信息种类等信息。除此之外，还可以通过 Java 代码，在声明的 Intent 对象中配置相应的属性。这里主要介绍使用 AndroidManifest.xml 文件进行配置的方法。

1. 动作配置

动作通过<action>标签进行配置，主要用于设置组件可以响应哪些动作，以字符串形式表示。<action>标签的语法格式如下：

```
<action android:name="android.intent.action.MAIN" />
```

除了使用包名外，还可以使用自定义的 Action 名字，只要方便记忆并且有意义即可。例如：

```
<action android:name="action.SendMessage" />
```

2. 配置数据

配置数据使用<data>标签，用于向 Action 提供要操作的数据，它可以是一个 URI 对象或者数据类型(MIME 媒体类型)。其中，URI 可以分成 scheme(协议或服务方式)、host(主

机)、port(端口)、path(路径)等，它们的组成格式如下：

```
<scheme>://<host>:<port>/<path>
```

例如，下面一段 URI：

```
content://com.example.tets:888/temp/image
```

其中，content 是 scheme 的固定格式，com.example.test 是 host，888 是端口，temp/image 是 path。它们组合起来构成一个 URI，其中 host 与 port 是绑定在一起的，它们成对出现，代表一个 URI 授权。这些属性都是可选的，但是并非完全独立，如果授权有效，则 scheme 必须指定。

<data>标签的语法格式如下：

```
<data
android:scheme=""
android:host=""
android:port=""
android:path=""
android:mimeType=""/>
```

其中的相关参数说明如下。

- scheme：指定所需要的协议类型。
- host：指定一个有效的主机名。
- port：指定主机中一个有效的端口。
- path：提供一个有效的 URI 路径。
- mimeType：指定组件能够处理的数据类型，支持“*”通配符。

例如，要设置播放的媒体类型，可以使用如下代码：

```
<data android:mimeType = "mp4">
```

3. 配置种类

<category>标签用于配置以何种方式执行 Intent 请求的动作。<category>标签的语法格式如下：

```
<category android:name=""/>
```

其中，赋值为一个字符串，可以是此属性所支持的一些对应常量，但不能直接使用常量。例如，要设置作用于测试的活动需要将其指定为 android.intent.category.TEST。当然，除了使用系统常量外还可以自定义名字，此时为了保证名字的唯一性，需要在自定义名称前面加上完整的应用包名。

```
<action android:name = " com.example.tets.category.DELETE">
```

此时的 DELETE 便是自定义常量。

## 4.5　就业面试问题解答

**面试问题 1：如何理解 onResume()方法，它在何时调用？**

onResume()方法必须在调用 onPause()方法之后调用，因为它的作用是让一个活动由休眠状态转为激活状态，如果没有休眠何来重新激活。

**面试问题 2：活动之间只能通过 Intent 传输数据吗？**

确切地说，Intent 本身不能传输数据，它需要通过携带包含数据的 Bundle 对象才可以传输数据。其次 Intent 并不是唯一传输数据的方式，后面章节还会讲到其他用于传输数据的方式。

# 第5章

# 服务与广播

第 4 章对 Android 中的 Activity 组件进行了学习，本章继续学习 Android 中的组件 Service(服务)和 Responding(广播)。

# 5.1 认识服务

Service(服务)是能够在系统后台长时间运行，而且不提供用户界面的应用组件。其他应用组件能启动服务，服务一旦被启动将在后台一直运行，即使启动服务的组件(Activity)已销毁也不受影响。

下面一张图给出了服务的生命周期，如图 5-1 所示。

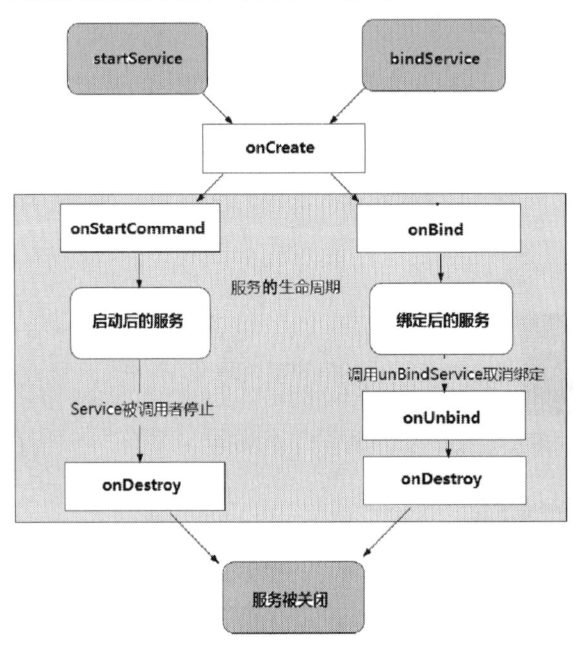


图 5-1　服务的生命周期

可以看到，服务分为两种方式，虽然启动方式不同，但创建服务与停止服务却是相同的。

## 5.1.1　服务的分类

应用程序的组件可以通过 startService 方法传递 Intent 对象来启动服务。在 Intent 对象中指定服务所使用的数据，服务则使用 onStartCommand 方法接收 Intent 数据。

Android 提供了以下两个类，用于创建和启动服务。

- Service：这是所有服务的基类，当继承该类创建服务时，建议创建一个线程，因为服务默认使用应用程序的主线程，这样会大大降低 Activity 的运行性能。
- IntentService：这是 Service 的一个子类，它们用一个 Worker 线程来处理启动。如果没有多种请求，使用这种方式创建服务是最好的选择，开发者只需实现 onHandleIntent 方法。该方法接收每次启动请求的 Intent，并完成后台任务。

按照启动方式可以将服务分为两种形式：

(1) 启动的方式开启服务：被其他程序组件通过调用 startedService()方法启动的服务，

这样的服务是直接启动的不受调用方干扰，一旦启动服务可以在后台无限期运行。

(2) 绑定的方式开启服务：当应用程序组件通过 bindService()方法绑定到服务，这时服务是以绑定的形式启动的，一旦调用方销毁服务也随之消失，多个组件可以一次绑定到一个服务上。

## 5.1.2　创建服务

下面创建一个服务，具体操作步骤如下：

**01** 在应用程序包名上单击右键，在弹出的快捷菜单中依次选择 New→Service→Service 菜单项，如图 5-2 所示。

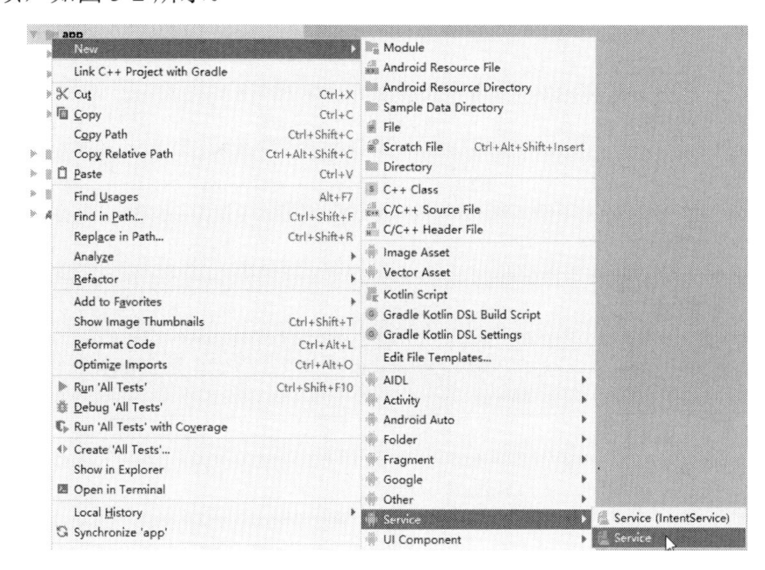


图 5-2　创建服务

**02** 弹出 New Android Component 对话框。在 Class Name 文本框中输入服务的名称，如图 5-3 所示。

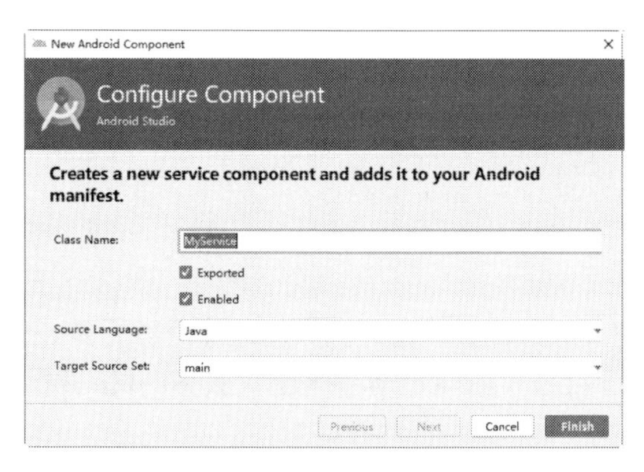


图 5-3　设定服务名称

**03** 输入服务名称后，单击 Finish 按钮即可创建一个服务。

**04** 在创建好的服务类中，重写必要的回调方法，这里应重写以下三个方法。

- onCreate：创建服务时调用。
- onStartCommand：每次启动服务时调用。
- onDestroy：销毁服务时调用。

由于服务在后台运行，所以这里创建一个线程并打印日志。这样可以查看服务的运行情况。修改 MyService.java 的代码如下：

```
public class MyService extends Service {
    public MyService() {}    //构造函数
    @Override                //重写的 onBind 方法用于绑定服务
    public IBinder onBind(Intent intent) {
        throw new UnsupportedOperationException("Not yet implemented");
    }
    @Override                //重写的 onCreate 方法用于创建一个服务
    public void onCreate() {
        Log.i("服务状态:", "服务被创建");
        super.onCreate();
    }
    @Override
    public int onStartCommand(Intent intent, int flags, int startId) {
        new Thread(new Runnable() { //创建一个新的线程
            @Override
            public void run() {
                Log.i("服务状态:", "服务以开启");
                int i = 0;            //设置一个循环，用于查看服务运行状态
                while (i < 100) {
                    try {
                        Thread.sleep(1000);    //设置线程延时 1 秒
                    } catch (InterruptedException e) {
                        e.printStackTrace();
                    }
                    Log.i("服务执行中:", Integer.toString(i));
                    i++;
                }
                stopSelf();    //停止服务
            }
        }).start();
        return super.onStartCommand(intent, flags, startId);
    }
    @Override                //重写的 onDestroy 用于销毁服务
    public void onDestroy() {
        Log.i("服务状态:", "服务被销毁");
    }
}
```

05 查看配置文件中的服务配置，通过向导创建的服务会在 AndroidMainfest.xml 文件中配置 Service，使用<service></service>标签来配置服务，代码如下：

```
<service
    android:name=".MyService"
    android:enabled="true"
    android:exported="true">
</service>
```

其中，enable 属性用于指定服务是否能被实例化，布尔类型默认是 true，即可以被实例化。<application>标签也有一个 enable 属性，它适用于所有组件，默认也是 true。如果这两个标签的 enable 属性有一个被设置为 false，服务都将被禁用，需要注意。

exported 属性用于指定该服务能否被其他应用调用或者交互，true 表示可以，false 表示不可以。一旦设置成 false，该服务只能由同一个应用程序的组件或者具有相同 ID 的应用程序启动或者绑定。该属性的默认值依赖于服务是否包含 Intent 过滤器。如果没有此过滤器，说明服务只能使用完整类名调用，此时这个服务将是私有的，该属性应该设置成 false。如果存在 Intent 过滤器，则允许其他程序使用该属性，此时应设置为 true。

## 5.1.3　启动与停止服务

创建服务之后，如何启动一个服务呢？这是本节的重点。

1. *启动服务*

通过 Activity 启动一个服务，或者由应用程序组件传递一个 Intent 对象(指定服务)到 startService 方法启动服务。系统将调用服务的 onStartCommand 方法，并将 Intent 传递给它。

通过 Activity 启动上一节创建的服务，具体代码如下：

```
//创建一个 Intent 对象
Intent intent = new Intent(MainActivity.this,MyService.class);
startService(intent);                                    //启动一个服务
```

服务不是以绑定方式运行的，startService 方法发送的 Intent 将是程序与服务之间的唯一通信方式。如果有获取服务返回结果的需求，则启动该服务的客户端可以广播创建 PendingIntent(广播将在后续章节讲解)，此时服务便可以使用广播发送结果。

另外，每次启动服务都将调用一次 onStartCommand 方法。

2. *停止服务*

不是以绑定方式开启的服务，将自行控制其生命周期，它在执行完 onStartCommand 方法后继续执行，只有在系统必须回收内存时才会被销毁，否则系统不会停止或者销毁服务。服务必须调用 stopSelf 方法停止，或者其他组件调用该方法停止服务。使用 stopSelf 或者 stopService 方法，系统会尽快销毁服务。

应用程序的任务完成后，需要及时停止该程序启动的服务，否则会造成资源浪费以及电能损耗。当绑定服务调用了 onStartCommand 方法后，也需要停止服务。

**实例 1**　通过 Activity 启动服务

创建一个新的 Module 并命名为 StartService，修改主活动布局管理器文件的代码如下：

```
<?xml version="1.0" encoding="utf-8"?>
<LinearLayout xmlns:android="http://schemas.android.com/apk/res/android"
    xmlns:app="http://schemas.android.com/apk/res-auto"
    xmlns:tools="http://schemas.android.com/tools"
    android:layout_width="match_parent"
    android:layout_height="match_parent"
    tools:context="com.example.startservice.MainActivity"
```

```
    android:orientation="vertical">
    <Button
        android:id="@+id/btn_start"
        android:layout_width="match_parent"
        android:layout_height="wrap_content"
        android:text="启动服务"/>
    <Button
        android:id="@+id/btn_stop"
        android:layout_width="match_parent"
        android:layout_height="wrap_content"
        android:text="停止服务"/>
</LinearLayout>
```

主活动类的代码如下：

```
public class MainActivity extends AppCompatActivity {
    @Override
    protected void onCreate(Bundle savedInstanceState) {
        super.onCreate(savedInstanceState);
        setContentView(R.layout.activity_main);
        Button btn1=findViewById(R.id.btn_start);//绑定按钮
        Button btn2=findViewById(R.id.btn_stop);
//创建一个 Intent 对象
        final Intent intent = new
Intent(MainActivity.this,ActivitySer.class);
//设置按钮单击监听事件
        btn1.setOnClickListener(new View.OnClickListener() {
            @Override
            public void onClick(View view) {
                startService(intent);//启动服务
            }
        });
        btn2.setOnClickListener(new View.OnClickListener() {
            @Override
            public void onClick(View view) {
                stopService(intent); //停止服务
            }
        });
    }
}
```

因为实例需要一个服务，所以创建新的服务并命名为 ActivitySer。创建服务后重写三个方法，具体代码如下：

```
public class ActivitySer extends Service {
    volatile boolean isStop=false;//设置一个标签，用于停止线程
    public ActivitySer() {
    }
    @Override
    public IBinder onBind(Intent intent) {
        throw new UnsupportedOperationException("Not yet implemented");
    }
    @Override
    public void onCreate() {
        Log.i("服务:","服务已创建");
```

```
    }
    @Override
    public int onStartCommand(Intent intent, int flags, int startId) {
        new Thread(new Runnable() {//创建一个线程，用于显示服务在运行
            @Override
            public void run() {
                Log.i("服务:","服务已开启");
                int i=0;
                while(!isStop)
                {
                    try {
                        Thread.sleep(1000);//延迟 1 秒输出
                    } catch (InterruptedException e) {
                        e.printStackTrace();
                    }
                    i++;
                    Log.i("服务运行中: ",Integer.toString(i));
                }
            }
        }).start();
        return super.onStartCommand(intent, flags, startId);
    }
    @Override
    public void onDestroy() {
        isStop=true;//修改标签，服务停止
        Log.i("服务:","服务已停止");
    }
}
```

查看运行结果，如图 5-4 所示。单击“启动服务”按钮，查看 LogCat 日志，输出如图 5-5 所示。

图 5-4　运行效果

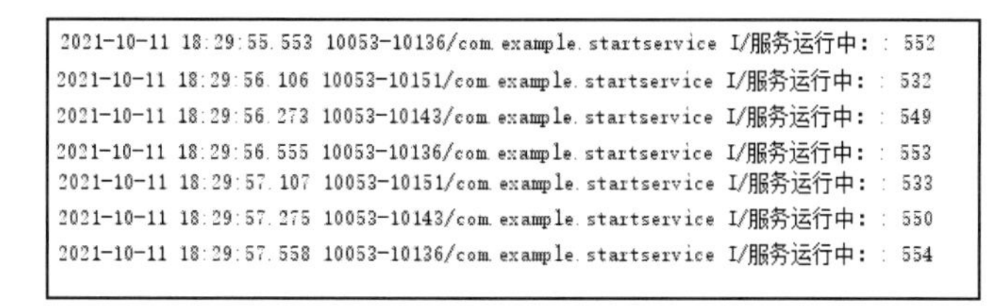

2021-10-11 18:29:55.553 10053-10136/com.example.startservice I/服务运行中: : 552
2021-10-11 18:29:56.106 10053-10151/com.example.startservice I/服务运行中: : 532
2021-10-11 18:29:56.273 10053-10143/com.example.startservice I/服务运行中: : 549
2021-10-11 18:29:56.555 10053-10136/com.example.startservice I/服务运行中: : 553
2021-10-11 18:29:57.107 10053-10151/com.example.startservice I/服务运行中: : 533
2021-10-11 18:29:57.275 10053-10143/com.example.startservice I/服务运行中: : 550
2021-10-11 18:29:57.558 10053-10136/com.example.startservice I/服务运行中: : 554

图 5-5　日志输出

## 5.1.4　绑定服务

通过调用 bindService 方法，使服务以绑定方式运行。多个组件可以绑定到同一个服务上，当调用绑定服务的组件全部消失时，服务也将被销毁。

如果服务是专属的并且不执行跨进程工作，那么开发者可以实现自己的 Binder 类，并为客户端提供相应的方法。当然，只有当客户端与服务同处于一个应用中时有效。

绑定服务需要通过一个 bindService 方法完成，该方法的语法格式如下：

```
bindService(Intent service, ServiceConnection conn,int flags)
```

有关参数说明如下。

- service：要启动的服务需通过 Intent 指定。
- conn：监听访问者与服务连接情况的对象。
- flags：指定是否自动创建服务。

值得注意的是，只有 Activity、Service、ContentProvider 能够使用绑定服务，BroadcastReceiver 不能使用绑定服务。

**实例 2　通过 bindService 启动服务**

创建一个新的 Module 并命名为 bindSer，修改主活动布局管理器文件的代码如下：

```
<?xml version="1.0" encoding="utf-8"?>
<LinearLayout xmlns:android="http://schemas.android.com/apk/res/android"
    xmlns:tools="http://schemas.android.com/tools"
    android:layout_width="match_parent"
    android:layout_height="match_parent"
    tools:context="com.example.bindservice.MainActivity"
    android:orientation="vertical">
    <Button
        android:id="@+id/btn_start"
        android:text="绑定服务"
        android:layout_width="match_parent"
        android:layout_height="wrap_content" />
    <Button
        android:id="@+id/btn_stop"
        android:text="解除锁定"
        android:layout_width="match_parent"
        android:layout_height="wrap_content" />
    <Button
        android:id="@+id/btn_count"
        android:text="获取状态"
        android:layout_width="match_parent"
        android:layout_height="wrap_content" />
</LinearLayout>
```

主活动类的代码如下：

```
public class MainActivity extends AppCompatActivity {
    bindSer.MyBinder binder;//创建一个 binder 对象
    private ServiceConnection conn = new ServiceConnection() {
        //Activity 与 Service 断开连接时回调该方法
        @Override
        public void onServiceDisconnected(ComponentName name) {
            Log.i("客户端:","------Service DisConnected-------");
        }
        //Activity 与 Service 连接成功时回调该方法
        @Override
        public void onServiceConnected(ComponentName name, IBinder service) {
            Log.i("客户端:","------Service Connected-------");
            binder = (bindSer.MyBinder) service;//赋值一个服务
        }
    };
    @Override
    protected void onCreate(Bundle savedInstanceState) {
        super.onCreate(savedInstanceState);
```

```
        setContentView(R.layout.activity_main);
        Button btn1=findViewById(R.id.btn_start);//获取绑定按钮
        Button btn2=findViewById(R.id.btn_stop);//获取解绑按钮
        Button btn3=findViewById(R.id.btn_count);//获取状态按钮
        //创建并实例化一个 Intent 对象
        final Intent intent = new Intent(MainActivity.this,bindSer.class);
        btn1.setOnClickListener(new View.OnClickListener() {
            @Override
            public void onClick(View view) {//绑定并启动一个服务
                bindService(intent,conn, Service.BIND_AUTO_CREATE);
            }
        });
        btn2.setOnClickListener(new View.OnClickListener() {
            @Override
            public void onClick(View view) {
                unbindService(conn);//解除服务绑定
            }
        });
        btn3.setOnClickListener(new View.OnClickListener() {
            @Override
            public void onClick(View view) {
                Toast.makeText(MainActivity.this,"服务状态:"
+binder.getCount(), Toast.LENGTH_SHORT).show();//获取服务状态
            }
        });
    }
}
```

由于这个程序需要绑定并启动一个服务，所以创建一个新的服务 bindSer，具体代码如下：

```
public class bindSer extends Service {
    private int count=0;          //创建一个计数器
    private String Ser="服务: ";
    boolean isStop = false;       //创建一个标签，用于结束线程
    private MyBinder binder=new MyBinder();      //创建一个继承自 binder 的类
    class MyBinder extends Binder
    {
        public int getCount()     //用于获取服务状态
        {
            return count;
        }
    }
    public bindSer() {
    }
    @Override
    public IBinder onBind(Intent intent) {
        Log.i(Ser,"服务被绑定");
        return binder;
    }
    @Override
    public void onCreate() {
        new Thread(new Runnable() { //创建一个线程，用于累加计数器
            @Override
```

```
            public void run() {
                Log.i(Ser,"onCreate 方法执行");
                while(!isStop)
                {
                    try {
                        Thread.sleep(1000);
                    } catch (InterruptedException e) {
                        e.printStackTrace();
                    }
                    count++;
                }
            }
        }).start();
    }
    @Override
    public boolean onUnbind(Intent intent) {
        Log.i(Ser,"onUnbind 方法执行");
        return true;
    }
    @Override
    public void onRebind(Intent intent) {
        Log.i(Ser,"onRebind 方法执行");
        super.onRebind(intent);
    }
    @Override
    public void onDestroy() {
        super.onDestroy();
        this.isStop = true;//更改标签
        Log.i(Ser, "onDestroy 方法执行!");
    }
}
```

以上代码创建了一个新的服务，通过单击绑定按钮绑定并启动一个服务，服务中通过创建一个新的线程——累加计数器，使客户端实现与服务的交互。单击解绑按钮可以解除服务绑定。

运行结果如图 5-6 所示，单击“绑定服务”按钮即可启动服务，单击“获取状态”按钮可以获取当前服务计数器的值，单击“解除绑定”按钮可以停止服务。查看 LogCat 运行结果如图 5-7 所示。

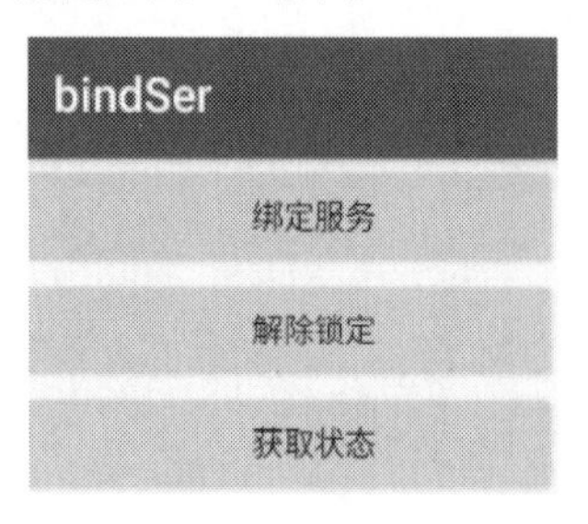


图 5-6　运行结果

```
2021-10-11 18:48:05.716 10601-10601/com.example.bindser I/服务: : 服务被绑定
2021-10-11 18:48:05.716 10601-10651/com.example.bindser I/服务: : onCreate方法执行
2021-10-11 18:48:05.730 10601-10601/com.example.bindser I/客户端: : ———Service Connected———
2021-10-11 18:48:07.420 10601-10621/com.example.bindser D/EGL_emulation: eglMakeCurrent: 0xd541a360: ver 3 0
2021-10-11 18:48:07.432 10601-10621/com.example.bindser D/EGL_emulation: eglMakeCurrent: 0xd541a360: ver 3 0
2021-10-11 18:48:12.033 10601-10601/com.example.bindser I/服务: : onUnbind方法执行
2021-10-11 18:48:12.042 10601-10601/com.example.bindser I/服务: : onDestroy方法执行!
```

图 5-7　LogCat 输出日志

## 5.2　IntentService

服务不会单独开启线程，所有的操作都在主线程中执行，这样很容易出现ANR(Application Not Responding)的情况，所以需要手动创建新的线程。服务启动后不会自动停止，需要使用 stopSelf 方法或者 stopService 方法停止。

使用 IntentService 就可以解决上述问题。IntentService 是 Service 的一个子类，并且IntentServcie 自带启动新线程的功能。另外，当它执行结束后会自动停止服务。

在创建服务时可以选择 Service(IntentService)，给出下面关键代码：

```
protected void onHandleIntent(Intent intent) {
  Log.i("IntentService:","服务运行");
  int i=0;
  while(i<5)
  {
     Log.i("运行状态:",Integer.toString(i));
     i++;
  }
}
@Override
public void onDestroy() {
  Log.i("IntentService:","服务停止");
}
```

## 5.3　广播 BroadcastReceiver

BroadcastReceiver 翻译过来是广播的意思，它是 Android 的四大组件之一。Android 中的广播机制非常灵活，因为每一个应用都可以指定感兴趣的广播。Android 提供了一系列完整的 API，用于定制发送和接收广播。

### 5.3.1　广播的分类

根据广播类型的不同可以将其划分为两类：一类是标准广播，一类是有序广播。本节针对这两种类型的广播进行讲解。

1. 标准广播(Normal broadcasts)

这是一种完全异步的广播机制，在广播发出以后，所有广播接收者都可以同时接收此条广播，因此不存在先后次序。这种类型的广播效率比较高。下面通过一张图演示标准广播的运行机制，如图 5-8 所示。

2. 有序广播(Ordered broadcasts)

这种广播是一种同步执行的广播，在广播发出之后，同一时间只能有一个广播接收者接收这条广播。当这个接收者处理完之后，广播才会继续传递，所以这类广播是有先后次序的，一旦广播被截取，后面的接收者将无法获取此条广播。下面通过一张图演示有序广播的运行机制，如图 5-9 所示。

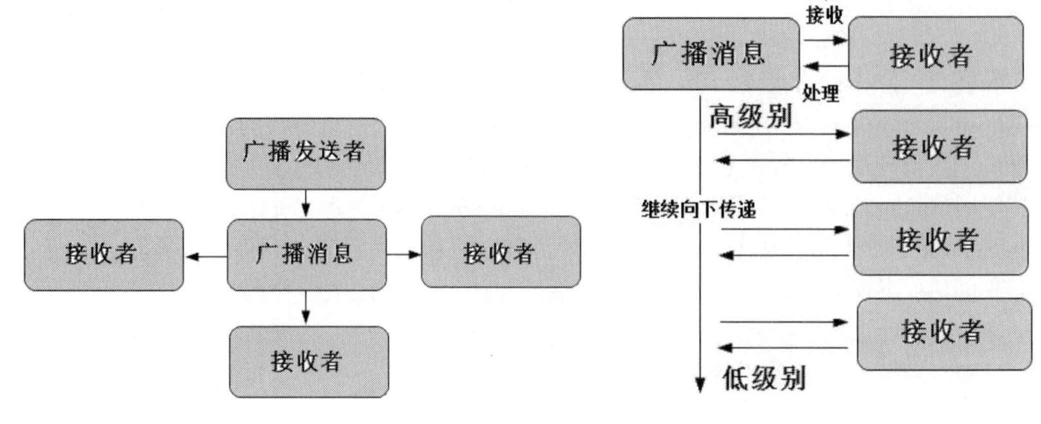


图 5-8　标准广播的运行机制　　　　图 5-9　有序广播的运行机制

## 5.3.2　接收系统广播

Android 系统会发送一些广播，应用程序可以获取这些广播，以此来获取系统的一些状态信息。例如，手机电池电量发生变化、发送时间、时区改变等广播。接收广播同样有两种方式，本节讲解如何接收系统广播。

1. 动态注册

接收者可以针对自己感兴趣的广播进行注册，当有相应的广播发出时便可以获取，并进行处理。动态注册首先需要新建一个继承自 BroadcastReceiver 的子类，同时重写父类中的 onReceive()方法，然后创建一个 IntentFilter，并在 IntentFilter 中加入响应的动作。

**实例 3　动态注册网络改变广播**

创建一个新的 Module 并命名为 BroadcastReceiverTest。主活动类的具体代码如下：

```
public class MainActivity extends AppCompatActivity {
    private MyBRReceiver brReceiver;          //定义广播接收者
    @Override
    protected void onCreate(Bundle savedInstanceState) {
        super.onCreate(savedInstanceState);
        setContentView(R.layout.activity_main);
        brReceiver = new MyBRReceiver();       //初始化广播接收者
        IntentFilter intentFilter = new IntentFilter(); //初始化 IntentFilter
        //设置网络状态发生改变后的动作
        intentFilter.addAction("android.net.conn.CONNECTIVITY_CHANGE");
        registerReceiver(brReceiver, intentFilter); //注册广播
    }
    @Override
    protected void onDestroy() {
        super.onDestroy();
        unregisterReceiver(brReceiver);//记得在窗口销毁的时候取消注册广播
    }
}
```

以上代码实现了一个动态注册接收广播的小实例，代码非常简单。需要注意的是，动态注册广播接收，一定要在程序退出时取消注册广播。

新建 Java 类 MyBRReceiver，并修改代码如下：

```
class MyBRReceiver extends BroadcastReceiver {
    @Override
    public void onReceive(Context context, Intent intent) {
        //Toast.makeText(context,"截取网络状态广播", Toast.LENGTH_SHORT).show();
        ConnectivityManager connManager = (ConnectivityManager)
context.getSystemService(Context.CONNECTIVITY_SERVICE);    //获取系统服务
        //获取网络状态的信息
        NetworkInfo networkInfo = connManager.getActiveNetworkInfo();
        if (networkInfo != null && networkInfo.isAvailable()) {
        //网络连接时做出连接的提示
            Toast.makeText(context,"连接",Toast.LENGTH_SHORT).show();
        }
        else
        {//否则做出断开的提示
            Toast.makeText(context,"断开",Toast.LENGTH_SHORT).show();
        }
    }
}
```

以上代码通过系统服务类的 getSystemService()方法得到 ConnectivityManager 的实例，然后通过 getActiveNetworkInfo()方法得到 NetworkInfo 的实例，接着调用 isAvailable()方法来判断是否有网络，最后做出提示。

由于系统做了权限保护，所以获取网络状态信息需要开启相应的权限。通过在 AndroidManifest.xml 文件中加入代码，可以获取系统网络状态，具体代码如下:

```
<uses-permission android:name=
"android.permission.ACCESS_NETWORK_STATE" />
```

程序运行结果如图 5-10 所示。

图 5-10　运行效果

2. 静态注册

虽然动态注册广播接收有很多的优势与很大的灵活性，但是有一个缺点，就是程序在未运行状态下无法获取广播，所以 Android 提供了一种静态注册的方式。

这里以接收开机广播为例进行讲解，同样需要创建一个新类，具体代码如下：

```
public class MyReceiver extends BroadcastReceiver {
//定义一个开机动作的常量
```

```
    private final String ACTION_BOOT = " android.intent.action.BOOT_COMPLETED";
    @Override
    public void onReceive(Context context, Intent intent) {
    if (ACTION_BOOT.equals(intent.getAction()))//判断如果是这个动作便做出提示
        Toast.makeText(context, "开机完毕~", Toast.LENGTH_LONG).show();
    }
}
```

在 AndroidManifest.xml 文件中静态注册广播接收，具体代码如下：

```
<receiver android:name=".BootCompleteReceiver">
    <intent-filter>
        <action android:name = "android.intent.cation.BOOT_COMPLETED">
    </intent-filter>
</receiver>
```

最后记得加入权限，具体代码如下：

```
<uses-permission android:name=
"android.permission.RECEIVE_BOOT_COMPLETED"/>
```

这样系统开机就可以正常接收到开机广播了，代码还是非常简单的。

### 5.3.3 发送广播

除了接收广播外，Android 允许用户自定义发送广播，这样用户可以根据需要发送自定义的广播。

1. 发送标准广播

**实例 4** 自定义广播发送与接收

创建一个新的 Module 并命名为 SendBroadcast，在发送广播之前，需要先定义一个广播接收者，具体代码如下：

```
public class MyReceiver extends BroadcastReceiver {
    @Override
    public void onReceive(Context context, Intent intent) {
        Toast.makeText(context,"广播来了",Toast.LENGTH_SHORT).show();
    }
}
```

接下来，在 AndroidManifest.xml 文件中静态注册广播接收，具体代码如下：

```
<receiver
  android:name=".MyReceiver"
  android:enabled="true"
  android:exported="true">
  <intent-filter>
    <action android:name="0x123"/>
  </intent-filter>
</receiver>
```

在布局文件中加入一个按钮，并在主活动类中加入如下代码：

```
public class MainActivity extends AppCompatActivity {
   @Override
   protected void onCreate(Bundle savedInstanceState) {
      super.onCreate(savedInstanceState);
      setContentView(R.layout.activity_main);
      Button btn = findViewById(R.id.btn);//定义并绑定按钮
      btn.setOnClickListener(new View.OnClickListener() {
         @Override
         public void onClick(View v) {
            //创建 Intent 对象并初始化。Intent 携带一个状态码
            Intent intent = new Intent("0x123");
            sendBroadcast(intent);//发送指定类型的广播
         }
      });
   }
}
```

以上代码通过构建一个自定义广播，静态注册广播接收，指定接收广播的类型，从而完成了一个标准广播的发送与接收。单击“发送”按钮，发送广播，运行效果如图 5-11 所示。

图 5-11　运行效果

2. 发送有序广播

实现有序广播非常简单，只需要改动上述案例中的发送代码，具体代码如下：

```
Button btn2= findViewById(R.id.btn2);        //定义并绑定按钮
btn2.setOnClickListener(new View.OnClickListener() {
@Override
public void onClick(View v) {
   Intent intent = new Intent("0x111");       //定义 Intent 对象
   sendOrderedBroadcast(intent,null);         //改变发送方式为有序广播
  }
});
```

既然广播是有序的，那么就需要设置优先级。可以通过 android:priority 属性设置优先级，具体代码如下：

```
<intent-filter android:priority="50">
    <action android:name="0x111"/>
</intent-filter>
```

这里给定了 50，数值越大优先级越高，如果不想让此条广播继续传递，在接收者 onReceive()方法中加入 abortBroadcast()方法，表示不再继续传递，具体代码如下：

```
public class MyReceiver extends BroadcastReceiver {
    @Override
    public void onReceive(Context context, Intent intent) {
        Toast.makeText(context,"广播来了",Toast.LENGTH_SHORT).show();
        abortBroadcast();            //此处截流，广播不再继续传递
    }
}
```

## 5.4 就业面试问题解答

**面试问题 1：Service 和线程(Thread)分别在什么时候使用？**

Service 是一个简单的组件，它是运行在主线程中的，可以在后台运行，即使用户没有与应用程序交互，它也可以运行。如果有一个无需在主线程中执行，且需要用户与应用程序交互的线程，那么应该创建一个新的线程(Thread)而不是使用 Service。

**面试问题 2：广播 onReceive 方法会不会存在多线程的问题？**

接收者是以队列的形式接收广播，所以不存在这样的问题。另外，四大组件除特别声明外，它们会在同一个线程中运行。

# 第6章

# 事件与消息

用户与程序交互都是通过按键与触摸屏等进行，那么软件怎么知道这些操作呢？其实用户的各种操作都会被系统转换成不同的事件，应用程序只需处理相应的事件即可。本章将对Android的各种事件进行讲解。

# 6.1 事件的分类

软件间的交互都是通过事件来完成的。按照调用方式的不同，事件可以分为两类：一类是基于监听的事件，另一类是基于回调的事件。

## 6.1.1 监听事件

监听事件是一种主动的事件。通过对组件设定相应的事件，一旦事件被触发，便进入事件处理中。好比安防中的声光报警器，一旦触发便会报警。监听事件主要处理以下三类对象。

- Event sources(事件源)：产生事件的来源。通常是各种组件，比如按钮、菜单等。
- Event(事件)：其中封装了 UI 组件感兴趣的具体信息，组件通过 Event 对象来传递。
- Event Listener(事件监听)：监听事件源发生的事件，并针对不同的事件分别做出响应。

事件处理的基本流程如图 6-1 所示。

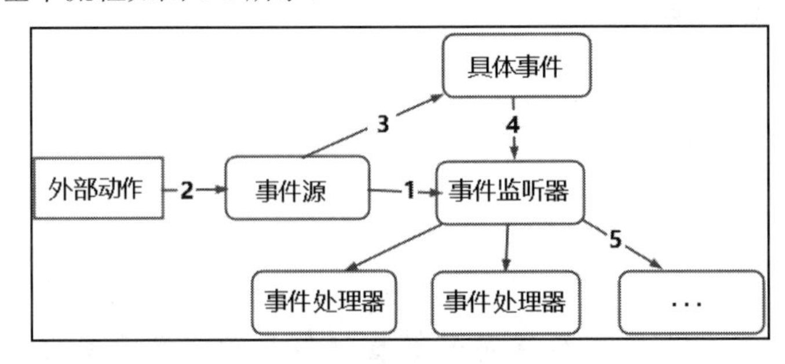


图 6-1 事件处理流程

从图 6-1 中可以看到，事件处理流程如下：

01 在事件源中注册事件监听器。

02 由外部动作触发某一个事件。

03 生成具体的事件对象。

04 将具体的事件作为参数，传入事件处理器。

05 针对不同的事件做出相应的处理与响应。

下面通过 5 种不同的形式对事件做出响应，以单击按钮事件为例。

直接用匿名内部类，具体代码如下：

```
Button btn =findViewById(R.id.btn_ok);//获取按钮
btn.setOnClickListener(new View.OnClickListener() {//通过匿名类设置按钮监听事件
    @Override
    public void onClick(View view) {//处理单击事件
  }
});
```

使用内部类，具体代码如下：

```
//定义一个内部类，引入相应的接口
class BtnClickListener implements View.OnClickListener {
  @Override
  public void onClick(View v) {//从这里处理单击事件
  }
}
//直接新建一个内部类对象，作为参数
btn_ok.setOnClickListener(new BtnClickListener());
```

和上面的匿名内部类不同，使用内部类的优点是，可以在该类中进行复用，还可直接访问内部类的所有界面组件。

使用外部类，具体代码如下：

```
public class MyClick implements OnClickListener {
    private TextView textshow;
    //把文本框作为参数传入
    public MyClick(TextView txt){
        textshow = txt;
    }
    @Override
    public void onClick(View v) {
        //设置点击按钮后文本框显示的文字
        textshow.setText("点击了按钮!");
}
```

在主活动的按钮中，为 onCreate 方法加入如下代码：

```
Button btn = (Button) findViewById(R.id.btnshow);               //获取按钮
TextView txtshow = (TextView) findViewById(R.id.textshow);   //获取文本框
//直接新建一个外部类，并把 TextView 作为参数传入
btnshow.setOnClickListener(new MyClick(txtshow));          //通过外部类响应事件
```

创建一个处理事件的 Java 文件，这种形式用得比较少，因为外部类不能直接访问用户界面类中的组件，要通过构造方法将组件传入使用，这样导致的后果就是代码不够简洁。

直接使用 Activity 作为事件监听器，具体代码如下：

```
public class MainActivity extends Activity implements OnClickListener{
    private Button btn;//定义按钮控件
    @Override
    protected void onCreate(Bundle savedInstanceState)
        super.onCreate(savedInstanceState);
        setContentView(R.layout.activity_main);
        btn = (Button) findViewById(R.id.btnshow);//绑定按钮控件
        //直接用 this 传入本地上下文对象
        btn.setOnClickListener(this);
    }
    //重写接口中的抽象方法
    @Override
    public void onClick(View v) {
    }
}
```

在 Activity 类中实现事件监听接口，定义重写对应事件处理器的方法。本例中 Actitity 实现了 OnClickListener 接口，重写了 onClick(view)方法。在为某些组件添加该事件监听对象时，直接传入 this 作为参数。

直接绑定到标签。XML 布局文件中部分代码如下：

```
<Button
  android:layout_width="wrap_content"
  android:layout_height="wrap_content"
  android:text="按钮"
  android:onClick="myclick"/>
```

主活动类中的代码如下：

```
public class MainActivity extends Activity {
    @Override
    protected void onCreate(Bundle savedInstanceState) {
        super.onCreate(savedInstanceState);
        setContentView(R.layout.activity_main);
    }
    //自定义一个方法,传入一个 view 组件作为参数
    public void myclick(View source)
    {
        Toast.makeText(getApplicationContext(),"按钮被点击",
Toast.LENGTH_SHORT).show();
    }
}
```

## 6.1.2 回调事件

回调事件是将功能定义与功能分开的一种手段，主要是重写 Android 组件特定的回调方法，或者重写 Activity 的回调方法。为了实现回调机制的事件处理，Android 为所有 GUI 组件都提供了一些事件处理回调的方法。

在 View 类中包含一些事件处理的回调方法，具体如下所示。

- boolean onTouchEvent(MotionEvent event)：在该组件上触发屏幕事件。
- boolean onKeyDown(int keyCode,KeyEvent event)：在该组件上按下某个按钮时触发事件。
- boolean onKeyUp(int keyCode,KeyEvent event)：松开组件上的某个按钮时触发事件。
- boolean onKeyLongPress(int keyCode,KeyEvent event)：长按某个组件时触发事件。
- boolean onKeyShortcut(int keyCode,KeyEvent event)：通过键盘快捷键触发事件。
- boolean onTrackballEvent(MotionEvent event)：在组件上触发轨迹球事件。

下面给出一个重写 Button 回调方法的实例，部分代码如下：

```
public class MyButton extends Button{
    private static String Teg= "按钮:";
    public MyButton(Context context, AttributeSet attrs) {
        super(context, attrs);
    }
```

```
    //重写键盘按下触发的事件
    @Override
    public boolean onKeyDown(int keyCode, KeyEvent event) {
        super.onKeyDown(keyCode,event);
        Log.i(Teg, "onKeyDown 方法被调用");
        return true;
    }
    //重写键盘按键被松开时触发的事件
    @Override
    public boolean onKeyUp(int keyCode, KeyEvent event) {
        super.onKeyUp(keyCode,event);
        Log.i(Teg,"onKeyUp 方法被调用");
        return true;
    }
    //组件被触摸
    @Override
    public boolean onTouchEvent(MotionEvent event) {
        super.onTouchEvent(event);
        Log.i(Teg,"onTouchEvent 方法被调用");
        return true;
    }
}
```

布局管理器文件中的部分代码如下：

```
<com.example.administrator.mybutton.MyButton
  android:layout_width="wrap_content"
  android:layout_height="wrap_content"
  android:text="按钮"/>
```

这个实例自定义一个 MyButton 类，它继承自 Button 类，然后重写相应的方法，接着在 XML 文件中通过完整类名调用自定义的 View。

## 6.2　物理按键事件

Android 设备提供了多种物理按键，这些按键也提供了相应的事件处理方法。本节讲解物理按键事件的处理。

Android 设备各个物理按键可触发的事件如下所示。

- KEYCODE_POWER：电源键，开机、关机或锁屏。
- KEYDODE_BACK：返回键，用于返回上一个界面。
- KEYCODE_MENU：菜单键，显示菜单。
- KEYCODE_HOME：Home 键，返回主界面。
- KEYCODE_SEARCH：查找键，启动搜索。
- KEYCODE_VOLUME_UP：音量键，音量提高。
- KEYCODE_VOLUME_DOWN：音量键，音量降低。
- KEYCODE_DPAD_CENTER：中心方向键。
- KEYCODE_DPAD_UP：向上方向键。
- KEYCODE_DPAD_DOWN：向下方向键。

- KEYCODE_DPAD_LEFT：向左方向键。
- KEYCODE_DPAD_RIGHT：向右方向键。

在 Android 处理物理按键的事件中，有几个回调方法如下所示。

- onKeyDown()：按下某个按键时触发该方法(前提是未松开)。
- onKeyUp()：松开某个按键时触发。
- onKeyLongPress()：长按某个按键时触发。

下面通过一个实例演示如何触发物理按键事件。

**实例 1　连续按下两次退出并未退出的小程序**

创建一个新的 Module 并命名为 HardButton，主活动类中的代码如下：

```
public class MainActivity extends AppCompatActivity {
    private long exitTime = 0;
    @Override
    public boolean onKeyDown(int keyCode, KeyEvent event) {
        if(keyCode==KeyEvent.KEYCODE_BACK)
        {
            if (System.currentTimeMillis()-exitTime>2000)//判断两次单击在两秒内
            {
                exitTime= System.currentTimeMillis();//获取系统时间
                Toast.makeText(MainActivity.this,"再单击一次退出",
                        Toast.LENGTH_LONG).show();
            }
            else
            {
                Toast.makeText(MainActivity.this,"哈哈 我骗你的",
                        Toast.LENGTH_LONG).show();//给出提示
            }
        }
        return true;
    }
    @Override
    protected void onCreate(Bundle savedInstanceState) {
        super.onCreate(savedInstanceState);
        setContentView(R.layout.activity_main);
    }
}
```

以上代码重写了 onKeyDown()方法，判断是否为退出按键，两秒内连续按下给出提示。两次提示信息如图 6-2 所示。

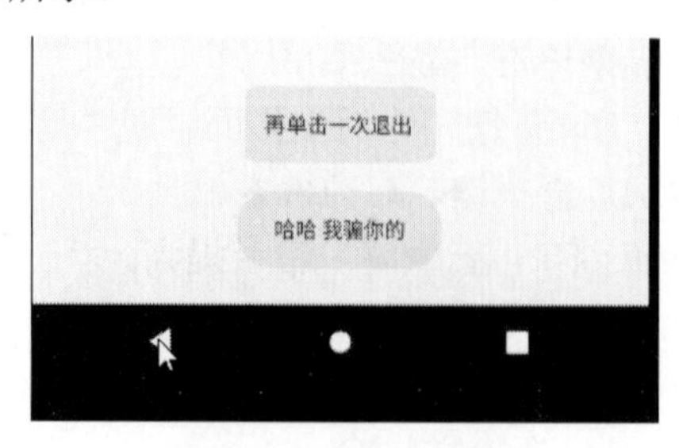


图 6-2　运行效果

# 6.3　长按事件和触摸事件

目前 Android 设备多数情况下通过触摸来与用户进行交互。本节对触摸事件进行讲解。

## 6.3.1　长按事件

长按事件与单击事件不同，该事件需要长按某个组件两秒以后才触发。本节针对长按事件进行讲解。

长按事件可以通过 setOnlongClikListener()方法设置监听，该方法的参数是一个 View.OnLongClickListener 接口的实现类。此接口的定义如下：

```
Public static interface View.OnLongClickListener{
    Public Boolean onLongClick(View v)
}
```

下面通过一个实例演示如何使用长按事件。

**实例 2**　使用长按事件

创建一个新的 Module 并命名为 LongClick，在布局管理器中添加一个图片组件，并设置相应的图片资源，代码如下：

```
<?xml version="1.0" encoding="utf-8"?>
<RelativeLayout
xmlns:android="http://schemas.android.com/apk/res/android"
    xmlns:app="http://schemas.android.com/apk/res-auto"
    xmlns:tools="http://schemas.android.com/tools"
    android:layout_width="match_parent"
    android:layout_height="match_parent"
    tools:context="com.example.longclick.MainActivity"
    android:gravity="center" >
    <ImageView
        android:id="@+id/image"
        android:layout_width="wrap_content"
        android:layout_height="wrap_content"
        android:src="@drawable/image01"
        />
</RelativeLayout>
```

在主活动类中设置如下代码：

```
public class MainActivity extends AppCompatActivity {
    @Override
    protected void onCreate(Bundle savedInstanceState) {
        super.onCreate(savedInstanceState);
        setContentView(R.layout.activity_main);
        ImageView im=findViewById(R.id.image);//获取图片组件
        //设置长按事件监听器
        im.setOnLongClickListener(new View.OnLongClickListener() {
            @Override
            public boolean onLongClick(View view) {  //当长按事件触发后给出提示
```

```
            Toast.makeText(MainActivity.this,"再按我也不出来",
Toast.LENGTH_SHORT).show();
            return true;
         }
      });
   }
}
```

运行程序，长按图片会触发提示信息，结果如图 6-3 所示。

图 6-3 运行效果

## 6.3.2 触摸事件

当用户与 Android 设备发生接触，即可产生一个触摸事件。Android 提供了 setOnTouchListener() 方法，该方法用于设置触摸事件监听，它的参数是一个 View.OnTouchListener 接口的实现类对象，具体定义如下：

```
Public interface View.OnTouchListener{
   Public abstract boolean onTouch(View v,MothionEvent event);
}
```

下面通过一个实例演示如何使用触摸事件。

**实例 3 使用触摸事件**

创建一个新的 Module 并命名为 Touch，在主活动中新建一个自定义类 MyView，然后重写 onDraw()与 onTouchEvent()两个方法，代码如下：

```
class MyView extends View {
   public float X = 200;         //定义 X 坐标并赋初值
   public float Y = 200;         //定义 Y 坐标并赋初值
   Paint paint = new Paint();  //创建画笔
   public MyView(Context context, AttributeSet set)
   {
      super(context,set);
   }
   @Override
   public void onDraw(Canvas canvas) {
```

```
        super.onDraw(canvas);
        paint.setColor(Color.GREEN);            //设置颜色为绿色
        canvas.drawCircle(X,Y,30,paint);        //绘制圆
    }
    @Override
    public boolean onTouchEvent(MotionEvent event) {
        this.X = event.getX();                  //获取手指的 X 坐标
        this.Y = event.getY();                  //获取手指的 Y 坐标
        //通知组件进行重绘
        this.invalidate();
        return true;
    }
}
```

修改布局管理器文件代码如下：

```
<?xml version="1.0" encoding="utf-8"?>
<RelativeLayout
xmlns:android="http://schemas.android.com/apk/res/android"
    xmlns:tools="http://schemas.android.com/tools"
    android:layout_width="match_parent"
    android:layout_height="match_parent"
    tools:context="com.example.touch.MainActivity">
    <com.example.touch.MyView//自定义 View 组件
        android:layout_width="match_parent"
        android:layout_height="match_parent" />
</RelativeLayout>
```

以上代码自定义了一个 view 类，通过重写两个方法来获取手指坐标并绘制绿色的圆圈，手指滑动实现跟随的效果。运行效果如图 6-4 所示。

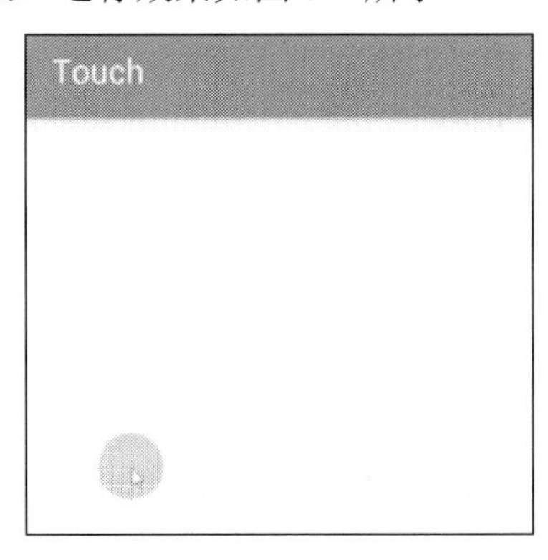


图 6-4　运行效果

## 6.4　Toast 提示消息

Toast 可以在屏幕上显示一些提示信息，主要特点如下：

- 没有任何控制按钮。
- 不会获得焦点。
- 运行一段时间会自动消失。

### 6.4.1 makeText()方法

makeText()方法是 Toast 类使用最频繁的一个方法，调用此方法即可轻松完成一个消息提示。该方法的语法格式如下：

```
public static Toast makeText (Context context, CharSequence text, int duration)
```

makeText()的参数及含义如下。

- context：上下文对象，一般传入调用者的 this。
- text：具体提示的消息内容。
- duration：消息停留的时间。

使用 makeText()方法时，末尾一定要调用 show()方法，否则看不到任何提示信息。

### 6.4.2 定制 Toast

Toast 除了调用 makeText()方法以外还可以使用构造方法，本节将使用 Toast 的构造方法来定制 Toast。

Toast 类提供了一些方法，用于设置消息的对齐方式、页边距、显示内容等，常用方法如下所示。

- setDuration (int duration)：设置消息显示时间。
- setGravity (int gravity, int xOffset, int yOffset)：设置消息提示框的位置。
- setView (View view)：设置在消息提示框中显示的视图。
- setMargin (float horizontalMargin, float verticalMargin)：设置消息提示的页边距。
- setText (CharSequence s)：设置要显示的文本内容。

下面通过一个实例演示如何采用构造方法实现带图片的消息提示。

**实例 4　设计带图片的消息提示**

创建一个新的 Module 并命名为 Toast，在主活动类中设置如下代码：

```
public class MainActivity extends AppCompatActivity {
    @Override
    protected void onCreate(Bundle savedInstanceState) {
        super.onCreate(savedInstanceState);
        setContentView(R.layout.activity_main);
        Button btn = findViewById(R.id.btn_ok);
        btn.setOnTouchListener(new View.OnTouchListener() {
            @Override
            public boolean onTouch(View view, MotionEvent motionEvent) {
                Toast toast = Toast.makeText(MainActivity.this, "花开花谢花已
落，梦醉梦醒梦成空。", Toast.LENGTH_SHORT);//使用构造方法构造提示消息
               toast.setGravity(Gravity.CENTER_HORIZONTAL | Gravity.BOTTOM,
0, 0);//设置显示位置
               //创建一个线性布局管理器
```

```
            LinearLayout layout = (LinearLayout) toast.getView();
           //创建一个图片视图
            ImageView image = new ImageView(MainActivity.this);
            image.setImageResource(R.drawable.ss);//为图片视图设置图片资源
            layout.addView(image, 0);//将图片视图加入布局管理器中
           //定义文本视图，将文本视图加入 Toast 中
            TextView v = (TextView)
toast.getView().findViewById(android.R.id.message);
            toast.show();//显示消息
            return true;
        }
    });
  }
}
```

运行程序结果如图 6-5 所示。

图 6-5　运行效果

## 6.5　AlertDialog 消息

Toast 只能用于简单的消息提示，如果需要和用户进行交互，则需要使用 AlertDialog 消息。AlertDialog 可以实现带按钮的对话框或者列表框，这样既可以进行信息提示，还可以同用户进行交互。AlertDialog 是一个功能强大的类，通过它可以实现以下四类对话框：

- 带按钮的对话框。这类对话框比较普遍，按钮个数可根据实际需求选择。
- 带列表的列表框。
- 带多个单选列表项和按钮的组合对话框。
- 带多个多选列表项和按钮的组合对话框。

AlertDialog 类生成对话框，常用的方法如下所示。

- public void setTitle (CharSequence title)：为对话框设置标题。
- public void setIcon (Drawable icon)：使用 Drawable 为对话框设置图标。
- public void setIcon (int resId)：使用 id 所指的资源为对话框设置图标。
- public void setMessage (CharSequence message)：设置对话框需要显示的内容。

- public void setButton()：为对话框设置按钮，可以选择添加几个按钮，以及设置按钮的类型。

通过以上方法只能生成带按钮的对话框，要生成其他三种对话框，还需要使用AlertDialog.Builder 类，这个类提供的常用方法如下所示。

- setTitle (CharSequence title)：设置对话框标题。
- setIcon (Drawable icon)：为对话框设置图标。
- setIcon (int iconId)：通过 id 为对话框设置图标。
- setMessage (CharSequence message)：为对话框设置提示信息。
- setMessage (int messageId)：通过 id 为对话框设置提示信息。
- setNegativeButton()：设置取消按钮。
- setPositiveButton()：设置确定按钮。
- setNeutralButton()：设置中立按钮，一般是“确认”按钮。
- setItems()：设置对话框的列表项。
- setSingleChoiceItems()：设置对话框的单选列表项。
- setMultiChoiceItems()：设置对话框的多选列表项。

下面通过一个实例演示如何使用这些方法。

### 实例 5　使用 AlertDialog 的四种对话框

创建一个新的 Module 并命名为 AlertDialog-one，第一个普通对话框的主要代码如下：

```
Button btn1=findViewById(R.id.btn1);//获取第一个按钮
btn1.setOnClickListener(new View.OnClickListener() {
@Override
public void onClick(View view) {
    //创建对话框
    AlertDialog alertDlg=new
AlertDialog.Builder(MainActivity.this).create();
    alertDlg.setIcon(R.drawable.icon1);//设置对话框图标
    alertDlg.setTitle("友情提示");//设置对话框标题
    alertDlg.setMessage("您已离开地球，正在飞往火星的路上，确定继续，取消返回地球");
    //设置提示内容
    alertDlg.setButton(DialogInterface.BUTTON_NEGATIVE,"取消", new
DialogInterface.OnClickListener() {
        @Override//设置“取消”按钮并添加“取消”按钮单击事件监听
        public void onClick(DialogInterface dialogInterface, int i) {
Toast.makeText(MainActivity.this,"准备返回地球",
            Toast.LENGTH_SHORT).show();
        }
    });
    alertDlg.setButton(DialogInterface.BUTTON_POSITIVE, "确定", new
DialogInterface.OnClickListener() {
        @Override//设置“确定”按钮并添加“确定”按钮单击事件监听
        public void onClick(DialogInterface dialogInterface, int i) {
Toast.makeText(MainActivity.this,"继续星际旅行",
        Toast.LENGTH_SHORT).show();
        }
    });
```

```
    alertDlg.show();//显示创建的对话框
}
});
```

主程序启动后如图 6-6 所示；单击第一个按钮后，运行结果如图 6-7 所示。

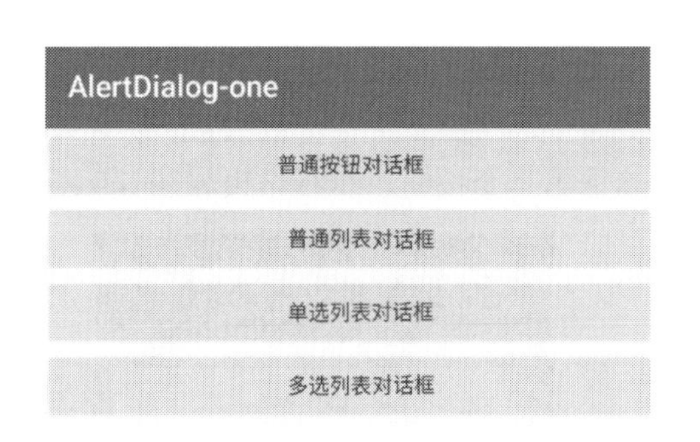


图 6-6　主程序效果

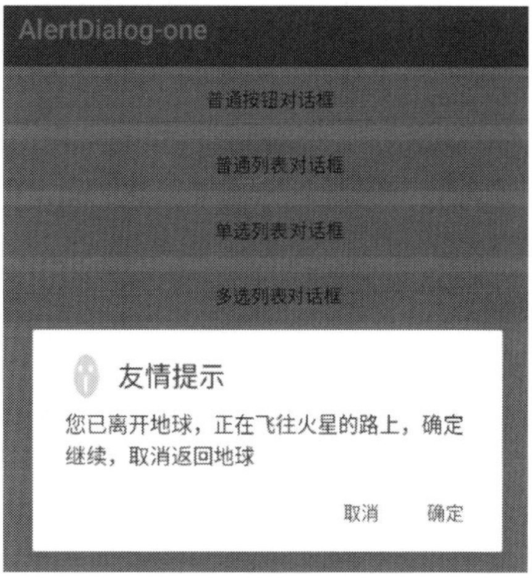

图 6-7　普通对话框

第二个按钮的主要代码如下：

```
Button btn2=findViewById(R.id.btn2);//获取第二个按钮
btn2.setOnClickListener(new View.OnClickListener() {
    @Override
    public void onClick(View view) {
    //以数组的形式设置列表显示内容
    final String str[]=new String[]{"英语","数学","语文","历史","地理"};
    //创建并实例化对话框
    AlertDialog.Builder bulider = new AlertDialog.Builder(MainActivity.this);
    bulider.setIcon(R.drawable.icon2);//给对话框设置图标
    bulider.setTitle("请选择你喜欢的课程");//设置对话框标题
    bulider.setItems(str, new DialogInterface.OnClickListener() {
    @Override //设置对话框列表项并添加单击事件监听
    public void onClick(DialogInterface dialogInterface, int i) {
    Toast.makeText(MainActivity.this,"你喜欢的课程是: "+str[i],
    Toast.LENGTH_SHORT).show();//选择后弹出提示信息
    }
});
bulider.create().show();//创建并显示对话框
    }
});
```

第三个按钮的主要代码如下：

```
Button btn3=findViewById(R.id.btn3);//获取第三个按钮
btn3.setOnClickListener(new View.OnClickListener() {
    @Override
    public void onClick(View view) {
    //创建单选列表项中显示的字符串数组中的元素
    final String str[]=new String[]{"苹果","香蕉","菠萝","橘子","西瓜","香梨"};
```

```
    AlertDialog.Builder builder=new AlertDialog.Builder(MainActivity.this);
    builder.setTitle("这么多水果但只能吃一样哦~"); //设置对话框标题
    builder.setSingleChoiceItems(str, 0, new DialogInterface.OnClickListener() {
    @Override
    public void onClick(DialogInterface dialogInterface, int i) {
    Toast.makeText(MainActivity.this,"看来你喜欢吃:"+str[i],
    Toast.LENGTH_SHORT).show();
    }
});
builder.setPositiveButton("确定",null);          //添加“确定”按钮
builder.create().show();                        //创建并显示对话框
    }
});
```

单击第二个按钮，运行结果如图 6-8 所示；单击第三个按钮，运行结果如图 6-9 所示。

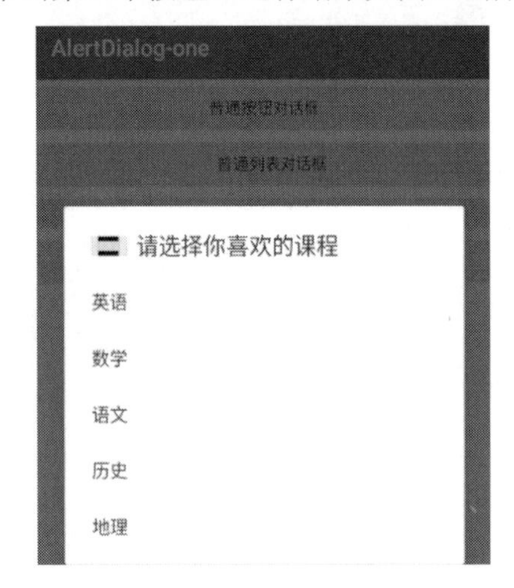


图 6-8　列表对话框

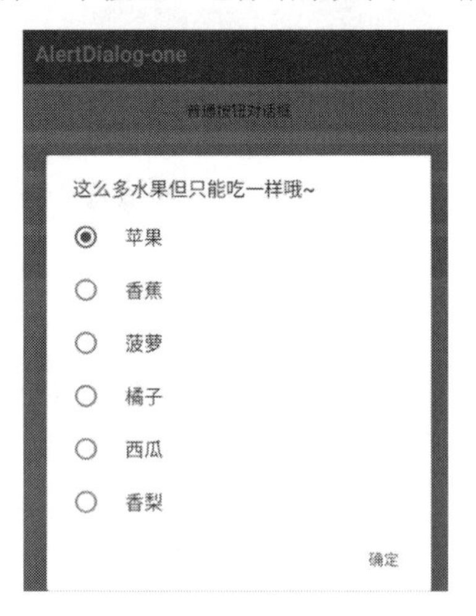


图 6-9　单选列表对话框

第四个按钮的主要代码如下：

```
Button btn4=findViewById(R.id.btn4);
btn4.setOnClickListener(new View.OnClickListener() {
    @Override
    public void onClick(View view) {
    //设置多选列表项数组内容
    final String str[]=new String[]{"电影","音乐","爬山","旅游","交友","唱歌"};
    //多选列表布尔数组
    final boolean chickID[] = {false,false,false,false,false,false,};
    //创建并实例化对话框
    AlertDialog.Builder builder=new AlertDialog.Builder(MainActivity.this);
    builder.setTitle("业余生活都做什么？");//设置对话框标题
    builder.setMultiChoiceItems(str, chickID, new
    DialogInterface.OnMultiChoiceClickListener() {
    @Override
    public void onClick(DialogInterface dialogInterface, int i, boolean b) {
    chickID[i]=b;//将选中项的对应布尔值改变
    }
});
    builder.setPositiveButton("确定", new DialogInterface.OnClickListener() {
```

```
    @Override
    public void onClick(DialogInterface dialogInterface, int i) {
    String strResult="";//定义一个空的字符串，用于保存选中项
    for(int j=0;j<chickID.length;j++)
    {//循环选中项
    if(chickID[j])
    {//将选中项合并到字符串中
strResult+=str[j]+"、";
    }
}
if(!"".equals(strResult))
{//判断选项不为空时给出提示
    Toast.makeText(MainActivity.this,"业余生活挺丰富吗"+strResult+"你也不嫌累",
    Toast.LENGTH_SHORT).show();
}
else
{//选项为空也给出提示
    Toast.makeText(MainActivity.this,"这个人真是懒什么都不做！",
    Toast.LENGTH_SHORT).show();
}
    }
});
builder.create().show();//创建并显示对话框
    }
});
```

单击第四个按钮，运行结果如图 6-10 所示。

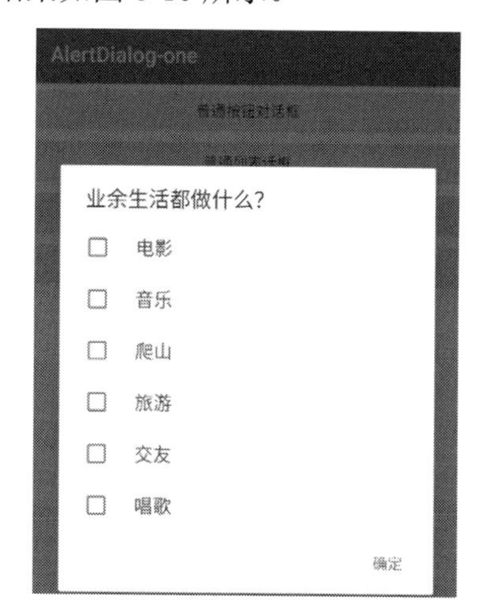


图 6-10　多选列表对话框

## 6.6　状态栏通知消息

状态栏位于手机屏幕的最上方，用于显示一些系统信息，例如网络状态、系统时间、电池电量等。除此之外，当有未接电话或者短信时，系统也会给出相应的提示信息。本节讲解状态栏信息的使用。

通过 Notification 可以发送状态栏消息，Notification 是 Android 提供的用于显示状态信息的类，而 NotificationManager 是用来发送 Notification 通知的系统服务。

Notification 的常用方法如下所示。

- SetDefaults：设置通知 LED 灯、音乐、震动等。
- SetAutoCancel：设置点击此条通知后，状态栏将不再显示此通知。
- SetContentTitle：设置消息的标题。
- SetContentText：设置消息的主体内容。
- setSmallIcon：设置消息的图标。
- setLargeIcon：设置消息的大图标。
- setContentIntent：设置点击通知后将启动的程序组件对应的跳转信息。

显示一个状态栏消息须经过以下几个步骤：

01 创建一个通知消息对象(Notification)。

02 为消息对象设置必要的属性。

03 调用 getSystemService()方法获取系统的 NotificationManager 服务。

04 通过 NotificationManager 类的 notify()方法发送通知消息。

### 实例 6 在状态栏显示通知消息

创建一个新的 Module 并命名为 Notification，在布局文件中添加一个按钮，用于发送通知消息。新建一个 Activity，当通知消息被点击后跳转到这个页面。布局文件如何设计这里不做讲解，主活动类中的代码如下：

```
public class MainActivity extends AppCompatActivity {
   @Override
   protected void onCreate(Bundle savedInstanceState) {
      super.onCreate(savedInstanceState);
      setContentView(R.layout.activity_main);
      Button btn=findViewById(R.id.btn1);
      btn.setOnClickListener(new View.OnClickListener() {
         @Override
         public void onClick(View view) {
            //创建一个 Notification 对象
            Notification.Builder notification = new
Notification.Builder(MainActivity.this);
            notification.setAutoCancel(true);//设置打开通知，通知自动消失
            notification.setSmallIcon(R.drawable.icon3);//设置消息图标
            notification.setContentTitle("励志信息");//设置标题
            notification.setContentText("点我看看");//设置提示文本
            //设置提示方式
            notification.setDefaults(Notification.DEFAULT_SOUND);
            notification.setWhen(System.currentTimeMillis());//设置发送时间
            //创建启动 Activity 的 Intent 对象
            Intent intent=new Intent(MainActivity.this,Massage.class);
            //创建一个 pendingIntent 对象
            PendingIntent p=PendingIntent.getActivity
(MainActivity.this,0,intent,0);
            notification.setContentIntent(p);//设置通知栏点击跳转
            //获取通知管理器
```

```
                NotificationManager notificationManager =
(NotificationManager)getSystemService(NOTIFICATION_SERVICE);
                //发送通知
                notificationManager.notify(0x11,notification.build());
            }
        });
    }
}
```

当点击按钮后会出现系统提示信息，如图 6-11 所示。向下滑动通知栏，可以在消息队列中看到具体通知消息，如图 6-12 所示。

图 6-11　运行效果

图 6-12　通知消息

## 6.7　Handler 消息

Android 不允许子线程更新 UI，为此专门提供了一种机制，即 Handler 消息机制。如果子线程有需要更新 UI 的操作，则通过 Handler 消息来完成。本节讲解 Handler 消息机制。

### 6.7.1　Handler 运行机制

Handler 的运行机制如图 6-13 所示。

图中 UI 线程是主线程，系统在创建 UI 线程的时候会初始化一个 Looper 对象，同时会创建一个与其关联的 MessageQueue。

- Handler：发送与处理信息，如果希望 Handler 正常工作，当前线程中要有一个 Looper 对象。
- Message：Handler 接收与处理的消息对象。
- MessageQueue：消息队列，先进先出管理 Message。初始化 Looper 对象时会创建一个与之关联的 MessageQueue。
- Looper：每个线程只能有一个 Looper。管理 MessageQueue，不断地从中取出 Message，分发给对应的 Handler 处理。

当子线程想要修改 Activity 中的 UI 组件时，可以新建一个 Handler 对象。通过这个对象向主线程发送信息，而发送的信息会先到主线程的 MessageQueue 中等待，由 Looper 按先进先出原则取出，再根据 message 对象的 what 属性分发给对应的 Handler 进行处理。这就是整个 Handler 的运行机制。

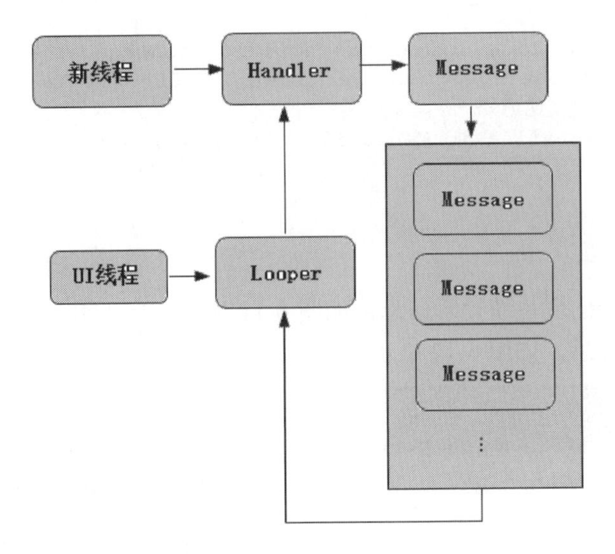


图 6-13 Handler 的运行机制

## 6.7.2 Handler 类的常用方法

Handler 类中包含一些用于发送和处理消息的方法，常用的方法如下所示。

- handleMessage(Message msg)：处理消息的方法将重写该方法，在发送消息时会自动回调。
- sendEmptyMessage(int what)：发送空消息。
- sendEmptyMessageDelayed(int what,long delayMillis)：指定延时多少毫秒后发送空信息。
- sendMessage(Message msg)：立即发送信息。
- sendMessageDelayed(Message msg)：指定延时多少毫秒后发送信息。
- boolean hasMessage(int what)：检查消息队列中是否包含 what 属性为指定值的消息，如果参数为(int what,Object object)，除了判断 what 属性外，还需要判断 Object 属性是否为指定对象的消息。

**实例 7** 通过 Handler 消息实现轮播动画

创建一个新的 Module 并命名为 Handler，在布局文件中加入一图片视图控件，再加入三张图片资源，修改主活动类中的代码如下：

```
public class MainActivity extends AppCompatActivity {
    private ImageView image;
    //定义切换的图片的数组 id
    int imgids[] = new int[]{
            R.drawable.s1, R.drawable.s2,R.drawable.s3
    };
    int imgstart = 0;//定义起始位置
    final Handler myHandler = new Handler()
    {
        @Override
        //重写 handleMessage 方法,根据 msg 中 what 的值判断是否执行后续操作
```

```
        public void handleMessage(Message msg) {
            if(msg.what == 0xFF)
            {   //轮播三张图片
                image.setImageResource(imgids[imgstart++ % 3]);
            }
        }
    };
    @Override
    protected void onCreate(Bundle savedInstanceState) {
        super.onCreate(savedInstanceState);
        setContentView(R.layout.activity_main);
        image = findViewById(R.id.image);
        //使用定时器,每隔 1 秒让 Handler 发送一个空信息
        new Timer().schedule(new TimerTask() {
            @Override
            public void run() {
                myHandler.sendEmptyMessage(0xFF);
            }
        }, 0,1000);
    }
}
```

以上代码通过 Handler 消息实现了一个图片轮播的效果。创建一个图片数组，在定时器中间隔 1 秒发送一次 Handler 消息，收到消息后更换当前显示的图片，实现轮播。运行效果如图 6-14 所示。

图 6-14　运行效果

### 6.7.3　Handler 与 Looper、MessageQueue 的关系

在 Handler 的整个运行过程中有两个非常重要的组件：一个是 Looper，另一个是 MessageQueue。本节来讲解它们之间的关系。

Looper 负责管理 MessageQueue，每个线程只能有一个 Looper，用于循环地从消息队列中取出消息。

MessageQueue 为消息队列，用于存放消息，按照先进先出的原则进行存储。

Message 为消息主体，它是整个机制中传送的主体部分。

消息队列中存在多种消息对象，消息对象可以通过 Message.obtain() 或 Handler.obtainMessage()方法获得。Message 对象具有下面 5 种属性。

- arg1：存放整型数据。
- arg2：存放整型数据。
- obj：存放一个任意对象。
- replyTo：指定发送目的地，可选 Mesenger 对象。
- what：指定发送消息的消息码，可以是任意形式，接收后用于判断。

Message 类本身提供了两个 int 类型的数据，如果要携带其他类型数据，可以先定义一个类由 obj 对象的形式传入，或者使用 Bundle 对象进行传递。

Meesage 类使用的方法比较简单，但要注意以下 3 点：

- Message 有 public 的默认构造方法，通常情况下需要使用 Message.obtain()或者 Handler.obtainMessage()方法从消息队列中获得消息对象，以节省资源。
- 如果一个 Message 需要携带 int 型数据，应优先使用 arg1 和 arg2 来传递消息。
- 通过 Message.what 来标识不同信息，方便区分。

Looper 对象用来为一个线程开启一个消息循环，通过消息队列不断地取出消息。默认情况下，系统会自动为主线程创建一个 Looper 对象，子线程则需要自行创建。

Looper 对象的常用方法如下所示。

- prepare()：初始化一个 Looper 对象。
- Loop()：启动 Looper 线程，从消息队列中取出要处理的消息。
- myLooper()：获取当前线程的 Looper 对象。
- getThread()：获取 Looper 对象所属线程。
- quit()：用于结束消息循环。

为子线程创建一个 Handler 对象，大概需要以下几个步骤：

**01** 使用 Looper 类的 prepare()方法初始化 Looper 对象，它的构造器会创建配套的 MessageQueue。

**02** 创建 Handler 对象，重写 handleMessage()方法。这样可以处理来自其他线程的信息。

**03** 使用 Looper 类的 loop()方法启动 Looper，开始消息循环。

下面通过一个实例演示如何在新线程中实现消息循环。

### 实例 8　在线程中实现消息循环

创建一个新的 Module 并命名为 ThreadHandler，在布局文件中创建一个按钮控件。

```
<Button
    android:id="@+id/btn"
    android:layout_width="match_parent"
    android:layout_height="wrap_content"
    android:text="测试"/>
```

修改主活动类中的代码如下：

```
public class MainActivity extends AppCompatActivity {
```

```
    @Override
    protected void onCreate(Bundle savedInstanceState) {
        super.onCreate(savedInstanceState);
        setContentView(R.layout.activity_main);
        Button btn = findViewById(R.id.btn);
        btn.setOnClickListener(new View.OnClickListener() {
            @Override
            public void onClick(View v) {
                CallThread callT = new CallThread();  //创建线程
                callT.start();                         //启动线程
            }
        });
    }
    //定义一个线程
    class CallThread extends Thread{
        public Handler mHandler;       //定义一个 Handler 对象
        public void run() {
            super.run();
            Looper.prepare();          //创建一个 Looper 对象
            mHandler = new Handler()  //定义并实例化一个 Handler
            {
                @Override
                public void handleMessage(Message msg) {
                    super.handleMessage(msg);
                    //打印接收到的消息
                    Toast.makeText(getApplication(),"接收到消息:"
+msg.what,Toast.LENGTH_SHORT).show();
                }
            };
            Message msg = mHandler.obtainMessage();//获取一个消息实例
            msg.what = 0xFF;//定义消息码
            mHandler.sendMessage(msg);//发送消息
            Looper.loop();//开启消息循环
        }
    }
}
```

以上代码通过在新线程中创建 Looper 对象，实现消息循环，注意必须手动创建 Looper 对象，否则会报错。运行效果如图 6-15 所示。

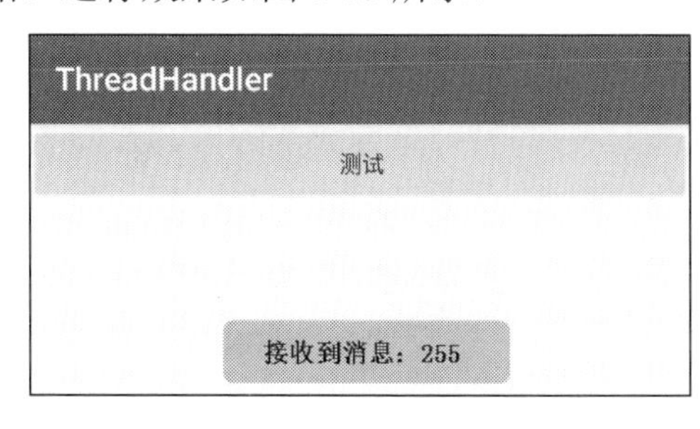


图 6-15　运行效果

# 6.8 就业面试问题解答

**面试问题 1：Handler 与 Thread 有什么区别？**

Handler 与调用者处于同一线程，如果在 Handler 中做耗时的动作，调用者线程会阻塞。一个线程要处理消息，那么它必须拥有自己的 Looper，并不是 Handler 在哪里创建，就可以在哪里处理消息。

**面试问题 2：多个 Toast 不断显示怎么办？**

Toast 是 Android 中用来显示信息的一种机制，和 Dialog 不同的是，Toast 没有焦点，而且 Toast 显示的时间有限，超过一定时间就会自动消失。

Toast 一般用来提示用户的误操作。如果同时显示多个 Toast 信息提示框，系统会将这些 Toast 信息提示框放到队列中，等前一个 Toast 信息提示框关闭后才会显示下一个 Toast 信息提示框。某些情况下，若误操作多次，使用 Toast 提示会依次显示很多个 Toast 信息提示框，给用户的感觉是一个 Toast 提示在页面上停留很长时间，用户体验很不好。

为了解决这一问题，每次创建 Toast 时先做一下判断，如果前面有 Toast 信息提示框，则只需调用 Toast 中的 setText()方法，将要显示的信息替换即可。

# 第7章

# Android 资源

资源在程序开发中的作用非常重要。Android 程序中提供的资源有字符串资源、尺寸资源、数组资源、图片资源、颜色资源、目录资源、布局资源等。本章将针对这些资源进行详细讲解。

# 7.1 字符串资源

在一个应用程序中，字符串是不可或缺的。少量的字符串可以直接定义赋值，大量的字符串则需要采用资源的形式进行存放，这样既方便管理又简化了代码。

## 7.1.1 字符串资源文件

字符串资源文件位于 res\values 目录下。在实际开发中，Android Studio 默认在此目录下创建一个资源文件 string.xml，该文件的基本结构如下：

```
<resources>
    <string name="app_name">Notification</string>
</resources>
```

其中，<resources>与</resources>标签是根元素，在该元素中使用<string>标签定义各种字符串资源。name 属性用于设置字符串的名称，<string>与</string>之间则是字符串的主体内容。例如：

```
<resources>
    <string name="title">我是一条消息</string>
    <string name="message">永远都不要放弃自己，勇往直前，直至成功！</string>
</resources>
```

上面这段代码中定义了两个字符串资源。

字符串资源的标签一定要使用小写形式，<string>与 Java 文件中的定义字符串 String 不同，如果写错可能会导致无法识别。

除此之外，读者还可以创建新的字符串资源文件，具体操作步骤如下：

**01** 在 values 文件夹上单击鼠标右键，在弹出的菜单中依次选择 new→XML→Values XML file 菜单项，弹出 New Android Component 对话框，如图 7-1 所示。

图 7-1 新建资源文件对话框

**02** 输入要创建的资源名称 String-one，单击 Finish 按钮，即可完成空资源文件的创建。新创建的资源文件代码如下：

```
<?xml version="1.0" encoding="utf-8"?>
<resources></resources>
```

注意

如果输入的文本资源需要换行，可以使用\n 转义字符。如果文本中没有这类转义字符，那么字符串资源将是连续的。

## 7.1.2 使用字符串资源

在 Android 中使用资源文件有两种方式：一种是在 XML 布局文件中使用，称为静态使用；另一种是在 Java 文件中使用，称为动态调用。下面针对这两种方式分别讲解。

首先定义一个字符串资源文件，并设置 name 属性为 Test。

在 XML 布局文件中使用相对比较简单，这里以文本框为例，具体代码如下：

```
<TextView
   android:layout_width="wrap_content"
   android:layout_height="wrap_content"
   android:text="@string/Test"/>              //静态引用字符串资源
```

这里只修改文本框的 text 属性为资源，注意获取资源文件的格式“@string/具体资源名称”。

在 Java 文件中使用，同样以文本框为例，具体代码如下：

```
TextView t=findViewById(R.id.text);//获取文本框
t.setText(getResources().getText(R.string.Test));//设置显示字符串资源
```

# 7.2 颜 色 资 源

颜色在程序开发中也是不可或缺的。不同颜色的搭配可以使程序界面更友好，更有层次感。本节讲解颜色资源的使用。

## 7.2.1 颜色资源文件

同字符串资源文件一样，颜色资源文件也属于资源的一种，并且 Android Studio 默认在 res\values 目录下生成一个 colors.xml 颜色资源文件。

颜色资源文件的基本格式如下：

```
<?xml version="1.0" encoding="utf-8"?>
<resources>
    <color name="colorPrimary">#3F51B5</color>
    <color name="colorPrimaryDark">#303F9F</color>
    <color name="colorAccent">#FF4081</color>
</resources>
```

在<resources>与</resources>标签之间进行颜色资源的设置，使用<color>标签进行颜色配置，name 属性设定颜色的名称，<color>与</color>之间是具体的颜色信息。

Android 采用 RGB(红、绿、蓝)三种基色和一个透明度(Alpha)值来表示元素颜色。在设定颜色值时必须以#开头，例如#Alpha-R-G-B，其中，透明度可以省略，一旦省略颜色将不透明。

### 7.2.2 文本框颜色

使用颜色资源同样有两种方式：一种是在 XML 布局文件中使用，另一种是在 Java 文件中使用。这里首先定义一个颜色资源，并为其设定颜色值。

在布局管理器中使用颜色资源，以修改文本框的字体颜色为例，具体代码如下：

```
<TextView
    android:layout_width="wrap_content"
    android:layout_height="wrap_content"
    android:textColor="@color/red"/>      //设置字体颜色，采用颜色资源
```

通过修改文本框的 textColor 属性，为其设定颜色资源即可修改文本颜色。

在 Java 文件中使用颜色资源，具体代码如下：

```
TextView t=findViewById(R.id.text);                        //获取文本框
t.setTextColor(getResources().getColor(R.color.red));  //为文本设置颜色
```

这里的 getResources 方法在 Android 高版本中已经过时，高版本中提供了 getColor 直接获取颜色资源，大家需要注意。

```
//通过 getColor 直接获取颜色资源
t.setBackground(getColor(R.color.gre));
```

## 7.3 数 组 资 源

Android 提供了数组资源，在实际开发中，推荐将数据存放于资源文件中，以实现程序的逻辑代码与数据分离。这样便于项目管理，减少开发中逻辑代码的修改。本节将对数组资源进行详细讲解。

### 7.3.1 定义资源文件

数组资源文件有默认的存放路径，位于 res\values 目录下。新创建的项目并没有给出数组资源文件，需要读者手动添加。

同其他资源文件一样，数组资源同样位于<resources>与</resources>标签之间。与其他资源不同的是，数组资源包含三个子元素。

- <array>子元素：用于定义普通类型的数组。
- <integer-array>：用于定义整型数组。
- <string-array>：用于定义字符串数组。

三个子元素都包含 name 属性，用于设定数组的名称。除此之外，每个数组项都位于<item>与</item>标签之间。例如，添加一个学生成绩的整型数组代码如下：

```
<resources>
    <integer-array name="grade">            //整型数组名称
        <item>85</item>                     //数组的具体值
        <item>100</item>
        <item>45</item>
        <item>70</item>
    </integer-array>
</resources>
```

## 7.3.2 使用数组资源

定义完数组资源以后，根据需要可以在 XML 文件中或 Java 文件中使用数组资源。使用方法同之前其他资源类似。例如，在 XML 文件中使用数组资源，这里以给 ListView 组件添加列表项为例，代码如下：

```
<ListView
  android:layout_width="match_parent"
  android:layout_height="match_parent"
  android:entries="@array/grade"/>      //引用数组资源
</ListView>
```

在 Java 文件中使用，具体代码如下：

```
int arr[] = getResources().getIntArray(R.array.grade);//获取 grade 数组的具体项
```

下面通过具体代码演示如何使用数组资源。

**实例 1**　通过数组资源实现四方格效果

创建一个新的 Module 并命名为 StringArray。创建一个整型数组，用于存放颜色数据，再创建一个字符串数组，用于存放需要演示的文本内容。新建的资源文件 array.xml 的具体代码如下：

```
<resources>
    <integer-array name="color1">//用于存放颜色值的整型数组
        <item>0xbb660000</item>
        <item>0xbb006600</item>
        <item>0xbb000066</item>
        <item>0xbb282828</item>
    </integer-array>
    <string-array name="text1">//用于存放显示文本的字符串数组
        <item>心情</item>
        <item>爱好</item>
        <item>学业</item>
        <item>事业</item>
    </string-array>
</resources>
```

修改资源文件 color.xml 的具体代码如下：

```
<?xml version="1.0" encoding="utf-8"?>
<resources>
    <color name="colorPrimary">#3F51B5</color>
    <color name="colorPrimaryDark">#303F9F</color>
    <color name="colorAccent">#FF4081</color>
    <color name="textColor">#ffffff</color>
</resources>
```

由于布局文件过长请参考源码，源码位于资源包\ch07\stringarray 中，主活动类的源码如下：

```
public class MainActivity extends AppCompatActivity {
    int[] tvid={R.id.textView1,R.id.textView2,R.id.textView3,
           R.id.textView4};//定义文本框数组
    @Override
    protected void onCreate(Bundle savedInstanceState) {
        super.onCreate(savedInstanceState);
        setContentView(R.layout.activity_main);
        int[] color=getResources().getIntArray(R.array.color1);//颜色数组
        String[] str=getResources().getStringArray(R.array.text1);//字符串数组
        for(int i=0;i<4;i++)
        {//使用循环给文本框赋值
            TextView t=findViewById(tvid[i]);
            t.setBackgroundColor(color[i]);//颜色赋值
            t.setText(str[i]);//显示内容赋值
        }
    }
}
```

运行效果如图 7-2 所示。

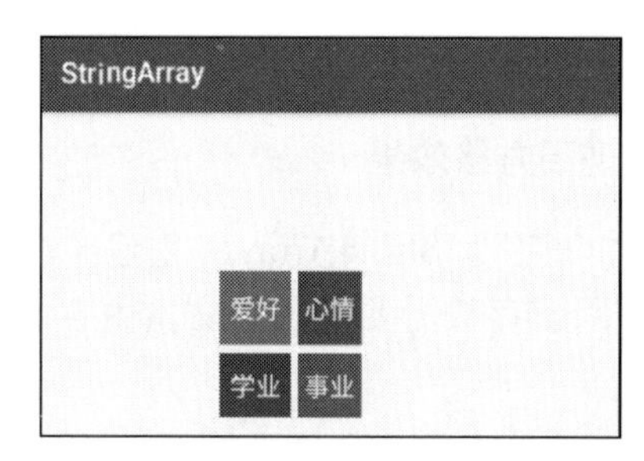


图 7-2　运行效果

# 7.4　尺 寸 资 源

在一个应用程序中不可或缺的是尺寸，如果没有统一的尺寸格式，界面将无法合理布局。Android 中的尺寸有字体大小、组件大小、组件间隙等。可以将各种尺寸设定成资源。本节讲解如何使用尺寸资源。

## 7.4.1　尺寸单位

Android 提供了一些尺寸单位，具体的尺寸描述如下所示。

dip 或 dp：为解决 Android 设备碎片化，引入一个概念 dp，也就是密度。其指在一定尺寸的物理屏幕上显示像素的数量，通常指分辨率。

sp(比例像素)：用于处理字体大小，它可以根据设备的字体进行自适应。

px(pixels，像素)：每个 px 对应屏幕上的一个像素点。

pt(points，磅)：屏幕实际长度单位，1 磅为 1/72 英寸。

in(Inches，英寸)：目前使用最为广泛的单位，屏幕大小都用此单位描述。

mm(Millimeters，毫米)：屏幕单位。

典型的设计尺寸如下所示。

- 320dp：普通手机屏幕(240×320，320×480，480×800)。
- 480dp：初级平板电脑(480×800)。
- 600dp：7 寸平板电脑(600×1024)。
- 720dp：10 寸平板电脑(720×1280，800×1280)。

这几种单位在实际开发中使用最多的是 dp 与 sp，下面具体讲解这两个单位。

- dp：使用比较多的是组件大小、间隙大小、图标大小等。
- sp：使用比较多的是字体大小，通过 sp 设置的字体可以自适应设备。

## 7.4.2　尺寸资源文件

尺寸资源文件位于 res\values 目录下，它与字符串资源、颜色资源不一样，创建工程以后不会默认生成，需要手动创建。

创建方式同前面创建其他资源文件相同，创建好的资源文件如果需要添加尺寸资源，可以在<resources>与</resources>之间进行添加。添加尺寸资源使用<dimen>标签，name 属性用于设定尺寸资源的标识，<dimen>与</dimen>标签之间是具体的尺寸资源。

例如，新建一个尺寸资源 dimens.xml，具体代码如下：

```
<?xml version="1.0" encoding="utf-8"?>
<resources>
   <dimen name="longdp">16dp</dimen>
   <dimen name="wide">20dp</dimen>
   <dimen name="tell">30dp</dimen>
   <dimen name="textSize">20sp</dimen>
</resources>
```

需要时可以建立多个资源文件，针对不同的布局界面进行设置。

## 7.4.3　使用尺寸资源

定义好尺寸资源文件后，就可以使用这些资源了。使用尺寸资源相对比较简单，它跟其他资源文件一样，也有两种使用方式。

在 XML 布局文件中使用尺寸资源，具体代码如下：

```
<TextView
   android:layout_width="wrap_content"
   android:layout_height="wrap_content"
   android:textSize="@dimen/textSize" />          //设置字体大小
```

在 Java 文件中使用尺寸资源，具体代码如下：

```
TextView text=findViewById(R.id.text);//获取文本框
//通过尺寸资源设置字体大小
text.setTextSize(getResources().getDimension(R.dimen.textSize));
```

### 实例 2 使用尺寸资源设置字体大小及组件边距

创建一个新的 Module 并命名为 DimenTest。创建字符资源 dimens.xml，具体代码如下：

```
<resources>
   <dimen name="textsize">18sp</dimen>
   <dimen name="margin">6dp</dimen>
</resources>
```

创建一个数组资源，用于存放显示文本。创建一个颜色资源，存放文本颜色。由于不是本节重点，请参考实例源文件，源码位于资源包\code\ch07\dimenTest 中。布局管理器文件如下：

```
<?xml version="1.0" encoding="utf-8"?>
<LinearLayout xmlns:android="http://schemas.android.com/apk/res/android"
   xmlns:app="http://schemas.android.com/apk/res-auto"
   xmlns:tools="http://schemas.android.com/tools"
   android:layout_width="match_parent"
   android:layout_height="match_parent"
   tools:context="com.example.dimentest.MainActivity"
   android:orientation="vertical">
   <TextView
      android:layout_width="match_parent"
      android:layout_height="wrap_content"
      android:text="当以自勉"
      android:gravity="center_horizontal|center_vertical"
      android:background="@color/bgcolor"            //设置组件背景颜色
      android:textColor="@color/txcolor"             //设置文本颜色
      android:layout_marginTop="@dimen/margin"       //设置顶边距
      android:layout_marginBottom="@dimen/margin"    //设置底边距
      android:textSize="@dimen/textsize"/>           //设置字体大小
   <ListView
      android:layout_width="match_parent"
      android:layout_height="wrap_content"
      android:entries="@array/str">                  //设置列表项为字符串数组
   </ListView>
</LinearLayout>
```

运行效果如图 7-3 所示。

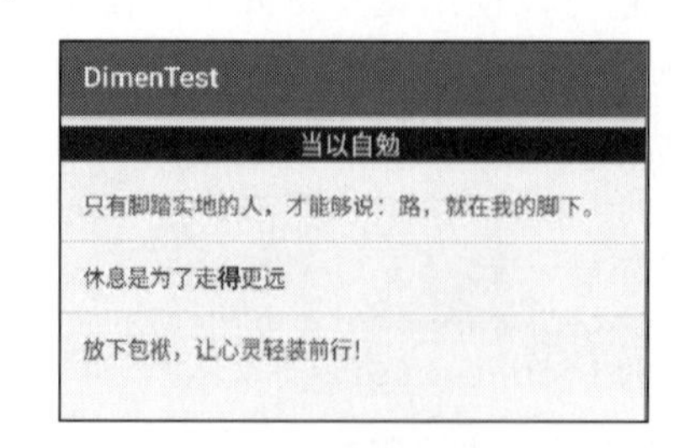


图 7-3　运行效果

# 7.5　布 局 资 源

布局资源是使用最频繁的一个资源。之前的各个实例中都用到了布局资源，前面已经详细讲解了各种布局管理器的知识，这里只对布局资源进行讲解。

由于布局资源比较重要，所以 Android 将其与其他资源做了分隔，单独存放于 res\layout 目录下。布局资源的根元素通常是各种布局管理器，一般在创建新的工程后 Android Studio 都会默认生成一些代码，可以根据实际开发进行调整。访问布局资源同样有两种方式，下面针对这两种访问方式进行讲解。

在 XML 文件中使用布局资源，通常会在一个布局资源中包含另一个布局资源，具体代码如下：

```
<include layout="@layout/layout"></include>
```

通过<include>标签可以引用其他布局资源。

在 Java 中使用布局资源，具体代码如下：

```
setContentView(R.layout.activity_main);
```

# 7.6　图 像 资 源

图像资源分为图片资源和图标资源，虽然它们都属于图像资源，但在 Android 中这两种资源分别存储。本节针对这类资源进行讲解。

## 7.6.1　Drawable 资源

Drawable 资源位于 res\drawable 目录中，它不但用于存放图片资源信息，还存放一些其他资源，比如可以被编译成 Drawable 子类对象的 XML 文件。本节针对这些资源进行详细讲解。

Drawable 资源较多用于存放图片资源，Android 可以存放的图片类型有 PNG、JPG、GIF、BMP 等。

为了保证不同的分辨率都能够显示出最佳的效果，Android 将资源分目录存放。例如，可以将不同分辨率的图片资源分别存放于 res\drawable-mdpi、res\drawable-hdpi、res\drawable-xhdpi 目录下。其中，mdpi 存放中等分辨率图片，hdpi 存放高分辨率图片，xhdpi 存放超高分辨率图片。

值得注意的是，Android 还提供了一种可拉伸图片资源，即扩展名为.9.png 的 9-Patch 图片资源。这种图片资源需要进行单独处理，通常用作背景。与其他图片资源不同，7-Patch 图片用作屏幕或者按钮背景时，若屏幕或者按钮大小发生变化，它将自动缩放，以保证显示最佳效果。

**实例 3** 制作 9-Patch 图片

**01** 先在 drawable 目录中存放一张需要修改的图片。这里需要一张 PNG 图片，其他格式的图片不可以。

**02** 选中图片，右击鼠标，从弹出的菜单中选择 Create 9-Patch file 菜单项，如图 7-4 所示。

**03** 在弹出的保存图片对话框中，找到 File name 编辑框，输入修改后的名称，如图 7-5 所示。

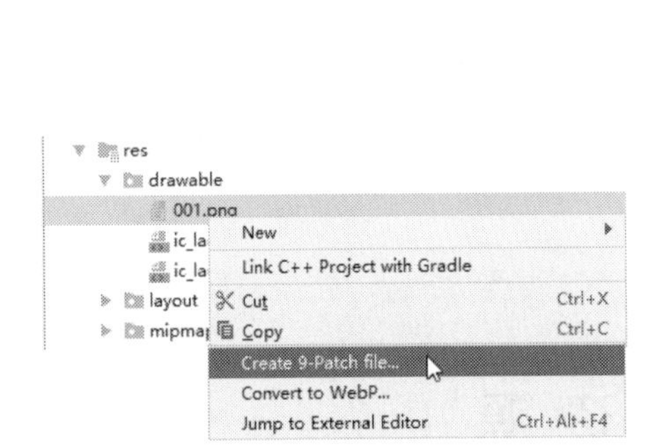


图 7-4 右键菜单

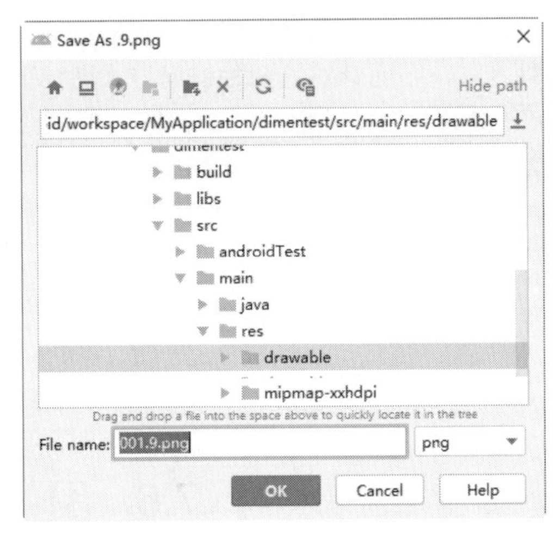


图 7-5 保存图片对话框

**04** 双击保存后的图片，在 Android Studio 代码编辑区会出现 9-Patch 图片编辑区，如图 7-6 所示。

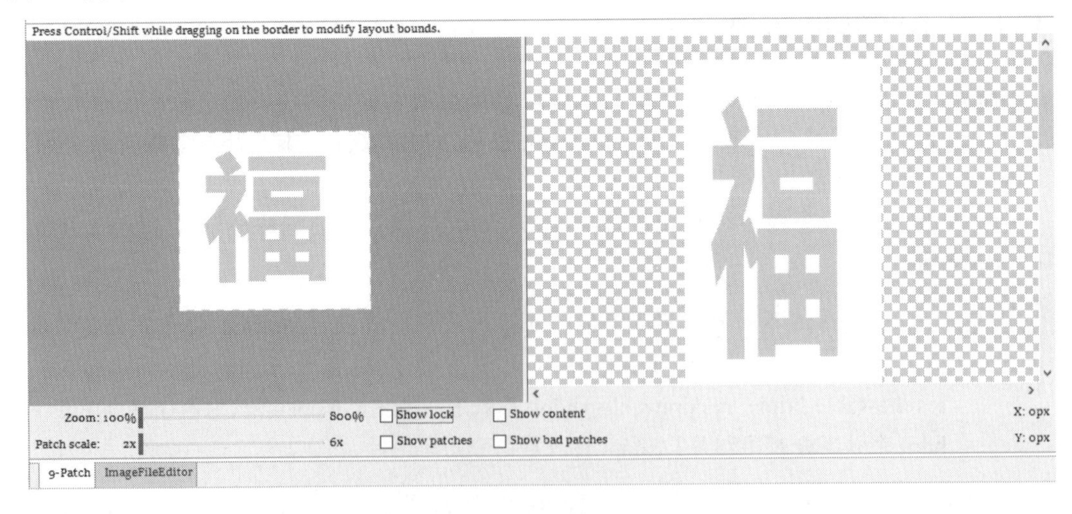


图 7-6 图片编辑区

**05** 单击图片的边缘，将会出现一个像素的黑色边缘，这个边缘可以修改，如图 7-7 所示。

**06** 拖动编辑区，将固定不变的图像保留。标注出可拉伸区域，如图 7-8 所示，用矩形框框起来的地方即是可改变区域。

图 7-7 可编辑状态

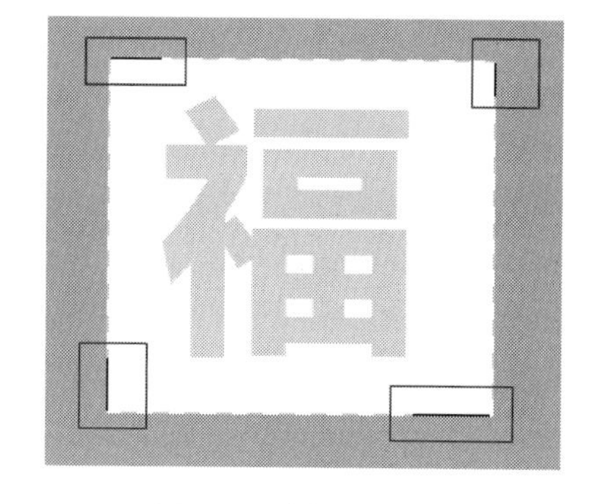

图 7-8 编辑后的图片

至此就完成了一个 9-Patch 图片的创建工作，将生成后的图片用作背景，此时的图片就不会被拉伸变形了。

使用图片资源也有两种方式，分别是在 XML 文件中使用和在 Java 文件中使用。

在 XML 布局文件中使用相对比较简单，只需要对相应的属性进行设置即可。这里以布局文件设置背景为例，具体代码如下：

```
android:background="@drawable/bg"        //引用背景图片
```

在 Java 中使用图片资源，这里以图像视图为例，具体代码如下：

```
ImageView i=findViewById(R.id.image);   //定义并绑定图像视图组件
i.setImageResource(R.drawable.bg);      //设置图像显示图片
```

## 7.6.2 Drawable 中的 XML 资源

Drawable 资源除了图片以外还可以是 XML 文件。本节针对 XML 文件的 Drawable 资源进行分类讲解。

### 1. ColorDrawable

一种简单的颜色资源，可以通过这个资源修改背景颜色等。

在 Java 文件中使用，具体代码如下：

```
ColorDrawable drawable = new ColorDrawable(0x66FF00FF);//创建一个颜色资源
txt.setBackground(drawable);//设置背景颜色
```

在 XML 文件中定义颜色，具体代码如下：

```
<?xml version="1.0" encoding="utf-8"?>
<color
    xmlns:android="http://schemas.android.com/apk/res/android"
    android:color="#FF0000"/>
```

### 2. ShapeDrawable

通过这个资源可以定义一些基本的形状，比如矩形、圆形、线条等。

根元素通过<shape>与</shape>标签进行定义。通过 ShapeDrawable 资源创建形状用的属性包括 shape 属性、size 属性、conner 属性、padding 属性。

(1) shape 属性

- visible：是否可见。
- android:shape：设置形状，可选 rectangle(矩形，包括正方形)、oval(椭圆，包括圆)、line(线段)和 ring(环形)。
- innerRadiusRatio：设置 shape 为 ring 才有效，表示环内半径所占半径的比例，如果设置了 innerRadius，它会被忽略。
- android:innerRadius：设置 shape 为 ring 才有效，表示环的内半径尺寸。
- thicknessRatio：设置 shape 为 ring 才有效，表示环的厚度占半径的比例。
- thickness：设置 shape 为 ring 才有效，表示环的厚度，即外半径与内半径的差。
- useLevel：设置 shape 为 ring 才有效，表示是否允许根据 level 来显示环的一部分。

(2) size 属性

- width：图形形状的宽度。
- height：图形形状的高度。
- color：背景填充色。
- width：边框的宽度。
- color：边框的颜色。
- dashWidth：边框虚线段的宽度。
- dashGap：边框虚线段的间距。

(3) conner 属性

radius 取值 topLeftRadius 为左上，topRightRadius 为右上，BottomLeftRadius 为左下，BottomRightRadius 为右下。

(4) padding 属性

left、top、right、bottm 依次设置左、上、右、下各方向的边距。

例如，圆角矩形的资源，具体代码如下：

```
<?xml version="1.0" encoding="utf-8"?>
<shape xmlns:android="http://schemas.android.com/apk/res/android">
    <solid android:color="#87CEEB" /><!-- 设置透明背景色 -->
    <stroke<!-- 设置黑色边框 -->
        android:width="2px"
        android:color="#000000" />
    <corners<!-- 设置四个圆角的半径 -->
        android:bottomLeftRadius="10px"
        android:bottomRightRadius="10px"
        android:topLeftRadius="10px"
        android:topRightRadius="10px" />
    <padding<!-- 设置边距 -->
        android:bottom="5dp"
        android:left="5dp"
        android:right="5dp"
        android:top="5dp" />
</shape>
```

3. GradientDrawable

渐变属性资源，可以使一个组件的背景呈线性渐变，多个组件共同使用会有融合的效果。

根元素是<shape>，在<shape>内，可以在<gradient>与</gradient>标签之间定义资源，此元素的可选属性如下所示。

- startColor：起始颜色。
- centerColor：中间颜色。
- endColor：结束颜色。
- type：渐变类型，有三个取值，分别是 linear(线性渐变)、radial(发散渐变)和 sweep(平铺渐变)。
- centerX：渐变中间颜色的 x 坐标，取值范围为 0~1。
- centerY：渐变中间颜色的 y 坐标，取值范围为 0~1。
- angle：只有线性类型的渐变才有效，表示渐变角度，必须为 45 的倍数。
- gradientRadius：只有 radial(发散) 和 sweep(平铺)类型的渐变才有效，radial 必须设置，表示渐变效果的半径。
- useLevel：判断是否根据 level 绘制渐变效果。

例如，一个线性渐变的资源，具体代码如下：

```
<?xml version="1.0" encoding="utf-8"?>
<shape
   xmlns:android="http://schemas.android.com/apk/res/android"
   android:shape="oval" >
   <gradient
      android:angle="90"
      android:centerColor="#DEACAB"
      android:endColor="#25FF75"
      android:startColor="#FF6635" />
   <stroke
      android:dashGap="4dip"
      android:dashWidth="3dip"
      android:width="2dip"
      android:color="#fff" />
</shape>
```

4. StateListDrawable

这个资源定义在 XML 文件中的 Drawable 对象之下，它能根据组件的不同状态分别进行设置。例如，一个按钮组件获得焦点、按钮按下、按钮抬起等。

与图片资源一样，StateListDrawable 资源也存放于 res\drawable-xxx 目录中，这个资源的根元素是<selector>与</selector>，在该元素中间通过<item>与</item>标签定义具体资源信息，每个<item>元素都有以下属性。

(1) anroid:color：设置颜色。

(2) android:drawable：设置 drawable 资源。

(3) android:state_xxx：设置某一个状态，常用的状态如下所示。

- state_focused：是否获得焦点。

- state_window_focused：是否获得窗口焦点。
- state_enabled：是否可用。
- state_checked：勾选状态。
- state_selected：有滚轮时，是否被选择。
- state_pressed：按下状态。
- state_active：活动状态。
- state_single：控件包含多个子控件时，确定是否只显示一个子控件。
- state_first：控件包含多个子控件时，确定第一个子控件是否处于显示状态。
- state_middle：控件包含多个子控件时，确定中间一个子控件是否处于显示状态。
- state_last：控件包含多个子控件时，确定最后一个子控件是否处于显示状态。

例如，创建一个改变按钮状态的资源文件，当按钮按下时改变按钮字体颜色，资源名称为 btn_select.xml，具体代码如下：

```
<?xml version="1.0" encoding="utf-8"?>
<selector xmlns:android="http://schemas.android.com/apk/res/android">
    <item android:state_pressed="true" android:color="#f60"></item>
    <item android:state_pressed="false" android:color="#6f0"></item>
</selector>
```

配置按钮的字体属性，使用新创建的 drawable 资源，具体代码如下：

```
<Button
    android:textColor="@drawable/btn_select"   //引用 drawable 资源
    android:text="测试按钮"
    android:layout_width="wrap_content"
    android:layout_height="wrap_content" />
```

### 7.6.3 mipmap 资源

mipmap 资源一般用于存放应用程序的图标文件，这些图标资源位于 res 目录下的 mipmap 文件夹中。

分类存放图标和图片，既方便工程的分类管理，还可以根据不同的分辨率进行分类设置，这样可以更好地兼容不同的设备。根据不同的设备，Android 图标资源提供了 mdpi、hdpi、xxhdpi 和 xxxhdpi 四种目录。hdpi 存放高分辨率的图标资源，xhdpi 保存更高分辨率的图标资源，x 越多存放的图标资源的分辨率越高。

图标资源的使用方式同样有两种：一是在 Java 中访问图标资源，其语法格式为

```
[<package>.]R.mipmap.(具体图标名)
```

一是在 XML 文件中访问图标资源，其语法格式为

```
@[<package>:]mipmap/具体图标名
```

mipmap 资源同 drawable 资源的区别：虽然它们都可以存放图片资源，但是默认情况下 mipmap 用于存放图标资源，而应用程序使用的其他图片资源，则存放于 drawable 目录下。

# 7.7　主题和样式资源

在 Android 应用开发中，系统默认提供了一些主题资源和样式资源。下面将讲述如何使用主题与样式资源。

## 7.7.1　主题资源

对于每一个应用程序，Android 都会默认提供主题资源，位于 res\values 目录下的 styles.xml 文件中，该文件的代码如下：

```
<resources>
   <!-- Base application theme. -->
   <style name="AppTheme" parent="Theme.AppCompat.Light.DarkActionBar">
      <!-- Customize your theme here. -->
      <item name="colorPrimary">@color/colorPrimary</item>
      <item name="colorPrimaryDark">@color/colorPrimaryDark</item>
      <item name="colorAccent">@color/colorAccent</item>
   </style>
</resources>
```

这个 styles.xml 文件不但用于存放主题资源，还可以存放样式资源。

主题资源在<resources>与</resources>标签之间，通过<style>与</style>标签来定义。主题资源除了可以用于设置整体 Activity 样式外，也可以对单个 Activity 进行设置，但是它不能用于单个 view 组件。

主题资源可以定义在默认的主题中，也可以自定义新的主题。

下面给出一段自定义主题的代码，具体代码如下：

```
<style name="MyTheme" parent="AppTheme">
    <item name="android:windowNoTitle">false</item>//没有标题
    <item name="android:windowBackground">@drawable/bg</item>//设置了背景图片
</style>
```

使用创建好的主题资源有两种方式：一种是在 AndroidManifest.xml 文件中使用，另一种是在 Java 文件中使用。

在 AndroidManifest.xml 文件中使用时，只需要修改 android:theme 属性即可。这里给出具体代码如下：

```
<application
    android:allowBackup="true"
    android:icon="@mipmap/ic_launcher"
    android:label="@string/app_name"
    android:roundIcon="@mipmap/ic_launcher_round"
    android:supportsRtl="true"
    android:theme="@style/MyTheme">//从这里修改主题风格
```

这里的设置将改变全部项目的样式，如果某个 Activity 有改变样式的需求，可以通过修改单个 Activity 中的 theme 属性来完成。关键代码如下：

```
<activity android:theme="@style/MyTheme"></activity>//定制活动风格
```

Android 默认提供了大量的主题，需要使用这些主题资源，只需进行相应设置即可。例如，android:theme="@style/Animation.AppCompat.Dialog"设置后，这个 Activity 将转变成一个对话框。

在 Java 文件中使用主题资源时，需要在 Activity 的 onCreate()方法中通过 getTheme()方法实现，具体代码如下：

```
protected void onCreate(Bundle savedInstanceState) {
      super.onCreate(savedInstanceState);
      getTheme(R.style.MyTheme);//设置主题样式
      setContentView(R.layout.activity_main);
   }
```

值得注意的是，当在 Java 文件中使用主题资源时，一定要将设置主题资源的代码放到 setContentView()方法之前，否则没有任何效果。

### 7.7.2 样式资源

在实际开发中，如果要求多个页面的风格统一，比如字体大小、字体颜色等，这时可以将其定义成样式资源，不但可以统一风格，还便于后期管理与维护。

样式资源同主题资源一样，都存放于 res\values 目录下的 style.xml 文件中，同样是通过<style>与</style>标签进行定义。在<style>与</style>标签之间，通过<item>与</item>标签定义具体样式。一对<style>与</style>标签内可以有多个<item>，它们分别定义不同的样式。定义样式的关键代码如下：

```
<style name="text">
    <item name="android:textSize">20sp</item>        //字体大小
    <item name="android:textColor">#f60</item>       //字体颜色
</style>
```

多种样式可以相互继承，继承分为两种方式：一种是隐式继承，另一种是显式继承。首先定义一个父类样式，具体代码如下：

```
<style name="Parent">
   <item name="android:layout_width">100dp</item>
   <item name="android:layout_height">100dp</item>
   <item name="android:layout_margin">5dp</item>
</style>
```

隐式继承代码如下：

```
<style name="Parent.test1">
    <item name="android:background">#009688</item>
</style>
<style name="Parent.test2">
    <item name="android:background">#00BCD4</item>
</style>
```

显式继承代码如下：

```
<style name="Test" parent="Parent">
    <item name="android:background">#009688</item>
</style>
```

# 7.8 菜 单 资 源

菜单可以将一类操作放置在一起，既方便管理又可以减少显示的空间。Android 提供了两种方式来创建菜单：一种是通过 Java 文件创建，另一种是通过菜单资源创建。推荐使用菜单资源。

## 7.8.1 静态创建菜单

菜单资源同其他资源不同，默认并没有创建，需要手动创建一个位于 res 目录下的 menu 目录。创建好目录以后，可以在此目录下创建菜单资源文件。

菜单资源的根元素是<menu>与</menu>标签，在该标签下通过<item>与</item>标签添加具体菜单项。菜单项的属性由系统直接指定，如下所示。

- id：设置菜单的标识，也是唯一的标识。
- title：设置菜单标题。
- alphabeticShortcut：为菜单项添加字符快捷键。
- numericShortcut：为菜单项添加数字快捷键。
- icon：设置菜单图标。
- enabled：设置菜单项是否可用。
- checkable：设置菜单项是否可选。
- checked：判断菜单项是否被选中。
- visible：设置菜单项是否可见。

如果菜单中包含子菜单项，可以通过<menu>与</menu>标签来实现。

下面给出一段菜单资源代码，具体代码如下：

```
<?xml version="1.0" encoding="utf-8"?>
<menu xmlns:android="http://schemas.android.com/apk/res/android">
    <item android:id="@+id/openMenu" android:title="打开"/>
    <item android:id="@+id/closeMenu" android:title="关闭"/>
</menu>
```

## 7.8.2 动态创建菜单

上一节讲解了如何创建菜单资源文件，本节讲解如何在 Java 中动态创建菜单。Android 提供了三种菜单形式，分别是 OptionMenu(选项菜单)、SubMenu(子菜单)和

ContextMenu(上下文菜单)。

1. OptionMenu(选项菜单)

选项菜单在 Java 中动态创建，需要重写 onCreateOptionsMenu()方法。通过其参数 menu 调用 add()方法来实现，如 add(菜单项的组号, ID, 排序号, 标题)。另外，如果排序号是按添加顺序排序的话都填 0，具体代码如下：

```
public boolean onCreateOptionsMenu(Menu menu) {
    menu.add(1,1,0,"新建");
    menu.add(1,2,0,"打开");
    menu.add(1,3,0,"保存");
    menu.add(1,4,0,"关闭");
    return true;
}
```

通过单击模拟器的菜单项，即可打开菜单。

2. SubMenu(子菜单)

选项菜单在 Java 中动态创建，同样需要重写 onCreateOptionsMenu()方法，具体代码如下：

```
@Override
public boolean onCreateOptionsMenu(Menu menu) {
    SubMenu file = menu.addSubMenu("文件");      //定义并创建文件菜单项
    SubMenu edit = menu.addSubMenu("编辑");      //定义并创建编辑菜单项
    file.setHeaderTitle("文件");                 //文件菜单项设置标题
    file.add(1,1,0,"打开");                      //文件菜单项设置子项
    file.add(1,2,0,"保存");                      //文件菜单项设置子项
    file.add(1,3,0,"关闭");                      //文件菜单项设置子项
    edit.setHeaderTitle("编辑");                 //编辑菜单项设置标题
    edit.add(2,1,0,"剪切");                      //编辑菜单项设置子项
    edit.add(2,2,0,"复制");                      //编辑菜单项设置子项
    edit.add(2,3,0,"粘贴");                      //编辑菜单项设置子项
    return true;
}
```

3. ContextMenu(上下文菜单)

这个菜单在 Java 中动态创建，也需要重写 onCreateContextMenu()方法，具体代码如下：

```
@Override
public void onCreateContextMenu(ContextMenu menu, View v,
ContextMenu.ContextMenuInfo menuInfo) {
    menu.add(1,1,0,"剪切");
    menu.add(1,2,0,"复制");
    menu.add(1,3,0,"粘贴");
    super.onCreateContextMenu(menu, v, menuInfo);
}
```

### 7.8.3　使用菜单

创建好菜单后就需要使用这些菜单了。菜单可以分为两类：一类是选项菜单(子菜单跟选项菜单的使用方法相同)，另一类是上下文菜单。

1. 选项菜单

**实例 4　静态创建菜单资源**

创建一个新的 Module 并命名为 Menu，具体操作步骤如下：

01 创建菜单资源 optionmenu.xml 文件，请参考静态创建菜单一节，这里不做讲解。

```
<?xml version="1.0" encoding="utf-8"?>
<menu xmlns:android="http://schemas.android.com/apk/res/android" >
    <item
        android:id="@+id/option_item1"
        android:orderInCategory="100"
        android:title="打开"/>
    <item
        android:id="@+id/option_item2"
        android:orderInCategory="100"
        android:title="保存"/>
    <item
        android:id="@+id/option_item3"
        android:orderInCategory="100"
        android:title="关闭"/>
</menu>
```

02 重写 onCreateOptionsMenu()方法，在该方法中创建一个用于解析菜单资源文件的 MenuInflater 对象，然后调用该对象的 inflate()方法解析菜单资源文件，最后将解析的菜单保存到 menu 参数中。具体代码如下：

```
@Override
public boolean onCreateOptionsMenu(Menu menu) {
    //创建 MenuInflater 对象
    MenuInflater inflater=new MenuInflater(MainActivity.this);
    //调用 inflate 方法解析菜单资源文件
    inflater.inflate(R.menu.optionmenu,menu);
    return super.onCreateOptionsMenu(menu);//返回菜单项
}
```

03 重写 onOptionsItemSelected()方法，当菜单项被单击时做出响应。这里以单击“开始”菜单弹出一条提示消息为例，具体代码如下：

```
@Override
public boolean onOptionsItemSelected(MenuItem item) {
    switch (item.getItemId())          //switch 判断选项
    {
        case R.id.option_item1:     //单击菜单项作出提示
        Toast.makeText(MainActivity.this,"你单击了打开菜单项",
Toast.LENGTH_SHORT).show();
        break;
```

```
    }
    return super.onOptionsItemSelected(item);
}
```

运行结果如图 7-9 所示，单击菜单“打开”项后作出提示，如图 7-10 所示。

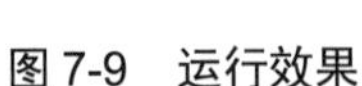
图 7-9　运行效果

图 7-10　单击选项效果

2. 上下文菜单

这里以创建菜单资源为例进行讲解。当用户长按组件时才会触发上下文菜单。

**实例 5　制作上下文菜单**

创建一个新的 Module 并命名为 menuop，具体操作步骤如下：

**01** 创建菜单资源 optionmenu.xml 文件，请参考静态创建菜单一节，这里不做讲解。

**02** 重写 onCreateContextMenu()方法，在该方法中创建一个用于解析菜单资源文件的 MenuInflater 对象，然后调用 inflate()方法解析菜单资源文件，最后将解析的菜单保存到 menu 参数中。具体代码如下：

```
@Override
public void onCreateContextMenu(ContextMenu menu, View v,
ContextMenu.ContextMenuInfo menuInfo) {
    //创建并实例化一个 MenuInflater 对象
    MenuInflater inflater=new MenuInflater(MainActivity.this);
    inflater.inflate(R.menu.contextmenu,menu);//解析菜单资源
}
```

**03** 重写 onOptionsItemSelected()方法，当菜单项被单击时做出响应。这里以长按组件弹出菜单演示，具体代码如下：

```
@Override
public boolean onContextItemSelected(MenuItem item) {
    switch (item.getItemId())
```

```
    {
    case R.id.Context_item2:
        Toast.makeText(MainActivity.this,"你单击了“复制”菜单项",
Toast.LENGTH_SHORT).show();
    break;
    }
    return super.onContextItemSelected(item);
}
```

**04** 把设置好的菜单项注册到控件。这里以长按文本框为例，具体代码如下：

```
TextView tx=findViewById(R.id.text1);
registerForContextMenu(tx);//注册上下文菜单
```

运行程序，单击界面弹出菜单，如图 7-11 所示，选择“复制”菜单项，提示信息如图 7-12 所示。

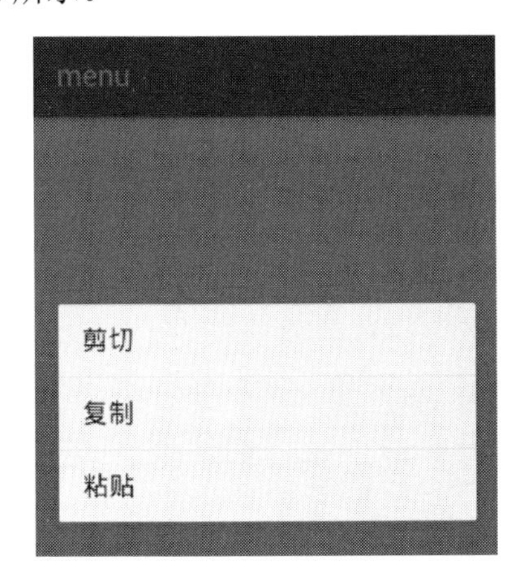


图 7-11　运行效果

图 7-12　单击“复制”菜单项效果

## 7.9　就业面试问题解答

### 面试问题 1：drawable 资源与 mipmap 资源有什么区别？

mipmap 文件夹对应的是图标资源，而图片资源存放于 drawable 目录下。在实际开发中存放在哪个目录都可以，但是为了区分还是应该进行分类，这样便于管理。另外，drawable 目录不仅仅用于存放图片资源，这一点需要注意。

### 面试问题 2：什么时候使用资源文件？

使用资源文件，可以方便对程序的不同资源进行分类管理，这也是开发大型程序协同合作的前提。如果程序中需要大量引用资源，则可以使用资源文件；如果大型项目分工合作，也可以采用资源的形式开发。

# 第 8 章

# 图形与图像处理

图形技术在 Android 中是十分重要的，图形也是自定义界面的基础。有了这个技术才能开发出界面更加绚丽的应用程序，特别是各种游戏场景设置都需要使用图形图像技术。本章将针对图形图像技术进行详细讲解。

# 8.1　Bitmap 图片

之前已经学习了图片资源的存放位置及相关处理，本节学习如何将这些位图显示在工程中，如何引用 drawable 资源，以及如何绘制这些位图。

## 8.1.1　Bitmap 类

Bitmap 是位图类，在 Android 中负责图像处理。可以将它看成一个画架，先把画放到画架上面，然后进行一些处理，比如获取图像文件信息，进行图像旋转、切割、放大、缩小等操作。

Bitmap 提供了一些方法，常用的方法分为静态方法和普通方法。

### 1. 静态方法

Bitmap 类的静态方法如下所示。

- Bitmap createBitmap(Bitmap src)：以 src 为原图生成新图像。
- Bitmap createScaledBitmap(Bitmap src, int dstWidth,int dstHeight, boolean filter)：以 src 为原图，创建新的图像，并指定新图像的高宽和高度。
- Bitmap createBitmap(int width, int height, Config config)：创建指定宽度与高度的新位图。
- Bitmap createBitmap(Bitmap source, int x, int y, int width, int height)：以 source 为原图，指定坐标以及新图像的高宽，挖取一块图像，创建成新的图像。
- public static Bitmap createBitmap(Bitmap source, int x, int y, int width, int height, Matrix m, boolean filter)：从源位图的指定坐标点开始，挖取指定宽度与高度的一块图像，创建成新的图像。

### 2. 普通方法

Bitmap 类的普通方法如下所示。

- void recycle()：强制回收位图资源。
- boolean isRecycled()：判断位图占用的内存是否已释放。
- int getWidth()：获取位图的宽度。
- int getHeight()：获取位图的高度。
- boolean isMutable()：图片是否可修改。

## 8.1.2　BitmapFactory 类

上一节讲解了 Bitmap 类，但是 Bitmap 类的构造函数是私有的，在类的外面并不能实例化，只能通过 JNI 实例化。这必然需要某个辅助类提供创建 Bitmap 的接口，而这个类的实现通过 JNI 接口来实例化 Bitmap，这个类就是 BitmapFactory。

BitmapFactory 提供了一些常用的方法如下所示。

- decodeByteArray (byte[] data, int offset, int length)：从指定的字节数组中解码一个不可变的位图。
- decodeFile (String pathName)：从文件中解码生成一个位图。
- decodeFileDescriptor (FileDescriptor fd)：从 FileDescriptor 文件中解码生成一个位图。
- decodeResource (Resources res, int id)：根据指定的资源 id，从资源中解码位图。
- decodeStream (InputStream is)：从指定的输入流中解析出位图。

下面通过一个实例演示如何显示一张位图，以及如何操作位图。

**实例 1**　显示并操作一张位图

创建一个新的 Module 并命名为 CreateBitmap，在布局中创建一个图像组件和一个按钮，主活动类的代码如下：

```
public class MainActivity extends AppCompatActivity {
    @Override
    protected void onCreate(Bundle savedInstanceState) {
        super.onCreate(savedInstanceState);
        setContentView(R.layout.activity_main);
        Button btn=findViewById(R.id.btn);//获取按钮组件
        final ImageView img_bg = findViewById(R.id.image);//获取图像组件
        btn.setOnClickListener(new View.OnClickListener() {
            @Override
            public void onClick(View v) {
                Bitmap bitmap1 = BitmapFactory.decodeResource(getResources(),
R.drawable.pic1);  //通过 drawable 资源创建第一个位图
//剪切图像，生成第二个位图
                Bitmap bitmap2 = Bitmap.createBitmap(bitmap1,300,20,300,300);
                img_bg.setImageBitmap(bitmap2);//显示剪切后的图像
            }
        });
    }
}
```

以上代码演示了如何通过资源创建位图，并截取图像中的一部分以创建新的位图。运行效果如图 8-1 所示，单击“剪切”按钮，效果如图 8-2 所示。

图 8-1　运行效果

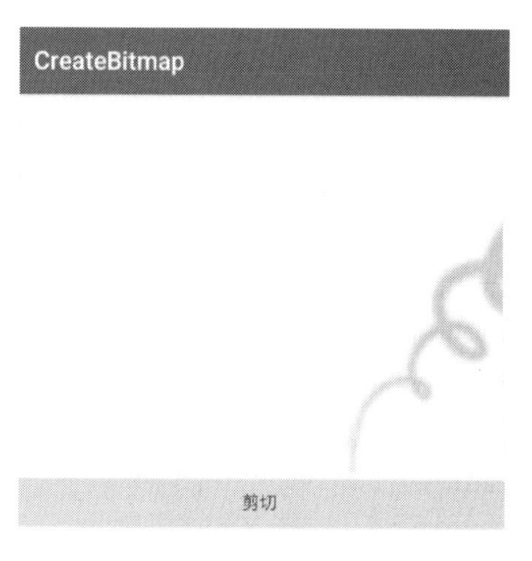


图 8-2　剪切后效果

## 8.2　常用绘图类

本节学习与绘图相关的类，分别是 Paint(画笔)、Canvas(画布)和 Path(路径)。

### 8.2.1　paint 类

Paint 是画笔的意思，用于设置绘制风格。例如，线宽(笔触粗细)、颜色、透明度和填充风格等。使用时需要先创建一个该类的对象，可以使用无参构造方法来创建。

Paint 类提供了一些方法，用于修改默认属性的设置，常见方法如下所示。

- setARGB(int a,int r,int g,int b)：设置绘制的颜色，a 代表透明度，r、g、b 分别代表颜色值，各值的范围为 0～255。
- setAlpha(int a)：设置绘制图形的透明度，取值为 0～255 的整数。
- setColor(int color)：设置绘制的颜色，使用颜色值来表示，该颜色值包括透明度和 RGB 颜色。
- setAntiAlias(boolean aa)：设置是否使用抗锯齿功能，会消耗较大资源，绘制图形速度会变慢。
- setPathEffect(PathEffect effect)：设置绘制路径的效果，如点画线等。
- setShader(Shader shader)：设置图像效果，使用 Shader 可以绘制各种渐变效果。
- setShadowLayer(float radius ,float dx,float dy,int color)：在图形下面设置阴影层，产生阴影效果。其中，radius 为阴影的角度，dx 和 dy 为阴影在 X 轴和 Y 轴上的距离，color 为阴影的颜色。
- setStyle(Paint.Style style)：设置画笔的样式。
- setTextAlign(Paint.Align align)：设置绘制文字的对齐方向。
- setTextScaleX(float scaleX)：设置绘制文字 X 轴的缩放比例，可以实现文字拉伸的效果。
- setTextSize(float textSize)：设置绘制文字的字号大小。
- setTextSkewX(float skewX)：设置斜体文字，skewX 为倾斜弧度。
- setStrokeMiter(float miter)：设置画笔倾斜度。

### 8.2.2　Canvas 类

Canvas 是画布的意思，有了画笔接下来需要有地方来绘画，而 Canvas 正好可以满足这个需求，可以在上面绘制任意图形。

使用 Canvas 类首先需要构造一个 Canvas 类的对象，而构造 Canvas 有两种方法。

- Canvas()：创建一个空的画布，可以使用 setBitmap()方法来设置具体的画布。
- Canvas(Bitmap bitmap)：以 bitmap 对象创建一个画布，将内容都绘制在 bitmap 上，因此 bitmap 不得为 null。

Canvas 还提供了一些方法如下所示。

(1) drawXXX()方法族：此方法族以一定的坐标值在当前画图区域画图，绘制出的图层会叠加，即后面绘制的图层会覆盖前面绘制的图层。

drawXXX()方法族的具体方法如下所示。

- drawRect(RectF rect, Paint paint)：绘制区域。
- drawPath(Path path, Paint paint)：绘制一个路径。
- drawBitmap(Bitmap bitmap, Rect src, Rect dst, Paint paint)：贴图。
- drawLine(float startX, float startY, float stopX, float stopY, Paint paint)：画线。
- drawPoint(float x, float y, Paint paint)：画点。
- drawText(String text, float x, float y, Paint paint)：渲染文本，Canvas 类除了画图还可以描绘文字。
- drawOval(RectF oval, Paint paint)：画椭圆。
- drawCircle(float cx, float cy, float radius,Paint paint)：绘制圆。
- drawArc(RectF oval, float startAngle, float sweepAngle, boolean useCenter, Paint paint)：画弧。

(2) clipRect(new Rect())：该矩形区域就是 Canvas 的当前画图区域。

(3) save()：用来保存 Canvas 的状态。

(4) restore()：用来恢复 Canvas 之前保存的状态。

(5) translate(float dx, float dy)：平移，将画布的坐标原点向左、右方向移动 X，向上、下方向移动 Y。

(6) scale(float sx, float sy)：扩大，X 为水平方向的放大倍数，Y 为竖直方向的放大倍数。

(7) rotate(float degrees)：旋转，参数 degrees 指顺时针旋转的角度。

### 8.2.3 Path 类

Path 是路径的意思，用于将一些点连接起来构成一条线。该类常用于适量绘图，例如画圆、矩形、弧、线段等。

Path 类提供了一些绘图方法，常用的方法如下所示。

- addArc(RectF oval, float startAngle, float sweepAngle：添加弧形路径。
- addCircle(float x, float y, float radius, Path.Direction dir)：添加圆形路径。
- addOval(RectF oval, Path.Direction dir)：添加椭圆形路径。
- addRect(RectF rect, Path.Direction dir)：添加矩形路径。
- addRoundRect(RectF rect, float[] radii, Path.Direction dir)：添加圆角矩形路径。
- isEmpty()：判断路径是否为空。

更高级的效果可以使用 PathEffect 类，常用方法如下所示。

- moveTo(float x,float y)：设置绘制直线的起点。
- lineTo(float x,float y)：在 moveTo()方法设置的起始点和该方法指定的结束点之间画一条直线，如果在调用该方法前没有使用 moveTo()方法设置起始点，那么将从(0,0)开始绘制直线。
- quadTo(float x1, float y1, float x2, float y2)：用于绘制圆滑曲线，即贝塞尔曲线，同样可以结合 moveTo 使用。
- rCubicTo(float x1, float y1, float x2, float y2, float x3, float y3)：用来实现贝塞尔曲

线。(x1,y1)为控制点，(x2,y2)为控制点，(x3,y3)为结束点。

- arcTo(RectF oval, float startAngle, float sweepAngle)：绘制弧线，其中 RectF oval 为椭圆的矩形，startAngle 为开始角度，sweepAngle 为结束角度。

## 8.3 绘制图像

通过前面的学习，相信读者已经对绘图类有了一定的了解。本节就来使用这些类绘制一些图像，加深对这些类的印象。

在绘制图像之前需要先创建一个 Java 类，让其继承自 android.view.View 类，并为其添加构造方法与重写 onDraw()方法，绘制图像都要用 onDraw()方法实现。

**实例 2　绘制一个小房子**

创建一个新的 Module 并命名为 Draw，在布局界面时使用一个帧布局管理器并添加 id，在 Java 代码中创建一个自定义 MyView 类并继承自 View 类，重写 onDraw()方法。具体代码如下：

```
class MyView extends View {
   public MyView(Context context) {
      super(context);
   }
   @Override
   protected void onDraw(Canvas canvas) {
      Paint paint=new Paint();                    //创建一个画笔
      paint.setAntiAlias(true);                   //抗锯齿
      paint.setColor(0xffFF6666);                 //设置画笔为砖红色
      canvas.drawRect(100,150,360,300,paint);  //绘制房屋主体
      //绘制屋檐
      paint.setColor(Color.BLACK);                //将画笔设置为黑色
      paint.setStrokeWidth(2);                    //调整笔触的粗细
      canvas.drawLine(230,50,50,185,paint);
      canvas.drawLine(230,50,410,185,paint);
      //绘制窗户
      paint.setColor(Color.WHITE);
      canvas.drawCircle(150,200,30,paint);
      canvas.drawCircle(310,200,30,paint);
      //绘制门
      RectF f=new RectF(210,230,255,310);
      canvas.drawRoundRect(f,10,10,paint);
      //绘制窗户格栅
      paint.setColor(Color.BLACK);                //将画笔设置成黑色
      paint.setStrokeWidth(2);
      canvas.drawLine(150,170,150,230,paint);
      canvas.drawLine(120,200,180,200,paint);
      canvas.drawLine(310,170,310,230,paint);
      canvas.drawLine(280,200,340,200,paint);
   }
}
```

在主活动 onCrate()方法中需要先获取布局管理器，并将新创建的视图加入布局管理器

中，具体代码如下：

```
FrameLayout frame = findViewById(R.id.frame);  //获取布局管理器
frame.addView(new MyView(this));               //将自定义View加入布局管理器
```

以上代码通过绘图类提供的方法绘制了一个小房子，主要是自定义 View 类的使用，以及绘图类各种方法的使用。运行效果如图 8-3 所示。

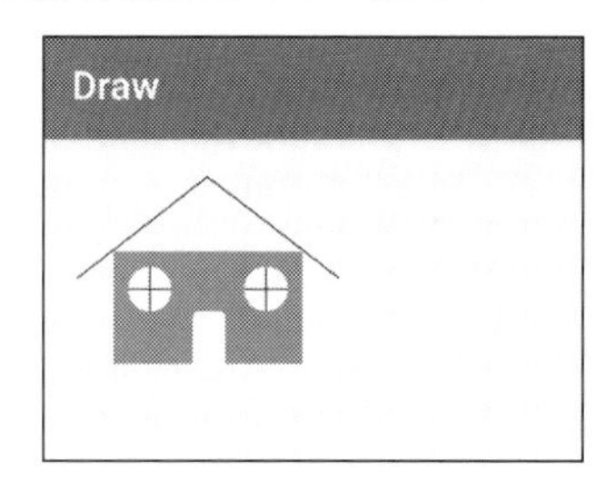


图 8-3　运行效果

# 8.4　绘 制 路 径

绘图工具相信大家都使用过，其中有一个功能，就是根据鼠标的移动绘制出移动的轨迹，这就是路径。本节通过一个具体实例演示如何绘制路径。

绘制路径首先需要创建一个路径，可以通过 Canvas 类提供的 drawPath()方法来实现。下面通过一个实例演示如何绘制路径。

**实例 3**　设计绘画板

创建一个新的 Module 并命名为 Path，在 Java 代码中创建一个自定义 MyView 类并继承自 View 类，重写 onDraw()方法。具体代码如下：

```
class MyView extends View {                          //自定义视图类
   private Paint mPaint;                             //绘制线条的Path
   private Path mPath;                               //记录用户绘制的Path
   private Canvas mCanvas;                           //内存中创建的Canvas
   private Bitmap mBitmap;                           //缓存绘制的内容
   private int mLastX;                               //x点的坐标
   private int mLastY;                               //y点的坐标
   public MyView(Context context) {                  //构造方法
      super(context);
      init();                                        //调用初始化方法
   }
   private void init(){//初始化方法
      mPath = new Path();                            //创建一个路径
      mPaint = new Paint();                          //初始化画笔
      mPaint.setColor(Color.BLACK);                  //设置颜色为黑色
      mPaint.setAntiAlias(true);                     //抗锯齿
      mPaint.setDither(true);                        //设置防抖动
      mPaint.setStyle(Paint.Style.STROKE);           //设置填充方式为描边
      mPaint.setStrokeJoin(Paint.Join.ROUND);        //结合处为圆角
      mPaint.setStrokeCap(Paint.Cap.ROUND);          //设置转弯处为圆角
```

```
        mPaint.setStrokeWidth(3);                    //设置画笔宽度
    }
    @Override
    protected void onMeasure(int widthMeasureSpec, int heightMeasureSpec) {
        super.onMeasure(widthMeasureSpec, heightMeasureSpec);
        int width = getMeasuredWidth();              //获取宽度
        int height = getMeasuredHeight();            //获取高度
        // 初始化 Bitmap 和 Canvas
        mBitmap = Bitmap.createBitmap(width, height, Bitmap.Config.ARGB_8888);
        mCanvas = new Canvas(mBitmap);               //创建画布
    }
    @Override
    protected void onDraw(Canvas canvas) {           //重写该方法，在这里绘图
        drawPath();
        canvas.drawBitmap(mBitmap, 0, 0, null);
    }
    //绘制线条
    private void drawPath(){
        mCanvas.drawPath(mPath, mPaint);
    }
    @Override
    public boolean onTouchEvent(MotionEvent event) {
        int action = event.getAction();              //获取动作
        int x = (int) event.getX();                  //获取 x 坐标
        int y = (int) event.getY();                  //获取 y 坐标
        switch (action)
        {
            case MotionEvent.ACTION_DOWN:            //手指按下动作
                mLastX = x;
                mLastY = y;
                mPath.moveTo(mLastX, mLastY);
                break;
            case MotionEvent.ACTION_MOVE:            //手指抬起动作
                int dx = Math.abs(x - mLastX);
                int dy = Math.abs(y - mLastY);
                if (dx > 2 || dy > 2)                //判断是否移动
                    mPath.lineTo(x, y);
                mLastX = x;
                mLastY = y;
                break;
        }
        invalidate();                                //刷新
        return true;
    }
    public void clear() {                            //清空写字板
        if (mCanvas != null) {                       //如果绘制路径不为空
            mPath.reset();                           //重置路径
            mCanvas.drawColor(Color.TRANSPARENT, PorterDuff.Mode.CLEAR);
            invalidate();                            //刷新
        }
    }
}
```

在主活动类中的 onCreate()方法中加入如下代码：

```
FrameLayout frame=findViewById(R.id.frame);          //获取布局管理器
final MyView vie = new MyView(this);                 //创建并实例化一个自定义类
frame.addView(vie);//加入视图
```

在按钮单击事件中加入如下代码：

```
vie.clear();//清空绘图路径
```

运行效果如图 8-4 所示。

图 8-4　运行效果

## 8.5 动　　画

在 Android 开发中动画使用还是比较频繁的，使用动画会使程序操作更加的酷炫。Android 中的常见的动画类型包括逐帧动画、补间动画、布局动画和属性动画。

### 8.5.1 逐帧动画

逐帧动画非常容易理解，即 N 张静态图片依次显示，并控制显示时间(例如 4 帧/秒)，从而实现逐帧动画效果。在 Android 中，逐帧动画可以通过编写动画资源文件实现，也可以在 Java 代码中创建逐帧动画。创建 AnimationDrawable 对象，然后调用 addFrame(Drawable frame,int duration)方法向动画中添加帧，接着调用 start()播放和 stop()停止动画。

要在资源中使用动画，应首先编写动画文件资源文件，在 drawable 目录下创建动画文件 animation.xml。资源文件中的<animation-list>与</animation-list>标签是根元素，<item>与</item>标签包含具体动画图片信息，具体代码如下：

```
<?xml version="1.0" encoding="utf-8"?>
<animation-list xmlns:android="http://schemas.android.com/apk/res/android"
    android:oneshot="false">
    <item
        android:drawable="@mipmap/image01" android:duration="80" />
</animation-list>
```

其中，oneshot 设置是否循环播放动画，默认是 true，即自动播放。

**实例 4　使用资源文件创建跳动的小球动画**

创建一个新的 Module 并命名为 Frame_Animation，在布局管理器中添加一个图像视图组件和两个按钮组件，在 drawable 目录中创建动画资源文件 anim.xml 并添加动画图片。具体代码如下：

```
<?xml version="1.0" encoding="utf-8"?>
<animation-list android:oneshot="false"
    xmlns:android="http://schemas.android.com/apk/res/android">
    <item android:drawable="@drawable/p01" android:duration="80"/>
    <item android:drawable="@drawable/p02" android:duration="80"/>
    <item android:drawable="@drawable/p03" android:duration="80"/>
<!--部分代码，其余的代码请参考源码-->
</animation-list>
```

在主活动类中添加如下代码：

```
public class MainActivity extends AppCompatActivity {
    @Override
    protected void onCreate(Bundle savedInstanceState) {
        super.onCreate(savedInstanceState);
        setContentView(R.layout.activity_main);
        Button btn1=findViewById(R.id.btn_start);          //获取“开始”按钮
        Button btn2=findViewById(R.id.btn_stop);           //获取“停止”按钮
        final ImageView l=findViewById(R.id.image1);       //获取视图组件
        l.setImageResource(R.drawable.anim);           //为视图组件添加图像资源
        //获取动画资源
        final AnimationDrawable anim = (AnimationDrawable)l.getDrawable();
        btn1.setOnClickListener(new View.OnClickListener() {
            @Override
            public void onClick(View v) {
                anim.start();//开始动画
            }
        });
        btn2.setOnClickListener(new View.OnClickListener() {
            @Override
            public void onClick(View v) {
                anim.stop();//停止动画
            }
        });
    }
}
```

以上代码创建了一个逐帧动画，在资源中添加动画资源的所有图片，通过按钮控制动画的播放与停止。运行效果如图 8-5 所示。

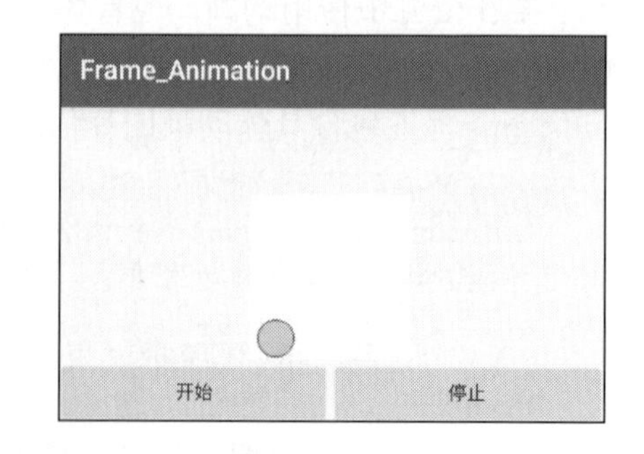

图 8-5　运行效果

## 8.5.2　补间动画

开发补间动画只需指定动画开始结束的关键帧，而动画变化的中间帧则由系统计算并补齐。

Android 提供的补间动画如下所示。

- AlphaAnimation：透明度渐变动画，创建时允许指定开始及结束的透明度，还有动画的持续时间。透明度的变化范围(0,1)，0 表示完全透明，1 表示完全不透明，对应<alpha/>标签。
- ScaleAnimation：缩放渐变动画，创建时需指定开始及结束的缩放比，以及缩放参考点，还有动画的持续时间，对应<scale/>标签。
- TranslateAnimation：位移渐变动画，创建时指定起始以及结束位置，并指定动画的持续时间，对应<translate/>标签。
- RotateAnimation：旋转渐变动画，创建时指定动画起始及结束的旋转角度，以及动画持续时间和旋转的轴心，对应<rotate/>标签。
- AnimationSet：组合渐变动画，以上四种动画的一个组合，对应<set/>标签。

在开始讲解各种动画的用法之前，还需要了解一下 Interpolator。Interpolator(插值器)用来控制动画的变化速度，可以理解成动画渲染器。

android:Interpolator 常用的属性值如下所示。

- Linear_Interpolator：动画以均匀的速度改变。
- Accelerate_Interpolator：在动画开始的地方改变速度较慢，然后开始加速。
- Accelerate_Decelerate_Interpolator：在动画开始、结束的地方改变速度，中间时加速。
- Cycle_Interpolator：动画循环播放特定次数，变化速度按正弦曲线改变。
- Decelerate_Interpolator：在动画开始的地方改变速度较快，然后开始减速。
- Anticipate_Interpolator：先后退一小步然后加速播放。
- Anticipate_Overshoot_Interpolator：在动画开始的地方先向后退一小步，再开始动画，快结束时超出终点一小步，最后再返回到终点。
- Bounce_Interpolator：动画结束的时候采用弹球效果。
- Overshot_Interpolator：回弹，先超出结束动画一步，然后缓慢改变到结束的地方。

1. AlphaAnimation(透明度渐变)

透明度渐变动画主要是通过改变显示界面的透明度来制作动画效果，需要设定开始时的透明度和结束时的透明度。同样可以采用资源文件的形式来创建，基本语法格式如下：

```
<alpha xmlns:android="http://schemas.android.com/apk/res/android"
   android:interpolator="@android:anim/accelerate_decelerate_interpolator"
   android:fromAlpha="1.0"
   android:toAlpha="0.1"
   android:duration="2000"/>
```

常用的属性如下。

- fromAlpha：起始透明度。
- toAlpha：结束透明度。透明度的范围为 0~1。

2. ScaleAnimation(缩放渐变)

缩放动画通过为动画设定开始时的缩放系数和结束时的缩放系数，以及持续时间来创建。缩放时还可以通过改变轴心点坐标来改变缩放的中心，同样可以采用资源文件的形式来创建，基本语法格式如下：

```
<scale xmlns:android="http://schemas.android.com/apk/res/android"
    android:interpolator="@android:anim/accelerate_interpolator"
    android:fromXScale="0.2"
    android:toXScale="1.5"
    android:fromYScale="0.2"
    android:toYScale="1.5"
    android:pivotX="50%"
    android:pivotY="50%"
    android:duration="2000"/>
```

常用的属性如下。

- fromXScale/fromYScale：沿着 X 轴或 Y 轴缩放的起始比例。
- toXScale/toYScale：沿着 X 轴或 Y 轴缩放的结束比例。
- pivotX/pivotY：缩放中轴点的 X 与 Y 坐标，即距离自身左边缘的位置，比如 50%就是以图像的中心为中轴点。

3. TranslateAnimation(位移渐变)

位移动画通过改变图像的位置来实现，需要给定起始位置、结束位置以及持续时间，同样可以采用资源文件的形式来创建，基本语法格式如下：

```
<translate xmlns:android="http://schemas.android.com/apk/res/android"

android:interpolator="@android:anim/accelerate_decelerate_interpolator"
   android:duration="2000"
   android:fromXDelta="0%"
   android:fromYDelta="0%"
   android:toXDelta="50%"
   android:toYDelta="0%" />
```

常用的属性如下。

- fromXDelta/fromYDelta：动画起始位置的 X 与 Y 坐标。
- toXDelta/toYDelta：动画结束位置的 X 及 Y 坐标。

4. RotateAnimation(旋转渐变)

旋转动画通过为动画指定开始时的旋转角度和结束时的旋转角度以及持续时间来创建。在旋转时，还可以通过指定轴心点坐标来改变旋转的中心，同样可以采用资源文件的形式来创建，基本语法格式如下：

```
<rotate xmlns:android="http://schemas.android.com/apk/res/android"
    android:interpolator="@android:anim/accelerate_decelerate_interpolator"
    android:fromDegrees="0"
    android:toDegrees="360"
    android:duration="1000"
    android:repeatCount="1"
    android:repeatMode="reverse"/>
```

常用的属性如下。

- fromDegrees/toDegrees：旋转的起始与结束角度。
- repeatCount：设置动画重复次数，属性可以是代表次数的数值，也可以是infinite(无限循环)。

- repeatMode：设置动画的重复方式，可以选择 reverse(反向)或 restart(重新开始)。

5. AnimationSet(组合渐变)

用于将以上四种动画组合来实现，给出一段组合代码如下：

```
<set xmlns:android="http://schemas.android.com/apk/res/android"
   android:interpolator="@android:anim/decelerate_interpolator"
   android:shareInterpolator="true" >
   <scale
      android:duration="2000"
      android:fromXScale="0.2"
      android:fromYScale="0.2"
      android:pivotX="50%"
      android:pivotY="50%"
      android:toXScale="1.5"
      android:toYScale="1.5" />
   <rotate
      android:duration="1000"
      android:fromDegrees="0"
      android:repeatCount="1"
      android:repeatMode="reverse"
      android:toDegrees="360" />
   <translate
      android:duration="2000"
      android:fromXDelta="0"
      android:fromYDelta="0"
      android:toXDelta="320"
      android:toYDelta="0" />
   <alpha
      android:duration="2000"
      android:fromAlpha="1.0"
      android:toAlpha="0.1" />
</set>
```

**实例 5**　创建各种类型的补间动画

创建一个新的 Module 并命名为 AnimTest，使用线性布局管理器创建 5 个按钮分别对应相应的动画，一个视图显示控件。添加动画资源目录，并添加相应的动画资源。动画资源请参见上面的代码，主活动类中的具体代码如下：

```
public class MainActivity extends AppCompatActivity implements
View.OnClickListener{
   ImageView image;          //定义视图组件
   Button btn_Alpha;         //定义渐变动画按钮
   Button btn_Scale;         //定义缩放动画按钮
   Button btn_Rotate;        //定义位移动画按钮
   Button btn_Translate;     //定义旋转动画按钮
   Button btn_AnimSet;       //定义组合动画按钮
   @Override
   protected void onCreate(Bundle savedInstanceState) {
      super.onCreate(savedInstanceState);
      setContentView(R.layout.activity_main);
      //对组件进行相应的绑定
      btn_Alpha = findViewById(R.id.Alpha);
      btn_Scale = findViewById(R.id.Scale);
```

```
        btn_Rotate = findViewById(R.id.Rotate);
        btn_Translate = findViewById(R.id.Translate);
        btn_AnimSet = findViewById(R.id.AnimSet);
        //对按钮控件设置监听事件
        btn_Alpha.setOnClickListener(this);
        btn_Scale.setOnClickListener(this);
        btn_Rotate.setOnClickListener(this);
        btn_Translate.setOnClickListener(this);
        btn_AnimSet.setOnClickListener(this);
        image = findViewById(R.id.pic);//绑定视图控件
        //设置视图显示安卓图标
        image.setImageResource(R.mipmap.ic_launcher_round);
    }
    @Override
    public void onClick(View v) {
        Animation loadAni;
        switch (v.getId())
        {
            case R.id.Alpha://单击“渐变”按钮实现渐变动画
                loadAni = AnimationUtils.loadAnimation(this,R.anim.alpha1);
                image.startAnimation(loadAni);
                break;
            case R.id.Scale://单击“缩放”按钮实现缩放动画
                loadAni = AnimationUtils.loadAnimation(this,R.anim.scale);
                image.startAnimation(loadAni);
                break;
            case R.id.Rotate://单击“位移”按钮实现位移动画
                loadAni = AnimationUtils.loadAnimation(this,R.anim.rotate);
                image.startAnimation(loadAni);
                break;
            case R.id.Translate://单击“旋转”按钮实现旋转动画
                loadAni = AnimationUtils.loadAnimation(this,R.anim.translate);
                image.startAnimation(loadAni);
                break;
            case R.id.AnimSet://单击“组合”按钮实现组合动画
                loadAni = AnimationUtils.loadAnimation(this,R.anim.animationset);
                image.startAnimation(loadAni);
                break;
        }
    }
}
```

以上代码演示了补间动画的基本效果，创建了 5 个按钮，分别对应相应的动画资源。单击某个按钮，将在单击事件中实现相应的动画。由于动画是连续的，所以只能亲自体验才能看到效果，这里只能给出界面效果。运行效果如图 8-6 所示。

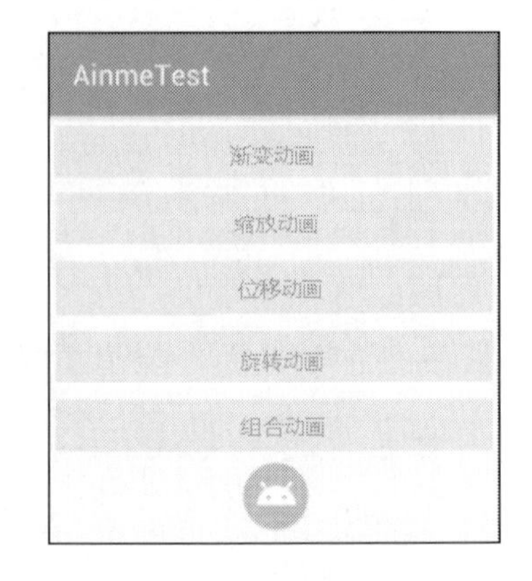


图 8-6　运行效果

## 8.5.3 布局动画

布局动画针对 ViewGroup 组件，就是在 ViewGroup 初始化时对其内部子控件的动画操作。不同于之前讲解的逐帧动画与补间动画，它是专属的一种动画。本节详细讲解布局动画的实现与应用。

布局动画主要通过设置 LayoutAnimationController 和 LayoutTransition 两个类来完成。

对 LayoutAnimationController 的使用与设置，可通过下面这段代码完成。

```
//通过加载 XML 动画设置文件来创建一个 Animation 对象
Animation animation= AnimationUtils.loadAnimation(this,
R.anim.listview_item_anim);
//得到一个 LayoutAnimationController 对象
LayoutAnimationController controller = new
LayoutAnimationController(animation);
//设置控件显示的顺序
controller.setOrder(LayoutAnimationController.ORDER_NORMAL);
//设置控件显示间隔的时间
controller.setDelay(0.3f);
//为 ListView 设置 LayoutAnimationController 属性
mParent.setLayoutAnimation(controller);
```

其中，子控件显示顺序的可取值如下。

- ORDER_NORMAL：正常顺序，从上往下开始执行。
- ORDER_REVERSE：倒序，从下往上执行。
- ORDER_RANDOM：随机。

间隔时间可设置值为 0.0~1.0(百分比值)，即上一个控件显示到多少下一个控件才开始执行动画。

LayoutTransition 可以在 XML 中进行设置，具体添加如下代码：

```
android:animateLayoutChanges="true"
```

同样可以在 Java 文件中进行设置，具体代码如下：

```
LayoutTransition mTransition = new LayoutTransition();
mParent.setLayoutTransition(mTransition);
```

LayoutTransition 本身有默认的动画效果，使用它后再添加子控件或删除子控件，就有了动画效果。当然，读者可以根据需要自定义动画效果。自定义动画需要使用 setAnimator()方法，其语法格式如下：

```
public void setAnimator(int transitionType, Animator animator)
```

参数说明如下。

- transitionType：设置动画的目标及类型。
- animator：设置使用的动画。

类型中有四个选项如下所示。

- LayoutTransition.APPEARING：当一个 View 在 ViewGroup 中出现时，对此 View 设置的动画。
- LayoutTransition.CHANGE_APPEARING：当一个 View 在 ViewGroup 中出现时，对其他 View 位置造成影响，对其他 View 设置的动画。
- LayoutTransition.DISAPPEARING：当一个 View 在 ViewGroup 中消失时，对此 View 设置的动画。

- LayoutTransition.CHANGE_DISAPPEARING：当一个 View 在 ViewGroup 中消失时，对其他 View 位置造成影响，对其他 View 设置的动画。

下面通过一个实例演示如何使用布局动画。

### 实例 6 通过布局动画实现 ListView 视图动画排列

创建一个新的 Module 并命名为 LayoutAnim，这个案例可以通过以下几个步骤完成。

01 创建一个布局动画，如何创建动画资源请参考 8.5.1 节相关内容。布局文件的具体代码如下：

```
<?xml version="1.0" encoding="utf-8"?>
<set xmlns:android="http://schemas.android.com/apk/res/android">
    <scale
        android:duration="300"
        android:fromXScale="0.0"
        android:fromYScale="0.0"
        android:toYScale="1.0"
        android:toXScale="1.0"
        android:pivotX="50%"
        android:pivotY="50%"/>
</set>
```

02 在主活动类中加入一个按钮，用于跳转到另一个活动，具体代码如下：

```
public class MainActivity extends AppCompatActivity {
    @Override
    protected void onCreate(Bundle savedInstanceState) {
        super.onCreate(savedInstanceState);
        setContentView(R.layout.activity_main);
        Button btn = findViewById(R.id.btn1);
        btn.setOnClickListener(new View.OnClickListener() {
            @Override
            public void onClick(View v) {
                //创建一个 itent 对象
                Intent intent = new Intent(MainActivity.this,item.class);
                startActivity(intent);//启动到另一个 Activity
            }
        });
    }
}
```

03 新建一个活动，在布局管理器中创建一个 ListView 组件，活动中的代码如下：

```
public class item extends AppCompatActivity {
    @Override
    protected void onCreate(Bundle savedInstanceState) {
        super.onCreate(savedInstanceState);
        setContentView(R.layout.activity_item);
        ListView listv = findViewById(R.id.list);    //创建并绑定列表视图控件
        List<String> list =new ArrayList<String>(); //创建一个字符串链表
        for(int i=0;i<20;i++)
        {
            list.add("子项"+i);//初始化显示项
        }
        //创建一个数组适配器
```

```
        Adapter adapter = new ArrayAdapter<String>
(this,android.R.layout.simple_list_item_1,list);
        listv.setAdapter((ListAdapter) adapter);     //设置适配器
        //新建一个布局动画并初始化
        LayoutAnimationController lac_anim = new LayoutAnimationController
(AnimationUtils.loadAnimation(this,R.anim.scale));
        //设置动画模式
        lac_anim.setOrder(LayoutAnimationController.ORDER_RANDOM);
        listv.setLayoutAnimation(lac_anim);//给 listv 设置布局动画
        listv.startLayoutAnimation();//启动动画
    }
}
```

以上代码实现了一个布局动画的效果，当用户单击按钮跳转到另一个活动时，ListView 组件子控件进行布局，从而实现布局动画的效果。具体效果需要用户自己运行体验，这里只能给出运行时的静态图片。运行效果如图 8-7 所示。

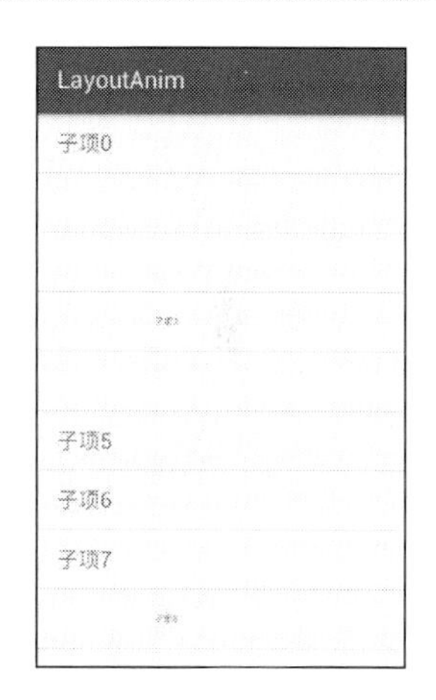


图 8-7　运行效果

## 8.5.4　属性动画

属性动画的功能非常强大，它弥补了补间动画的一些缺陷，几乎可以替代补间动画。本节详细讲解属性动画的实现与应用。

属性动画主要通过 ValueAnimator 类来实现，它使用时间循环机制计算值与值之间的动画过渡，同时负责管理动画的播放次数、播放模式，以及对动画设置监听等。它运行在一个自定义的 handler 上，动画属性的改变也发生在 UI 线程上。

ValueAnimator 类的常用方法如下所示。

- public static ValueAnimator ofInt(int... values) 和 public static ValueAnimator ofFloat(float... values)：这两个方法的参数类型都是可变长参数，只是传入的值不同而已。可以传入任何数量的值，传入的值列表表示动画的变化范围。这两个方法通常用于构建一个 ValueAnimator 的实例。
- ValueAnimator setDuration(long duration)：设置动画时长，单位是毫秒。
- Object getAnimatedValue()：获取 ValueAnimator 运动时，当前运动点的值。
- void start()：开始动画。
- void setRepeatCount(int value)：设置循环次数，若设置为 INFINITE 表示无限循环。
- void setRepeatMode(int value)：设置循环模式。
- void cancel()：取消动画。
- void onAnimationUpdate(ValueAnimator animation)：监听动画过程中值的实时变化。
- void onAnimationStart(Animator animation)：当动画开始时触发此监听。
- void onAnimationEnd(Animator animation)：当动画结束时触发此监听。
- void onAnimationCancel(Animator animation)：当动画取消时触发此监听。
- void onAnimationRepeat(Animator animation)：当动画重启时触发此监听。

- public void setStartDelay(long startDelay)：设置动画延时多长时间开始。
- public ValueAnimator clone()：克隆一个动画实例。

安卓还提供了一个 AnimatorSet 类，这个类提供了一个 play()方法，向这个方法中传入一个 Animator 对象，将会返回一个 AnimatorSet.Builder 的实例。AnimatorSet.Builder 中包括 4 个方法如下所示。

- after(Animator anim)：将现有动画插入传入的动画之后执行。
- after(long delay)：将现有动画延迟指定毫秒后执行。
- before(Animator anim)：将现有动画插入传入的动画之前执行。
- with(Animator anim)：将现有动画和传入的动画同时执行。

**实例 7　使用属性动画**

创建一个新的 Module 并命名为 PropertyAnim，在布局管理器中创建 5 个按钮控件、1 个文本框控件。主活动类的具体代码如下：

```
public class MainActivity extends AppCompatActivity implements
View.OnClickListener{
    private TextView tv;                    //创建文本框控件
    @Override
    protected void onCreate(Bundle savedInstanceState) {
        super.onCreate(savedInstanceState);
        setContentView(R.layout.activity_main);
        tv = findViewById(R.id.tv);         //绑定文本控件
        //创建按钮控件并绑定
        Button btn1 = findViewById(R.id.btn1);
        Button btn2 = findViewById(R.id.btn2);
        Button btn3 = findViewById(R.id.btn3);
        Button btn4 = findViewById(R.id.btn4);
        Button btn5 = findViewById(R.id.btn5);
        //设置按钮控件的监听事件
        btn1.setOnClickListener(this);
        btn2.setOnClickListener(this);
        btn3.setOnClickListener(this);
        btn4.setOnClickListener(this);
        btn5.setOnClickListener(this);
    }
    @Override
    public void onClick(View v) {
        switch (v.getId())
        {
            case R.id.btn1:                 //创建一个渐变动画
                ObjectAnimator anim1 = ObjectAnimator.ofFloat(tv, "alpha",
1f, 0f, 1f);
                anim1.setDuration(5000);  //设置持续时间
                anim1.start();
                break;
            case R.id.btn2:                 //创建一个旋转动画
                ObjectAnimator anim2 =
ObjectAnimator.ofFloat(tv, "rotation", 0f, 360f);
                anim2.setDuration(5000);
                anim2.start();
```

```
                break;
            case R.id.btn3:                  //创建一个移动动画
                float curTranslationX = tv.getTranslationX();//获取控件的当前位置
                ObjectAnimator anim3 =
ObjectAnimator.ofFloat(tv, "translationX", curTranslationX, -500f,
curTranslationX);
                anim3.setDuration(5000);
                anim3.start();
                break;
            case R.id.btn4:                  //创建一个缩放动画
                ObjectAnimator anim4 =
ObjectAnimator.ofFloat(tv, "scaleY", 1f, 3f, 1f);
                anim4.setDuration(5000);
                anim4.start();
                break;
            case R.id.btn5:                  //组合动画
                ObjectAnimator moveIn =
 ObjectAnimator.ofFloat(tv, "translationX", -500f, 0f);
                ObjectAnimator rotate =
ObjectAnimator.ofFloat(tv, "rotation", 0f, 360f);
                ObjectAnimator fadeInOut =
ObjectAnimator.ofFloat(tv, "alpha", 1f, 0f, 1f);
                AnimatorSet animSet = new AnimatorSet();//新建一个组合动画的实例
//让旋转和淡入淡出动画同时进行，它们在平移动画执行完之后运行
                animSet.play(rotate).with(fadeInOut).after(moveIn);
                animSet.setDuration(5000);
                animSet.start();
                break;
        }
    }
}
```

运行效果如图 8-8 所示。

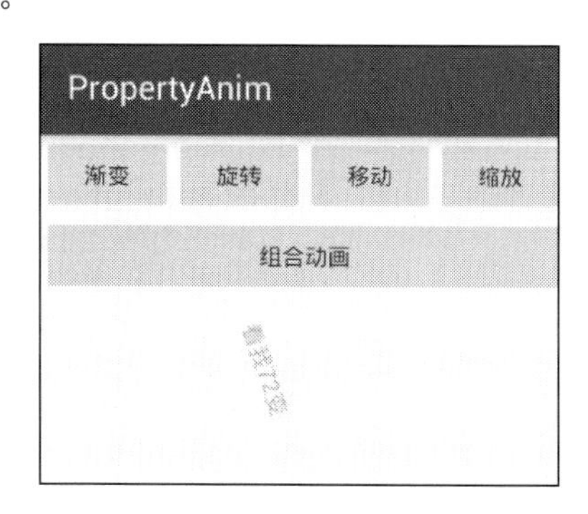


图 8-8　运行效果

# 8.6　就业面试问题解答

**面试问题 1：如何获取图像资源？**

可以通过 BitmapFactory 获取图像资源，具体代码如下：

```
//资源 ID
private Bitmap getBitmapFromResource(Resources res, int resId) {
    return BitmapFactory.decodeResource(res, resId);
}
//文件
private Bitmap getBitmapFromFile(String pathName) {
    return BitmapFactory.decodeFile(pathName);
}
//字节数组
public Bitmap Bytes2Bimap(byte[] b) {
  if (b.length != 0) {
     return BitmapFactory.decodeByteArray(b, 0, b.length);
  } else {
     return null;
  }
}
//输入流
private Bitmap getBitmapFromStream(InputStream inputStream) {
    return BitmapFactory.decodeStream(inputStream);
}
```

### 面试问题 2：save()和 restore()的数量有什么关系？

save()和 restore()要成对使用，restore()可以比 save()少，但不能多。若 restore()的调用次数比 save()多，将会报错。

# 第9章

# 多媒体开发

随着科技的发展，多媒体在日常生活中已经普及，例如我们平时观看的电影电视，听到的音乐等媒体。如何在 Android 中开发出一款自己的多媒体播放器呢？这正是本章将要学习的主要内容。

# 9.1　音频与视频

日常生活中听到的数码声音即是音频，主要格式有 MP3、3GPP、Ogg 和 WAVE 等。通常看到的视频的主要格式有 3GP 和 mpeg-4，这些格式在 Android 中都支持。本节将逐一讲解音频和视频的操作方法。

## 9.1.1　MediaPlayer 播放音频

Android 提供了一个 MediaPlayer 类，使用这个类可以轻松实现音频播放，只需要指定播放的音频调用响应的方法即可。MediaPlayer 提供了很多方法，比较常用的方法如下所示。

- Create()：创建一个要播放的多媒体。
- setDataSource()：设置数据来源。
- Prepare()：准备播放。
- Start()：开始播放。
- Stop()：停止播放。
- Pause()：暂停播放。
- Reset()：恢复 MediaPlayer 到未初始化状态。

还有其他一些方法如下所示。

- getCurrentPosition()：得到当前的播放位置。
- getDuration()：得到文件的时间。
- getVideoHeight()：得到视频高度。
- getVideoWidth()：得到视频宽度。
- isLooping()：是否循环播放。
- isPlaying()：是否正在播放。
- prepare()：准备(同步)。
- prepareAsync()：准备(异步)。
- release()：释放 MediaPlayer 对象。
- reset()：重置 MediaPlayer 对象。
- seekTo(int msec)：指定播放的位置(以毫秒为单位)。
- setAudioStreamType(int streamtype)：指定流媒体的类型。
- setDisplay(SurfaceHolder sh)：用 SurfaceHolder 来显示多媒体。
- setLooping(boolean looping)：设置是否循环播放。

播放音频需要以下几个步骤：

**01** 添加音频资源。音频也是一种资源，它存放的位置是 res | raw 目录，创建工程的时候并没有创建这个目录，所以需要手动创建，并把需要的文件拷贝到此目录下。

**02** 创建 MediaPlayer 对象。创建 MediaPlayer 对象有两种方式。一是使用 Mediaplayer 类提供的静态方法 create()来创建，语法格式如下：

```
MediaPlayer mediaPlayer=MediaPlayer.create(this,R.raw.hls);
```

参数说明：设备上下文可以直接使用 this 关键字指定。R.raw.hls 表示需要播放音频的资源文件。

另一种方法是通过无参的构造方法创建 MediaPlayer 对象。

使用无参构造方法创建 MediaPlayer 对象时，需要单独指定装载的资源文件。这里 MediaPlayer 提供了一个 setDataSource()方法，此方法用于指定文件位置，真正装载文件还需要调用 prepate()方法。下面给出一段具体代码：

```
MediaPlayer player = new MediaPlayer();
  try
  {
    player.setDataSource("/sdcard/hls.mp3");     //设置播放文件的具体路径
    player.prepare();//装载播放的文件
  }catch (IOException e){
    e.printStackTrace();
  }
```

**03** 开始播放音频。MediaPlayer 类提供了 start()方法，用于开始播放音频文件。

**04** 播放途中如果需要暂停，MediaPlayer 类提供了 pause()方法，此方法用于暂停正在播放的音频文件。

**05** 停止播放音频。MediaPlayer 类提供了 stop()方法，此方法用于终止正在播放的音频文件。

通过以上步骤，读者已经可以创建一个音乐播放器了。下面通过一个实例演示如何创建音频播放器。

### 实例 1　简易音频播放器

创建一个新的 Module 并命名为 MediaPlayer，在布局管理器中使用水平排列的线性布局，并添加三个按钮，分别用于播放、暂停、停止。创建 raw 音频资源目录，并将需要播放的音频文件复制进去。在主活动类中加入如下代码：

```
public class MainActivity extends AppCompatActivity {
    @Override
    protected void onCreate(Bundle savedInstanceState) {
        super.onCreate(savedInstanceState);
        setContentView(R.layout.activity_main);
        final MediaPlayer mediaPlayer=MediaPlayer.create(this,R.raw.hls);
        Button btn1=findViewById(R.id.btn1);     //获取“播放”按钮
        Button btn2=findViewById(R.id.btn2);     //获取“暂停”按钮
        Button btn3=findViewById(R.id.btn3);     //获取“停止”按钮
        btn1.setOnClickListener(new View.OnClickListener() {
            @Override
            public void onClick(View v) {
                mediaPlayer.start();      //开始播放音频
            }
        });
        btn2.setOnClickListener(new View.OnClickListener() {
            @Override
            public void onClick(View v) {
                mediaPlayer.pause();      //暂停播放音频
```

```
            }
        });
        btn3.setOnClickListener(new View.OnClickListener() {
            @Override
            public void onClick(View v) {
                mediaPlayer.stop();         //停止播放音频
            }
        });
    }
}
```

这里通过 MediaPlayer 类的静态方法创建了一个 MediaPlayer 对象，并在三个按钮单击监听事件中分别调用。MediaPlayer 类的三个方法分别用于控制音频的播放、暂停与停止。运行效果如图 9-1 所示。

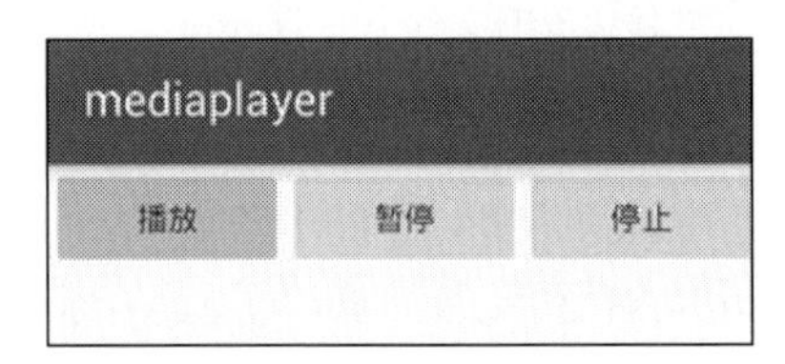


图 9-1　运行效果

## 9.1.2　SoundPool 播放音频

MediaPlayer 的缺点是占用资源多，延迟时间较长，不支持同时播放多个音频文件，所以 Android 提供了一个用于播放音频的 SoundPool 类，它不仅可以同时播放多个音频文件，而且占用资源较小。

SoundPool 类用于播放应用程序中的按键音以及提示音，还有游戏中的各种密集短暂的声音。SondPool 也有一个缺点，它不能长时间连续播放，所以它与 MediaPlayer 有各自不同的用处。

使用 SoundPool 播放音频同样需要几个步骤：

**01** 创建 SoundPool 对象。SoundPool 类提供了一个构造方法，具体语法格式如下：

```
SoundPool(int maxStreams,int streamType,int srcQuality)
```

参数说明如下。

- maxStreams：指定音频数量的上限。
- streamType：指定声音类型，可以通过 AudioManager 类提供的常量进行指定。
- srcQuality：指定音频的品质，默认值是 0。

假设需要创建一个可以容纳 5 个音频的 SoundPool 对象，具体代码如下：

```
SoundPool soundPool=new SoundPool(5, AudioManager.STREAM_SYSTEM,0);
```

**02** 加载需要播放的音频文件，可以通过 SoundPool 类提供的 load()方法来实现，load()方法有四种形式。下面给出各种加载音频的代码，具体代码如下：

```
int load(Context context, int resId, int priority)     //从 APK 资源载入
//从 FileDescriptor 对象载入
int load(FileDescriptor fd, long offset, long length, int priority)
```

```
int load(AssetFileDescriptor afd, int priority)          //从 Asset 对象载入
int load(String path, int priority)                      //从完整文件路径载入
```

**03** 播放音频，调用 SoundPool 对象的 play()方法，可以播放指定的音频。play()方法的语法格式如下：

```
int play(int soundID, float leftVolume, float rightVolume, int priority,
int loop, float rate)
```

参数说明如下所示。

- soundID：指定需要播放的音频，通过 load()方法进行加载。
- leftVolume：指定左声道的音量，取值范围为 0.0～1.0。
- rightVolume：指定右声道的音量。
- priority：指定播放音频的优先级，数值越大，优先级越高。
- loop：指定循环次数，0 为不循环，-1 为循环。
- rate：指定播放速率，正常为 1，最低为 0.5，最高为 2。

下面几个方法用于在播放音频时进行控制操作。

- final void pause(int streamID)：暂停指定播放流的音效。
- final void resume(int streamID)：继续播放指定播放流的音效。
- final void stop(int streamID)：终止指定播放流的音效。

### 实例 2　通过 SoundPool 同时播放多种音效

创建一个新的 Module 并命名为 SoundPool，在布局管理器中使用垂直线性布局，并添加两个按钮。创建 raw 资源目录，将需要播放的音频文件复制到此目录下。在主活动类中加入如下代码：

```
public class MainActivity extends AppCompatActivity {
    private int i1,i2;//加载音频返回的整型变量
    @Override
    protected void onCreate(Bundle savedInstanceState) {
        super.onCreate(savedInstanceState);
        setContentView(R.layout.activity_main);
        final SoundPool soundPool= new
SoundPool(10,AudioManager.STREAM_SYSTEM,5); //创建并初始化 SoundPool 对象
        i1 = soundPool.load(this,R.raw.argon,1);//加载音效
        i2 = soundPool.load(this,R.raw.hassium,1);//加载音效
        Button btn1=findViewById(R.id.btn1);//获取第一个按钮
        Button btn2=findViewById(R.id.btn2);//获取第二个按钮
        btn1.setOnClickListener(new View.OnClickListener() {
            @Override
            public void onClick(View v) {
                soundPool.play(i1,1,1,0,0,1); //单击按钮后播放相应的音效
            }
        });
        btn2.setOnClickListener(new View.OnClickListener() {
            @Override
            public void onClick(View v) {
                soundPool.play(i2,1,1,0,0,1); //单击按钮后播放相应的音效
            }
```

```
        });
    }
}
```

运行效果如图 9-2 所示，单击第一个按钮后，快速单击第二个按钮，可以实现多种音效同时播放。

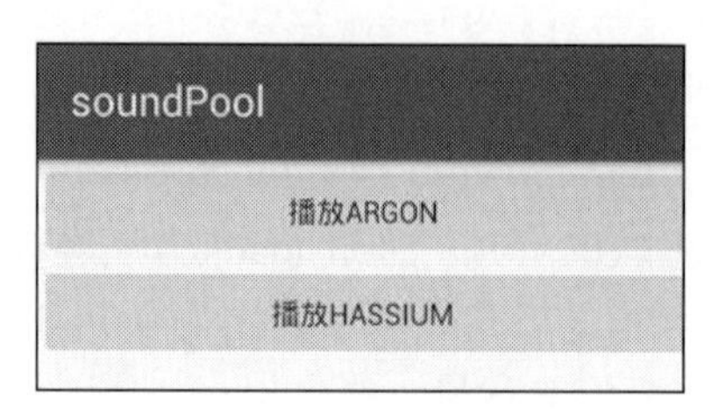


图 9-2　运行效果

## 9.1.3　MediaPlayer 播放视频

MediaPlayer 除了可以播放音频以外还可以播放视频。与播放音频不同，播放视频需要与 SurfaceView 组件配合使用。本节学习如何使用 MediaPlayer 播放视频。

使用 MediaPlayer 播放视频可以通过以下几个步骤完成。

**01** 创建 SurfaceView 组件，建议在布局管理器中创建。具体代码如下：

```
<SurfaceView
    android:id="@+id/surface"
    android:layout_width="match_parent"
    android:layout_height="200dp"
    android:keepScreenOn="true"/>
```

其中，keepScreenOn 属性是一个开关，为 true 时播放视频，会打开屏幕。

**02** 视频文件也属于一种资源，可以将其复制到 res/raw 目录下。

**03** 创建 MediaPlayer 对象，并为其加载需要播放的视频资源。同播放音频一样，可以通过 create()方法或者无参构造方法两种方式来创建，参考播放音频小节。

**04** 将所要播放的视频画面输出到 SurfaceView。这里使用 MediaPlayer 对象的 setDisplay()方法，这样可以将视频画面输出到 SurfaceView，其语法格式如下：

```
SetDisplay(SurfaceHolder sh)
```

传入一个 SurfaceView 对象，可以通过 SurfaceView 对象的 getHolder()方法获得，例如下面这段代码：

```
mPlayer.setDisplay(surfaceHolder.getHolder());
```

**05** 调用 MediaPlayer 对象的对应方法播放、暂停、停止视频。

**实例 3**　使用 MediaPlayer 与 SurfaceView 播放视频

创建一个新的 Module 并命名为 MediaPlayerVideo，在布局管理器中使用垂直线性布局，并添加三个按钮。创建 raw 资源目录，并将需要播放的视频文件复制到此目录。在主活动类中加入如下代码：

```
public class MainActivity extends AppCompatActivity {
    private MediaPlayer mPlayer = null;       //创建 MediaPlayer 对象
    private SurfaceView sfv_show;             //创建 SurfaceView 视图对象
    private SurfaceHolder surfaceHolder;      //创建 SurfaceHolder 对象
    private Button btn_start;                 //“开始”按钮
    private Button btn_pause;                 //“暂停”按钮
    private Button btn_stop;                  //“停止”按钮
  @Override
  protected void onCreate(Bundle savedInstanceState) {
    super.onCreate(savedInstanceState);
    setContentView(R.layout.activity_main);
    //获取 surfaceview
    sfv_show = (SurfaceView) findViewById(R.id.surface);
    //初始化 SurfaceHolder 类，SurfaceView 的控制器
    surfaceHolder = sfv_show.getHolder();
    surfaceHolder.setFixedSize(320, 220);    //显示分辨率,不设置为视频默认
    btn_start = (Button) findViewById(R.id.btn1);   //获取“开始”按钮
    btn_pause = (Button) findViewById(R.id.btn2);   //获取“暂停”按钮
    btn_stop = (Button) findViewById(R.id.btn3);    //获取“停止”按钮
    //创建 MediaPlayer 对象
    mPlayer = MediaPlayer.create(MainActivity.this, R.raw.video);
    mPlayer.setAudioStreamType(AudioManager.STREAM_MUSIC);//设置媒体类型
    //设置播放完成监听事件
    mPlayer.setOnCompletionListener(new MediaPlayer.OnCompletionListener() {
        @Override
        public void onCompletion(MediaPlayer mp) {//视频播放完成后给出提示
            Toast.makeText(MainActivity.this,"视频播放完毕",
Toast.LENGTH_SHORT).show();
        }
    });
    btn_start.setOnClickListener(new View.OnClickListener() {
        @Override
        public void onClick(View v) {     //设置视频显示在 SurfaceView 上
            mPlayer.setDisplay(surfaceHolder);
            mPlayer.start();//开始播放视频
        }
    });
    btn_pause.setOnClickListener(new View.OnClickListener() {
        @Override//暂停视频
        public void onClick(View v) {
            mPlayer.pause();
        }
    });
    btn_stop.setOnClickListener(new View.OnClickListener() {
        @Override//停止视频
        public void onClick(View v) {
            mPlayer.stop();
        }
    });
  }
}
```

以上代码实现了一个简易播放器，先创建了 MediaPlayer 和 SurfaceView 对象。通过 MediaPlayer 获取播放视频，并将视频画面传送到 SurfaceView 界面。通过三个按钮控制视

频的播放、暂停、停止。运行效果如图 9-3 所示。

图 9-3　运行效果

## 9.1.4　VideoView 播放视频

在 Android 中，除了可以通过 MediaPlayer 播放视频外，它还提供了一个 VideoView 视频组件，用于播放视频文件。该组件自带视频界面，相对于 MediaPlayer 更容易实现视频播放功能。本节来学习 VideoView 视频组件。

VideoView 可以通过 XML 布局文件来创建，其语法格式如下：

```
<VideoView
属性目录 />
```

VideoView 支持的 XML 属性如下所示。

- id:设置组件 ID。
- background：设置背景。
- layout_width：设置宽度。
- layout_height：设置高度。
- layout_gravity：设置对齐方式。

VideoView 提供的常用方法如下所示。

- setVideoPath()：设置播放视频。
- SetVideoURI()：设置播放视频，不过该位置由 URI 决定。
- start()：播放视频。
- stop()：停止视频。
- pause()：暂停视频。

使用 VideoView 视频组件播放视频，大概需要以下几个步骤。

01 在布局管理器中创建 VideoView 视频组件，代码如下：

```
<VideoView
    android:id="@+id/video"
    android:layout_width="match_parent"
    android:layout_height="match_parent" />
```

02 将要播放的视频放置到资源目录或者放置到 SD 卡的根目录。如何上传文件到 SD 卡，后续章节会讲，这里了解即可。

**03** 获取播放视频路径。通过一个 Uri 对象来获取，具体代码如下：

```
//获取播放路径
Uri u = Uri.parse("android.resource://com.example.videoview/" + R.raw.video);
videoView.setVideoURI(u);//将获取的播放路径设置到 videoView 中
```

**04** 在主活动的 onCreate()方法中创建一个 android.widget.MediaControllor 对象，并将其与 VideoView 控件关联，用于控制播放的视频。

```
//创建 MediaController 对象
android.widget.MediaController m=new MediaController(MainActivity.this);
videoView.setMediaController(m);//设置 MediaController 与 VideoView 关联
```

**05** 通过调用 VideoView 组件的 start()方法，开始播放视频。

### 实例 4　通过 VideoView 实现播放视频功能

创建一个新的 Module 并命名为 VideoView，在布局管理器中加入 VideoView 组件。创建 raw 资源目录，并将需要播放的视频文件复制到此目录。在主活动类中加入如下代码：

```
protected void onCreate(Bundle savedInstanceState) {
        super.onCreate(savedInstanceState);
        setContentView(R.layout.activity_main);
        //设置全屏显示
        getWindow().setFlags(WindowManager.LayoutParams.FLAG_FULLSCREEN,
                WindowManager.LayoutParams.FLAG_FULLSCREEN);
        VideoView videoView = findViewById(R.id.video);//获取 VideoView 组件
        Uri u = Uri.parse("android.resource://com.example.videoview/" +
R.raw.video);
        videoView.setVideoURI(u);//将获取的播放路径设置到 VideoView 中
        //创建 MediaController 对象
        android.widget.MediaController m=new MediaController(MainActivity.this);
        videoView.setMediaController(m);//设置 MediaController 与 VideoView 关联
        videoView.requestFocus();//设置获取焦点
        videoView.start();//开始播放视频
    }
```

以上代码通过 VideoView 组件实现了一个简易视频播放器，其中通过 Uri 获取视频播放路径。创建 MediaController 对象，用于控制视频播放。单击屏幕即可弹出控制窗口。

查看运行结果如图 9-4 所示。

图 9-4　运行效果

# 9.2 摄 像 头

Android 手机提供了摄像头，平时可以拍照，也可以录像。本节将讲解如何通过编程实现摄像头拍照与录像。

## 9.2.1 使用系统相机

Android 手机自带一个相机程序，通过隐式 Intent 可以调用系统自带的相机。本节讲解如何使用系统相机拍照。

通过隐式 Intent 调用系统相机，具体代码如下：

```
Intent intent = new Intent(MediaStore.ACTION_IMAGE_CAPTURE);
startActivity(intent);
```

### 1. 获取拍照缩略图

仅仅打开相机还是不够的，当系统相机拍照结束后，需要获取所拍的照片。获取大概需要以下几个步骤。

**01** 启动相机不能使用 startActivity 方法，因为这个方法会将权限交给系统，所以要使用 startActivityForResult()方法。具体代码如下：

```
startActivityForResult(intent,0x1);
```

**02** 重写 onActivityResult()方法，接收从另一个 Activity 返回的数据。

**03** 判断是否为自己程序发出的请求码。

**04** 新建一个 bundle 对象，从返回的数据中获取照片信息。

**05** 将获取的照片信息通过 ImageView 进行显示。

下面给出部分代码。

```
if(resultCode == RESULT_OK)
{
  if(requestCode == 0x1)
  {
    Bundle bundle = data.getExtras();              //新建 bundle 对象获取数据
    Bitmap bit = (Bitmap)bundle.get("data");     //从 bundle 对象中获取照片信息
    iv.setImageBitmap(bit);                        //设置图像视图，显示照片
  }
}
```

### 2. 获取拍照原图

通过上面的步骤已经可以获取拍照后的预览图片。由于现在相机的像素越来越高，所以通过 bundle 对象传递回来的图片信息只是缩略图，并不是原图，要想获取原图可以通过以下步骤实现。

**01** 获取设备中 SD 卡的路径。系统提供了 Environment 类，通过调用 getExternalStorageDirectory().getPath()方法可获取 SD 卡路径。

**02** 创建一个 URI，指定文件路径。具体代码如下：

```
Uri uri = Uri.fromFile(new File(filePath));   //创建一个 URI 传入路径
```

这里要使用(android.net)包下的 Uri，不要选错。

**03** 从文件路径获取文件信息，并将其保存为文件输入流对象。

**04** 将文件输入流对象转换成 Bitmap 对象。

**05** 在文件视图中显示图片。

**06** 由于操作了 SD 卡，所以必须在 AndroidManifest 文件中配置 SD 卡的访问权限，加入如下代码：

```
<uses-permission android:name="android.permission.WRITE_EXTERNAL_STORAGE"/>
```

### 实例 5 调用系统相机拍照

创建一个新的 Module 并命名为 SystemCamera，加入两个按钮，一个用于展示缩略图，一个用于展示原图，以及一个图像视图控件。在主活动类中加入如下代码：

```
public class MainActivity extends AppCompatActivity {
    private ImageView iv;//创建图像视图
    private String filePath;
    @Override
    protected void onCreate(Bundle savedInstanceState) {
        super.onCreate(savedInstanceState);
        setContentView(R.layout.activity_main);
        iv = findViewById(R.id.image);//绑定图像视图
        //获取 SD 卡路径
        filePath = Environment.getExternalStorageDirectory().getPath();
        filePath +="/image.png";//路径加上文件名
    }
    public void OpenCamera(View view)
    {
        Intent intent = new Intent(MediaStore.ACTION_IMAGE_CAPTURE);//新建
Intent 并指定父类
        //startActivity(intent);
        startActivityForResult(intent,0x1);//有回调时启动 Activity
    }
    public void CameraImage(View view)
    {
        Intent intent =new Intent(MediaStore.ACTION_IMAGE_CAPTURE);
        Uri picuri = Uri.fromFile(new File(filePath));//创建一个 Uri，传入路径
        intent.putExtra(MediaStore.EXTRA_OUTPUT,picuri);//更改系统默认存储路径
        startActivityForResult(intent,0x2);
    }
    @Override
    protected void onActivityResult(int requestCode, int resultCode,
Intent data) {
        super.onActivityResult(requestCode, resultCode, data);
        if(resultCode == RESULT_OK)
```

```
        {
            if(requestCode == 0x1)
            {
                Bundle bundle = data.getExtras();//新建 bundle 对象，获取数据
                //从 bundle 对象中获取图像信息
                Bitmap bit = (Bitmap)bundle.get("data");
                iv.setImageBitmap(bit);//设置图像视图，显示图片
            }
            else if(requestCode == 0x2)
            {
                FileInputStream fis = null;//定义一个流对象
                try {
                    //创建一个文件输入流并初始化
                    fis = new FileInputStream(filePath);
                    //将获取的文件输入流转换成一个图像
                    Bitmap bitmap = BitmapFactory.decodeStream(fis);
                    iv.setImageBitmap(bitmap);//设置图像视图，显示图片
                } catch (FileNotFoundException e) {
                    e.printStackTrace();
                }finally {
                    try{
                        fis.close();//关闭流对象
                    } catch (IOException e) {
                        e.printStackTrace();
                    }
                }
            }
        }
    }
}
```

以上代码实现了调用系统相机完成拍照的功能，其中有两种显示拍照图片的方式：一种显示一个缩略图，一种显示一个保存后的完整图片。第二种方式改变了相机默认保存图片的位置，并通过文件输入流获取图片信息。运行效果如图 9-5 所示。

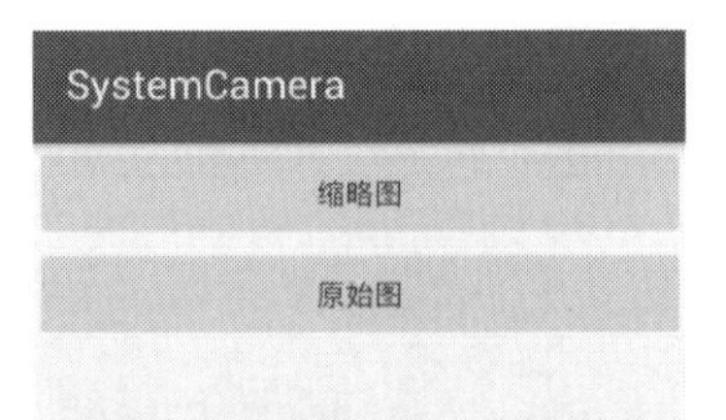

图 9-5　运行效果

## 9.2.2　使用自定义相机

Android 提供了一个 Camera 类，它位于 android.Hardware 包中。这个类提供了多种用于控制摄像头的方法，常用的方法如下所示。

- static Camera open()：打开 Camera，返回一个 Camera 实例。
- final void release()：释放 Camera 占用的资源。
- final void setPreviewDisplay(SurfaceHolder holder)：设置 Camera 预览的 SurfaceHolder。
- final void startPreview()：开始 Camera 的预览。

- final void stopPreview()：停止 Camera 的预览。
- final void autoFocus(Camera.AutoFocusCallback cb)：自动对焦。
- final takePicture(Camera.ShutterCallbackshutter,Camera.PictureCallback raw,Camera.PictureCallback jpeg)：拍照。
- final void lock()：锁定 Camera 硬件，使其他应用无法访问。
- final void unlock()：解锁 Camera 硬件，使其他应用可以访问。

**实例 6　使用自定义相机完成拍照功能**

创建一个新的 Module 并命名为 Camera，创建一个 Activity 命名为 MyCamera，然后加入如下代码：

```
public class MyCamera extends Activity implements
SurfaceHolder.Callback{
   private Button btn;          //定义按钮对象
   private Camera mCamera;      //定义 Camera 对象
   private SurfaceView surfaceView;    //定义 surfaceView 对象
   private SurfaceHolder mHolder;      //定义 SurfaceHolder 对象
   //创建一个相机，拍照回调
   private Camera.PictureCallback mCallback= new Camera.PictureCallback() {
      @Override
      public void onPictureTaken(byte[] data, Camera camera) {
         //获取 SD 卡根目录
         File appDir = new File(Environment.getExternalStorageDirectory(),
"/DCIM/Camera/");
         if (!appDir.exists()) {      //如果该目录不存在就创建该目录
            appDir.mkdir();

         }
         //将当前系统时间设置为照片名称
         String fileName = System.currentTimeMillis() + ".jpg";
         File file = new File(appDir, fileName);  //创建文件对象
         try {
            //创建一个输出流对象
            FileOutputStream fos = new FileOutputStream(file);
            //向 byte 数组写入输出流对象
            fos.write(data);
            fos.close();     //写完之后，需要关闭
         } catch (FileNotFoundException e) {
            e.printStackTrace();
         } catch (IOException e) {
            e.printStackTrace();
         }
         //将照片插入系统图库
         try {
            MediaStore.Images.Media.insertImage
(MyCamera.this.getContentResolver(),
                  file.getAbsolutePath(), fileName, null);
         } catch (FileNotFoundException e) {
            e.printStackTrace();
         }
         // 最后通知图库更新
```

```
            MyCamera.this.sendBroadcast(new Intent
(Intent.ACTION_MEDIA_SCANNER_SCAN_FILE,
                    Uri.parse("file://" + "")));
            Toast.makeText(getApplication(), "照片保存至: " + file,
Toast.LENGTH_LONG).show();
            Intent intent = new Intent(MyCamera.this,SeeView.class);
            //将路径传递给主活动
            intent.putExtra("picPath",file.getAbsolutePath());
            startActivity(intent);          //启动主活动
            MyCamera.this.finish();         //关闭本活动
        }
    };
    @Override
    protected void onCreate(Bundle savedInstanceState) {
        super.onCreate(savedInstanceState);
        setContentView(R.layout.activity_my_camera);
        //绑定 surfaceView
        surfaceView = findViewById(R.id.id_pic);
        btn = findViewById(R.id.btn);           //绑定按钮
        mHolder = surfaceView.getHolder();      //获取 Holder 对象
        mHolder.addCallback(this);              //设置回调
        surfaceView.setOnClickListener(new View.OnClickListener() {
            @Override
            public void onClick(View v) {
                mCamera.autoFocus(null);        //点击屏幕，实现自动对焦
            }
        });
        btn.setOnClickListener(new View.OnClickListener() {
            @Override
            public void onClick(View v) {
                //获取相机参数
                Camera.Parameters parameters = mCamera.getParameters();
                parameters.setPictureFormat(ImageFormat.JPEG);  //设置照片格式
                parameters.setPictureSize(800,400);             //设置照片大小
                //设置为自动对焦
                parameters.setFocusMode(Camera.Parameters.FOCUS_MODE_AUTO);
                //设置相机自动对焦，新建一个自动对焦回调方法
                mCamera.autoFocus(new Camera.AutoFocusCallback() {
                    @Override
                    public void onAutoFocus(boolean success, Camera camera) {
                        if(success)
                            mCamera.takePicture(null,null,mCallback);
                    }
                });
            }
        });
    }
    //设置相机预览，设置两个参数
    private void setStartPreview(Camera camera,SurfaceHolder holder)
    {
        try{
            mCamera.setPreviewDisplay(holder);  //与 holder 对象进行绑定
            //camera 默认是横屏模式，所以这里进行旋转
```

```
        mCamera.setDisplayOrientation(90);
        mCamera.startPreview();                        //开始预览
    }
    catch (IOException e)
    {
        e.printStackTrace();
    }
}
//释放相机资源
private void ReleaseCamera()
{
    if(mCamera!=null) {
        mCamera.stopPreview();                         //停止预览
        mCamera.setPreviewCallback(null);              //回调置空
        mCamera.release();                             //释放 Camera 对象
        mCamera = null;                                //Camera 对象置空
    }
}
@Override
protected void onResume() {
    super.onResume();
    //如果 Camera 对象为空，获取 Camera
    if(mCamera == null) {
        mCamera=Camera.open();
        //判断 holder 对象，不为空时启动预览
        if(mHolder != null)
            setStartPreview(mCamera,mHolder);
    }
}
@Override
protected void onPause() {
    super.onPause();
    //当主活动暂停时清空 Camera
    if(mCamera!=null)
        ReleaseCamera();
}
@Override
public void surfaceCreated(SurfaceHolder holder) {
    setStartPreview(mCamera,mHolder);   //开启预览界面
}
@Override
public void surfaceChanged(SurfaceHolder holder, int format, int width,
int height) {
    //当发生改变时，先停止预览，再重启预览
    mCamera.stopPreview();              //停止预览
    setStartPreview(mCamera,mHolder);
}
@Override
public void surfaceDestroyed(SurfaceHolder holder) {
    ReleaseCamera();//销毁时释放 Camera 对象
}
}
```

布局代码如下：

```
<RelativeLayout
xmlns:android="http://schemas.android.com/apk/res/android"
    xmlns:tools="http://schemas.android.com/tools"
    android:layout_width="match_parent"
    android:layout_height="match_parent"
    tools:context="com.example.camera.MyCamera">
    <SurfaceView
        android:id="@+id/id_pic"
        android:layout_width="match_parent"
        android:layout_height="match_parent" />
    <Button
        android:id="@+id/btn"
        android:layout_width="match_parent"
        android:layout_height="wrap_content"
        android:text="拍照"
        android:layout_alignParentBottom="true" />
</RelativeLayout>
```

创建一个新的 Activity 类命名为 SeeView，用于拍照后预览拍照效果，具体代码如下：

```
public class SeeView extends AppCompatActivity {
    //用于保存照片路径
    private String path;
    private ImageView iv;
    @Override
    protected void onCreate(Bundle savedInstanceState) {
        super.onCreate(savedInstanceState);
        setContentView(R.layout.activity_see_view);
        iv = findViewById(R.id.id_image);
        //获取拍照后的照片路径
        path = getIntent().getStringExtra("picPath");
        try {
            FileInputStream fis = new FileInputStream(path);
            //通过文件输入流获取图片
            Bitmap bm = BitmapFactory.decodeStream(fis);
            //创建一个矩阵对象
            Matrix matrix = new Matrix();
            matrix.setRotate(90);     //调整角度
            //创建一个新的图片，调整其矩阵方向
            bm = Bitmap.createBitmap(bm, 0, 0,
                    bm.getWidth(), bm.getHeight(), matrix, true);
            iv.setImageBitmap(bm);
        } catch (FileNotFoundException e) {
            e.printStackTrace();
        }
    }
}
```

以上代码通过 Android 提供的 Camera 类实现了自定义相机功能。创建了两个方法：setStartPreview()方法用于将相机与预览视图进行绑定，ReleaseCamera()方法用于在停止拍照后对相机资源进行释放。拍照时通过 autoFocus()方法设置自动对焦。通过 Camera 回调方法将拍照后的照片进行保存。

# 9.3　就业面试问题解答

### 面试问题 1：使用 MediaPlayer 播放音频文件有哪些不足之处？

使用 MediaPlayer 播放音频文件存在一些不足，例如，资源占用量较高，延迟时间较长，不支持多个音频同时播放等。这些缺点决定了 MediaPlayer 在某些场合的使用情况不会很理想，例如在对时间精准度要求相对较高的游戏开发中。

### 面试问题 2：使用 SoundPool 播放音频文件有哪些不足之处？

使用 SoundPool 存在以下一些问题。

- SoundPool 只能使用一些很短的声音片段，而不是用它来播放歌曲或者游戏背景音乐。
- SoundPool 提供了 pause()和 stop()方法，但最好不要轻易使用，因为有些时候它们可能会使程序莫名其妙地终止。而且有些时候声音不会立即中止播放，要把缓冲区里的数据播放完才会停下来。
- 音频格式建议使用 OGG。使用 WAV 格式的音频文件存放游戏音效，经过反复测试，在音效播放间隔较短的情况下会出现异常关闭的情况。
- 使用 SoundPool 播放音频的时候，如果在初始化时调用播放函数播放音乐，那么根本没有声音，不是因为没有执行，而是 SoundPool 需要准备时间。

# 第10章

# 数据存储

软件的运行其实是数据的流动，即数据在内存与 CPU 之间进行交互。当软件被关闭后，运行的数据也随之被清空。如果无法保存数据，那么使用软件没有太大意义。数据存储不仅保留了操作软件的结果，还保存了软件的个性设置、主题风格等。本章重点研究数据存储技术。

# 10.1　文件存储读写

文件操作可以分成两部分：一部分是文件的读取，另一部分是文件的存储。在 Android 中，文件操作还分为不同的模式。本节详细讲解文件存储读写的内容。

## 10.1.1　文件操作模式及方法

使用过 Java 的读者都知道，新建文件后就可以写入数据了。但是 Android 却不一样，因为 Android 是基于 Linux 系统核心的，所以在读写文件的时候还需加上文件的操作模式。Android 中文件的操作模式如图 10-1 所示。

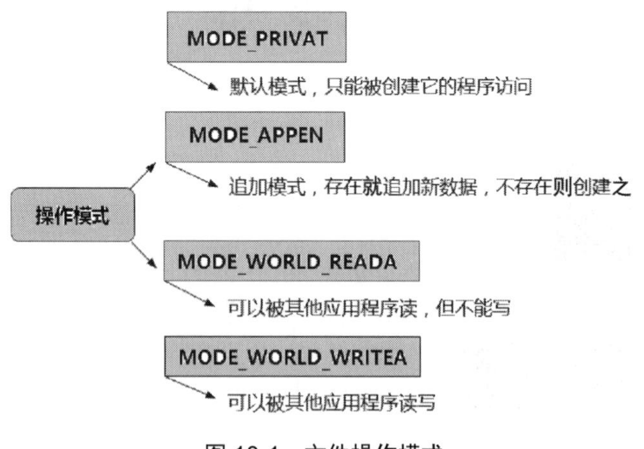


图 10-1　文件操作模式

从图 10-1 可以看到，文件操作模式分为两类：一类是私有数据操作，另一类是共享数据操作。私有数据只能被创建的程序本身访问，而共享数据可以被其他应用程序访问。由于共享数据操作很容易引起数据漏洞，所以在 Android 4.2 之后已经废弃。

Android 中的 Context 类提供了一系列文件操作的方法，常用的操作方法说明如下。

- openFileOutput(filename,mode)：打开文件输出流，往文件中写入数据。
- openFileInput(filename)：打开文件输入流，读取文件中的数据。
- getDir(name,mode)：在 app | data 目录下获取 name 对应的子目录。
- getFileDir()：获取 app | data 目录下文件目录的绝对路径。
- String[] fileList()：返回 app | data 目录下的全部文件。
- deleteFile(filename)：删除 app | data 目录下的指定文件。

注意

Android 有一套自己的安全模型，安装 APK 时，系统会分配给它一个 userid。当应用需要访问其他资源时，比如访问文件，此时需要匹配 userid，任何 App 创建的文件、sharedpreferences、数据库文件都是私有的，默认情况下其他程序是无法访问的。只有当创建时指定模式为其他程序可访问状态，才可以被其他程序访问。

## 10.1.2　读写文件操作

Android 中的资源文件、数据区文件、SD 卡文件的读取方式和方法有所不同。

1. 资源文件的读取

从 resource | raw 中读取文件数据，关键代码如下：

```
String res = "";
try{ //使用 trycatch 捕获异常
    //得到资源中的 Raw 数据流
    InputStream fin = getResources().openRawResource(R.raw.fileInTest);
    int length = fin.available();              //得到数据的大小
    byte [] buffer = new byte[length]; //创建字符数组
    fin.read(buffer);                          //读取数据
    fin.close();                               //关闭
}catch(Exception e){
    e.printStackTrace();
}
```

从 resource | asset 中读取文件数据，关键代码如下：

```
String fileName = "fileTest.txt";           //文件名字
String res="";
try{
    //得到资源中的 asset 数据流
    InputStream fin = getResources().getAssets().open(fileName);
    int length = fin.available();           //获取文件的长度
    byte [] buffer = new byte[length];      //创建字符数组
    fin.read(buffer);                       //将文件读入字符数组中
    fin.close();                            //关闭文件
}catch(Exception e){
    e.printStackTrace();
 }
```

2. 读写/data/data/<应用程序名>目录

读取/data/data/目录下的文件，关键代码如下：

```
public String readFile(String fileName) throws IOException{
String res="";
try{
    FileInputStream fin = openFileInput(fileName); //以读取方式打开文件
    int length = fin.available();                  //获取文件大小
    byte [] buffer = new byte[length];             //创建字符数组
    fin.read(buffer);                              //读取文件内容到字符数组
    fin.close();                                   //关闭文件
} catch(Exception e){
    e.printStackTrace();
}
    return res;                                    //将读取的内容返回
}
```

写入数据到/data/data/目录下的文件，关键代码如下：

```
public void writeFile(String fileName,String writestr) throws
IOException{
    try{ //以写入方式打开文件
    FileOutputStream fout =openFileOutput(fileName, MODE_PRIVATE);
    byte [] bytes = writestr.getBytes();    //创建字符数组
    fout.write(bytes);                      //将字符数据写入打开的文件
    fout.close();                           //关闭文件
} catch(Exception e){
    e.printStackTrace();
    }
}
```

存放在数据区(/data/data/..)的文件只能使用 openFileOutput()和 openFileInput()进行操作，不能使用 FileInputStream()和 FileOutputStream()进行操作。

3. 读写 SD 卡中的文件

读取 SD 卡中 mnt/sdcard/目录下的文件，关键代码如下：

```
public String readFileSdcardFile(String fileName) throws IOException{
String res="";
try{ //创建一个文件输入流
    FileInputStream fin = new FileInputStream(fileName);
    int length = fin.available();               //获取文件长度
    byte [] buffer = new byte[length];          //创建字符数组
    fin.read(buffer);                           //读取文件流内容到字符数组
    fin.close();                                //关闭文件
}catch(Exception e){
    e.printStackTrace();
}
    return res;                                 //将读取的文件返回
}
```

将内容写入 SD 卡文件中，关键代码如下：

```
public void writeFileSdcardFile(String fileName,String write_str) throws
IOException{
try{//创建一个文件输出流
    FileOutputStream fout = new FileOutputStream(fileName);
    byte [] bytes = write_str.getBytes();  //创建字符数组
    fout.write(bytes);                     //将数组内容写入文件
    fout.close();                          //关闭文件
} catch(Exception e){
    e.printStackTrace();
    }
 }
```

SD 卡中的文件需要使用 FileInputStream() 和 FileOutputStream()方法进行操作。操作 SD 卡需要获取手机权限，开启权限需要在 Android 的 manifest.xml 文档中加入下面的代码:

```
<uses-permission android:name=
"android.permission.WRITE_EXTERNAL_STORAGE"/>
<uses-permission android:name=
"android.permission.MOUNT_UNMOUNT_FILESYSTEMS"/>
```

#### 4. 使用 File 类进行文件读写

使用 File 类进行文件读写操作，关键代码如下：

```
//读文件
public String readSDFile(String fileName) throws IOException {
    File file = new File(fileName);                          //创建文件对象
    FileInputStream fis = new FileInputStream(file);         //创建文件输入流对象
    int length = fis.available();                            //获取文件长度
    byte [] buffer = new byte[length];                       //创建字符数组
    fis.read(buffer);                                        //读取文件到字符数组
    fis.close();                                             //关闭文件
    return res;                                              //将读取的内容返回
}
//写文件
public void writeSDFile(String fileName, String write_str) throws
IOException{
    File file = new File(fileName);                          //创建文件对象
    FileOutputStream fos = new FileOutputStream(file);  //创建文件输出流对象
    byte [] bytes = write_str.getBytes();                    //创建字符数组
    fos.write(bytes);                                   //将字符数组内容写入文件
    fos.close();                                             //关闭文件
}
```

Android 中的 File 类用于操作文件，它的一些常用操作方法说明如下。

- File.getName()：获得文件或文件夹的名称。
- File.getParent()：获得文件或文件夹的父目录。
- File.getAbsoultePath()：绝对路径。
- File.getPath()：相对路径。
- File.createNewFile()：建立文件。
- File.mkDir()：建立文件夹。
- File.isDirectory()：判断文件或文件夹。
- File[] files = File.listFiles()：列出文件夹下的所有文件和文件夹名。
- File.renameTo(dest)：修改文件夹和文件名。
- File.delete()：删除文件夹或文件。

**实例 1　保存编辑框中输入的内容**

创建一个新的 Module 并命名为 File，在布局管理器中使用垂直线性布局。添加一个文本编辑框和两个按钮，在主活动类中加入如下代码：

```
public class MainActivity extends AppCompatActivity {
    byte[] buffer;   //用于保存数据的字符数组
    EditText di;     //定义编辑框对象
```

```
    @Override
    protected void onCreate(Bundle savedInstanceState) {
        super.onCreate(savedInstanceState);
        setContentView(R.layout.activity_main);
        Button btn = findViewById(R.id.btn);      //获取用于保存数据的按钮
        Button btn1 = findViewById(R.id.btn1);    //获取用于读出数据的按钮
        di = findViewById(R.id.edit);             //获取编辑框
        btn.setOnClickListener(new View.OnClickListener() {
            @Override
            public void onClick(View v) {
                FileOutputStream fos = null;      //定义一个文件输出流对象
                                                  //将编辑框内容保存到字符串变量
                String str = di.getText().toString();
                try {                 //以写的方式打开文件
                    fos = openFileOutput("mode", MODE_APPEND);
                    fos.write(str.getBytes());    //将字符数据写入文件
                    fos.flush();                  //刷新
                    fos.close();                  //写入完成关闭文件
                } catch (FileNotFoundException e) {
                    e.printStackTrace();
                } catch (IOException e) {
                    e.printStackTrace();
                }

            }
        });
        btn1.setOnClickListener(new View.OnClickListener() {
            @Override
            public void onClick(View v) {
                FileInputStream fi = null;        //定义文件输入流对象
                try {                             //以读的方式打开文件
                    fi = openFileInput("mode");
                    buffer = new byte[fi.available()];    //获取文件大小
                    fi.read(buffer);              //将内容读取到字符数组
                    buffer.toString();            //将内容转换成字符串
                } catch (FileNotFoundException e) {
                    e.printStackTrace();
                } catch (IOException e) {
                    e.printStackTrace();
                } finally {
                    if (fi != null) {         //判断文件对象不为空
                        try {
                            fi.close();       //关闭文件对象
                            String str = new String(buffer); //将内容保存到字符串
                            di.setText(str);          //将内容显示到编辑框
                        } catch (IOException e) {
                            e.printStackTrace();
                        }
                    }
                }
            }
        });
    }
}
```

以上代码演示了如何保存数据，如何读出保存的数据。在文本编辑框中输入数据，默认情况关闭程序数据就会消失，当单击“保存”按钮后，关闭程序再单击“读取”按钮，会读出之前保存的数据。运行效果如图 10-2 所示。

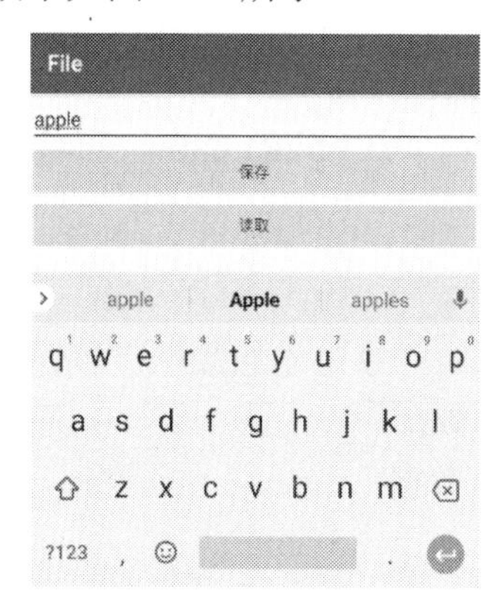


图 10-2　运行效果

## 10.2　SharedPreferences 存储

与文件存储不同，SharedPreferences 存储是使用键值对的方式来存储数据，它屏蔽了对底层文件的操作，通过提供的接口来实现永久保存数据。这种方式适合于保存少量数据，例如玩家积分、程序配置、账号信息等。SharedPreferences 支持多种数据存储类型。本节将详细讲解 SharedPreferences 存储方法。

### 10.2.1　获取 SharedPreferences 对象

要想使用 SharedPreferences 存储数据，首先要获取 SharedPreferences 对象。获取 SharedPreferences 对象有三种方式。

一是使用 Context 类中的 getSharedPreferences()方法，该方法的基本语法格式如下：

```
getSharedPreferences(String name, int mode)
```

参数说明：name 用于指定 SharedPreferences 文件的名称，如果指定的文件不存在则自动创建。mode 用于指定操作的模式。

二是使用 Activity 类中的 getPreferences()方法，该方法的语法格式如下：

```
getPreferences(int mode);
```

参数 mode 的取值与 getSharedPreferences()方法相同。

三是利用 PreferenceManager 类中的 getDefaultSharedPreferences()方法，该方法的语法格式如下：

```
PreferenceManager.getDefaultSharedPreferences(Context c);
```

这是一个静态方法，它接收一个 Context 参数，自动使用当前应用程序的包名作为前缀来命名 SharedPreferences 文件。

### 10.2.2 向 SharedPreferences 存入数据

上一节已经获取 SharedPreferences 对象，本节通过获取的 SharedPreferences 对象存入数据，具体可以分为以下几个步骤。

01 调用 SharedPreferences 对象的 edit()方法，获取一个 SharedPreferences.Editor 对象，具体代码如下：

```
SharedPreferences.Editor ed=getSharedPreferences("Test",MODE_PRIVATE).edit();
```

02 向 SharedPreferences.Editor 对象中添加数据，添加数据可以使用以下三种方法：

- putBoolean()：添加布尔数据。
- putString()：添加字符串数据。
- putInt()：添加整型数据。

03 完成以上两步后，通过调用 apply()方法将数据提交保存，至此完成了数据的存储。

这里给出一个通过 SharedPreferences 对象存储数据的实例，具体代码如下：

```
public class MainActivity extends AppCompatActivity {
    @Override
    protected void onCreate(Bundle savedInstanceState) {
        super.onCreate(savedInstanceState);
        setContentView(R.layout.activity_main);
        Button btn = findViewById(R.id.btn_ok);     //获取按钮控件
        btn.setOnClickListener(new View.OnClickListener() {
            @Override
            public void onClick(View v) {
//创建并获取 SharedPreferences.Editor 对象,传入打开的文件名与打开模式
                SharedPreferences.Editor ed =
                        getSharedPreferences("Test",MODE_PRIVATE).edit();
                ed.putString("name","LiLei");      //添加字符串数据
                ed.putBoolean("sex",true);         //添加布尔型数据
                ed.putInt("age",18);               //添加整型数据
                ed.apply();                        //提交数据
            }
        });
    }
}
```

### 10.2.3 读取 SharedPreferences 数据

从 SharedPreferences 中读取数据非常简单，通过 SharedPreferences 类提供的 getXXX()系列方法即可。每种数据对应一种读取的方法，具体如下：

- getBoolean()：读取布尔数据。
- getString()：读取字符串数据。
- getInt()：读取整型数据。

这里给出一个读取 SharedPreferences 对象存储数据的实例，具体代码如下：

```
public class MainActivity extends AppCompatActivity {
    @Override
```

```
    protected void onCreate(Bundle savedInstanceState) {
        super.onCreate(savedInstanceState);
        setContentView(R.layout.activity_main);
        Button btn = findViewById(R.id.btn_ok);
        btn.setOnClickListener(new View.OnClickListener() {
            @Override
            public void onClick(View v) {
                //创建 SharedPreferences 对象并打开 Test 文件
                SharedPreferences pref = getSharedPreferences("Test",0);
                String name = pref.getString("name","");        //获取字符串信息
                Boolean sex = pref.getBoolean("sex",false);  //获取布尔型信息
                int age = pref.getInt("age",0);                 //获取整型信息
                //将获取的数据整合到字符串变量
                String str = "name:"+name+"\n"+
                        "sex:"+sex.toString()+"\n"
                        +"age:"+Integer.toString(age);
                //弹出提示，获取的信息
                Toast.makeText(MainActivity.this,str,Toast.LENGTH_SHORT).show();
            }
        });
    }
}
```

**实例 2**　记住用户登录密码

创建一个新的 Module 并命名为 SavData，在布局管理器中使用垂直线性布局。添加两个文本编辑框和两个按钮，并在主活动类中加入如下代码：

```
public class MainActivity extends AppCompatActivity {
    EditText edName;     //定义用户名编辑框
    EditText edPass;     //定义密码编辑框
    String str_name;     //定义保存名称的字符串
    String str_pass;     //定义保存密码的字符串
    @Override
    protected void onCreate(Bundle savedInstanceState) {
        super.onCreate(savedInstanceState);
        setContentView(R.layout.activity_main);
        Button btn_sev = findViewById(R.id.btn_sev);      //获取“保存”按钮
        Button btn_wri = findViewById(R.id.btn_write);  //获取“读取”按钮
        edName = findViewById(R.id.edit_name);  //获取用户名编辑框组件
        edPass = findViewById(R.id.edit_pass);  //获取密码编辑框组件
        btn_sev.setOnClickListener(new View.OnClickListener() {
            @Override
            public void onClick(View v) {
               str_name = edName.getText().toString(); //将用户名保存到字符串
               str_pass = edPass.getText().toString(); //将密码保存到字符串
                //创建并打开 SharedPreferences 数据文件
                SharedPreferences.Editor ed =
                        getSharedPreferences("data",MODE_PRIVATE).edit();
                ed.putString("name",str_name);    //保存用户名信息
                ed.putString("pass",str_pass);    //保存密码信息
                ed.apply();    //提交数据
                //保存好数据后给出提示
                Toast.makeText(MainActivity.this,
```

```
                "账号密码保存成功",Toast.LENGTH_SHORT).show();
            }
        });
        btn_wri.setOnClickListener(new View.OnClickListener() {
            @Override
            public void onClick(View v) {
                //创建并读取数据文件
                SharedPreferences spf =
                        getSharedPreferences("data",0);
                str_name = spf.getString("name",""); //读取用户名
                str_pass = spf.getString("pass",""); //读取密码
                //判断之前是否保存过数据
                if(str_name.equals("") && str_pass.equals(""))
                {  //没有保存数据给出提示
                    Toast.makeText(MainActivity.this,
                            "之前没有保存过数据",Toast.LENGTH_SHORT).show();
                }
                else
                {
                    edName.setText(str_name); //将用户数据设置到编辑框
                    edPass.setText(str_pass); //将密码设置到密码编辑框
                }
            }
        });
    }
}
```

以上代码演示了如何保存用户登录数据，并且判断了是否为初次登录。如果之前保存过数据，直接单击“读取”按钮，可以将用户信息读取并自动填写，方便用户使用，避免重复输入用户信息。运行效果如图 10-3 所示。

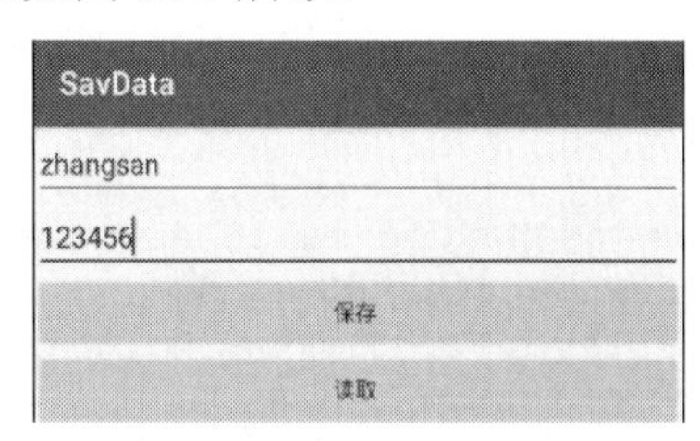


图 10-3　运行效果

# 10.3　数据库存储

如果数据量比较庞大，则需要使用数据库。Android 提供了一种轻量级的数据库 SQLite，它的运算速度非常快，占用资源少，而且支持标准的 SQL 语法。本节将详细讲解 SQLite 数据库的使用。

## 10.3.1　使用 SQLite3 数据库引擎

SQLite3 是 Android 提供的一个数据库管理工具，它位于 Android SDK 的 platform-tools 目录下，通过它可以在命令行手动创建和操作 SQLite 数据库。

1. 启动 SQLite3

启动 SQLite3 大概需要以下几个步骤。

01 启动一个模拟器，按快捷键 Win+R，打开“运行”对话框。在编辑框里输入 cmd 命令，如图 10-4 所示。

02 打开命令提示符窗口。首先进入 D 盘，然后切换到 SQLite3 所在的目录。输入命令“cd D:\Android\SDK\platform-tools”，按 Enter 键确认。

03 输入 adb shell 命令，进入 shell 命令模式。

04 输入 SQLite3 命令，启动 SQLite3 工具。

查看控制面板如图 10-5 所示。

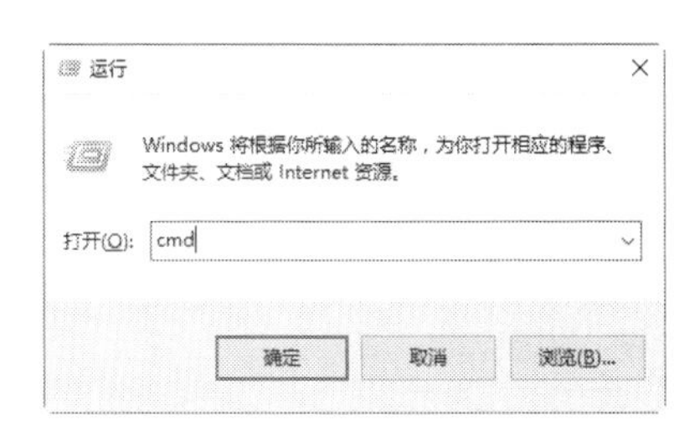


图 10-4　“运行”对话框

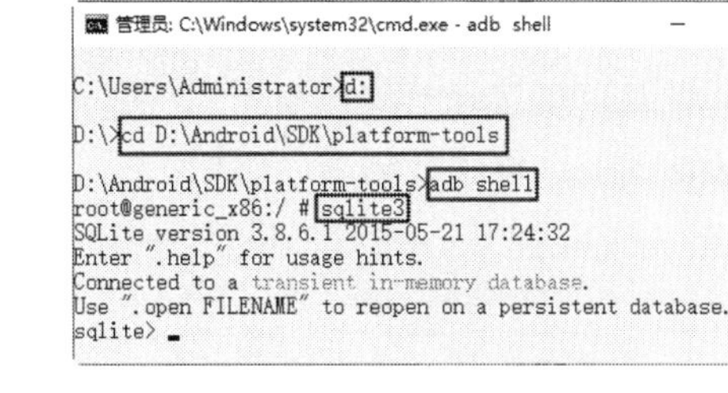


图 10-5　cmd 控制面板

退出数据库可以使用 exit 命令，退出数据库后返回 shell 界面。

2. 建立数据库目录

数据库存放在应用程序各自的/data/data/包名/databases 目录下，下面使用命令行手动创建数据库。创建数据库目录可以在 Shell 命令模式下使用 mkdir 命令完成。例如，在 /data/data/ com.example.myapplication 目录下创建目录 databases，命令如下：

```
mkdir /data/data/com.example.myapplication/databases
```

执行命令后的运行结果如图 10-6 所示。命令执行后没有任何提示，证明已经创建成功，可以通过 DDMS(Dalvik Debug Monitor Service)到程序所在目录查看是否创建成功。

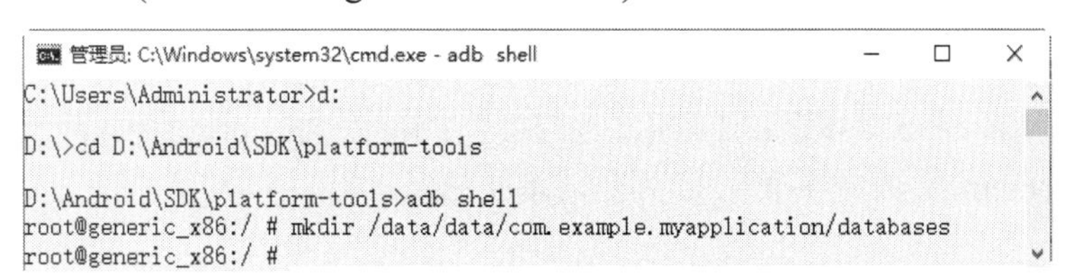


图 10-6　执行 mkdir 命令后结果

3. 创建与打开数据库文件

数据库位于每个应用程序的 databases 目录，每一个数据库文件都是单独存放的，可以使用“SQLite3+数据库名”方式打开数据库文件。如果指定的文件不存在，系统将自动创建对应文件。创建数据库文件需要两个步骤，具体步骤如下：

01 使用 cd 命令进入数据库目录，命令为“cd/data/data/com.example.myapplication

/databases”。

02 以创建 db 数据库文件为例，命令“SQLite3 db”执行后结果如图 10-7 所示。

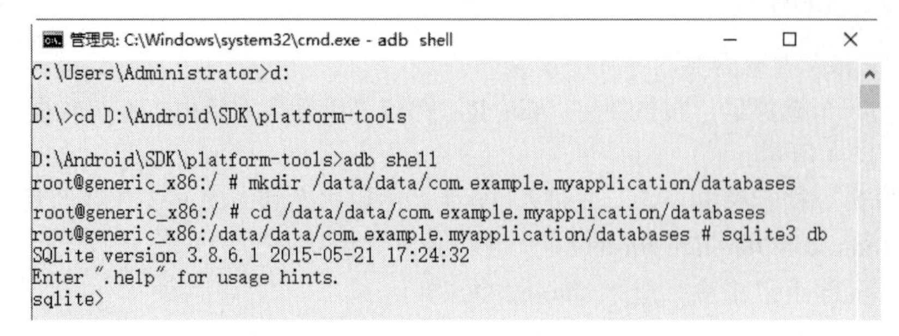


图 10-7　执行 SQLite3 db 命令后结果

4. 操作数据库

SQLite3 工具提供了对数据库操作的一些常用命令，具体说明如下。

- create table：创建数据表。例如：

```
create table user(id integer primary key autoincrement,name text not
null,pass text);
```

- .tables：显示全部数据。
- .schema：查看建立表时使用的 SQL 命令。
- insert into：添加数据。例如：

```
insert into user valuse(null,'lilei','123');
```

- select：查询数据。例如：

```
select * from user;
```

- update：更新数据。例如：

```
updata user set pass='456' where id=5;
```

- delete：删除数据。例如：

```
delete from user where id=1;
```

SQLite 不像其他数据库那样提供众多的数据类型，它的常用数据类型有 integer(整型)、real(浮点型)、text(文本型)、blob(二进制类型)等。另外，primary key 表示将 id 列设为主键，autoincrement 关键字表示 id 列是自增长的。

使用这些命令，需要先进入 SQLite 数据库中。每条命令都要以分号“;”结尾。

## 10.3.2　操作数据库

在实际开发中，一般会通过代码来控制数据库。首先要有一个数据库，如果没有则需要动态创建一个数据库，然后再进行数据库操作。本节讲解如何通过代码操控数据库。

1. 创建数据库

Android 为开发者提供了一个 SQLiteDatabase 对象，应用程序只要获取 SQLiteDatabase 对象便可以操作数据库。SQLiteDatabase 提供了 openOrCreateDateabase()方法用于打开或创建一个数据库，其语法格式如下：

```
static SQLiteDatabase openOrCreateDatabase(File file, CursorFactory factory);
```

参数说明如下。

- file：用于指定数据库文件。
- factory：实例化一个数据库游标。

游标是处理数据的一种方法，为了查看或者处理结果集中的数据，游标提供了在结果集中一次一行或者多行前进，或向后浏览数据的能力。可以把游标当作一个指针，它可以指定结果集中的任何位置，允许用户对指定位置的数据进行处理。

使用 openOrCreateDatabase()方法创建数据库，具体代码如下：

```
SQLiteDatabase db = SQLiteDatabase.openDatabase("data.db",null);
```

2. 操作数据

创建好数据库以后即可操作数据库。操作数据库涉及添加、删除、更新和查询，SQLiteDatabase 类提供了一系列操作数据的方法，读者也可以通过执行 SQL 语句来完成。这里建议读者使用 SQLiteDatabase 类提供的方法，因为这些方法封装了 SQL 语句，更加简单易用。

(1) insert()方法：添加数据

insert()方法用于向数据表中插入数据，其语法格式如下：

```
insert(String table,String nullColumnHack,ContentValues  values)
```

参数说明如下。

- table：指定一个表名。
- nullColumnHack：当 values 参数为空或者里面没有内容的时候，会插入数据失败，为了防止这种情况的出现，这里将为空的列设置为 null，然后再向数据库插入。
- values：指定具体的字段值，它相当于 Map 集合，也是通过键值对的形式存储值。

(2) delete()方法：删除数据

delete()方法用于从表中删除数据，其语法格式如下：

```
delete(String table,String whereClause,String[]  whereArgs)
```

参数说明如下。

- table：指定一个表名。
- whereClause：指定条件语句，可以使用占位符(?)。
- whereArgs：当上一个参数没有占位符时，该参数用于指定各占位参数的值，如果不包括占位符，该参数可以设置为 null。

(3) update()方法：更新数据

update()方法用于更新表中的数据，其语法格式如下：

```
update(String table,ContentValues values,String whereClause,String[] whereArgs)
```

参数说明如下。

- table：指定一个表名。
- values：指定要更新的字段及对应的字段值，也是通过键值对的形式存储。
- whereClause：指定条件语句，可以使用占位符(?)。
- whereArgs：当上一个参数没有占位符时，该参数用于指定各占位参数的值，如果不包括占位符，该参数可以设置为 null。

(4) query()方法：查询数据

query()方法用于查询表中的数据，其语法格式如下：

```
query(String table,String[] columns,String selection,String[]
    selectionArgs,String groupBy,String having,String  orderBy)
```

参数说明如下。

- table：指定一个表名。
- columns：要查询的列名，可以是多个，也可以为 null，表示查询所有列。
- selection：查询条件，比如“id=? and name=?”，可以为 null。
- selectionArgs：对查询条件赋值，一个占位符对应一个值，按顺序可以为 null。
- groupBy：指定分组方式。
- having：指定 having 条件。
- orderBy：指定排序方式，为空表示默认排序。

查询数据返回的是一个 Cursor(游标)对象，这个对象虽然保存了查询结果，但是并不是数据集合的完整复制，只是一个数据集指针。通过移动这个指针可以获取数据集合中的数据。

Curosr 类的常用方法如下：

```
c.move(int offset);                         //以当前位置为参考，移动到指定行
c.moveToFirst();                            //移动到第一行
c.moveToLast();                             //移动到最后一行
c.moveToPosition(int position);             //移动到指定行
c.moveToPrevious();                         //移动到前一行
c.moveToNext();                             //移动到下一行
c.isFirst();                                //是否指向第一条
c.isLast();                                 //是否指向最后一条
c.isBeforeFirst();                          //是否指向第一条之前
c.isAfterLast();                            //是否指向最后一条之后
c.isNull(int columnIndex);                  //指定列是否为空(列基数为 0)
c.isClosed();                               //游标是否已关闭
c.getCount();                               //总数据项数
c.getPosition();                            //返回当前游标所指向的行数
c.getColumnIndex(String columnName);//返回某列名对应的列索引值
c.getString(int columnIndex);               //返回当前行指定列的值
```

代码操作数据库实例如下：

```
String name;    //定义字符串，存放名字
int age;        //定义一个整数存放年龄
//打开或创建 test.db 数据库
SQLiteDatabase db = openOrCreateDatabase("test.db",
MainActivity.this.MODE_PRIVATE, null);
db.execSQL("DROP TABLE IF EXISTS user")
//创建 person 表
db.execSQL("CREATE TABLE user (_id INTEGER PRIMARY KEY
AUTOINCREMENT,name VARCHAR, age SMALLINT)");
name = "LiLei"; //名字赋值
age = 30;       //年龄赋值
//插入数据
db.execSQL("INSERT INTO user VALUES (NULL, ?, ?)", new Object[]{name,
age});
name = "HanMei";    //姓名
age = 33;           //年龄
//ContentValues 以键值对的形式存放数据
ContentValues cv = new ContentValues();
cv.put("name", name);   //存入名字
cv.put("age", age);     //存入年龄
//插入 ContentValues 中的数据
db.insert("user", null, cv);
cv = new ContentValues();
cv.put("age", 35);      //新建一个年龄字段
//更新数据
db.update("user", cv, "name = ?", new String[]{"LiLei"});
//获取查询游标
Cursor c = db.rawQuery("SELECT * FROM user WHERE age >= ?", new
String[]{"33"});
//循环遍历数据库
while (c.moveToNext()) {
      int _id = c.getInt(c.getColumnIndex("_id"));
      String name = c.getString(c.getColumnIndex("name"));
      int age = c.getInt(c.getColumnIndex("age"));
      //将所有数据以日志的形式输出
      Log.i("db", "_id=>" + _id + ", name=>" + name + ", age=>" + age);
   }
c.close();  //关闭游标
db.delete("user", "age < ?", new String[]{"35"});//删除数据
db.close(); //关闭当前数据库
```

### 10.3.3 SQLiteOpenHelper 类

为了更好地管理数据库，Android 专门提供了一个 SQLiteOpenHelper 类，借助这个类可以更好地操作数据库。本节详细讲解 SQLiteOpenHelper 类的操作。

SQLiteOpenHelper 是一个抽象类，使用它需要创建一个继承它的子类。SQLiteOpenHelper 提供了两个抽象方法，分别是 onCreate()方法和 onUpgrade()方法，需要在子类里实现这两个方法，然后在这两个方法中实现创建、升级数据库的逻辑。

SQLiteOpenHelper 还有两个非常重要的方法：getReadableDatabase()方法和getWriteableDatabase()方法。

getReadableDatabase()方法和 getWriteableDatabase()方法共有的特性如下：

(1) 它会调用并返回一个可以读写数据库的对象。

(2) 在第一次调用时会调用 onCreate 的方法。

(3) 当数据库存在时会调用 onOpen 方法。

(4) 结束时调用 onClose 方法。

getReadableDatabase()并不是以只读方式打开数据库，而是先执行getWritableDatabase()，失败的情况下才调用。

两个方法的区别：

(1) 两个方法都是返回读写数据库的对象，但是当磁盘已满时，getWritableDatabase()会抛出异常，而 getReadableDatabase()不会报错，仅仅返回一个只读的数据库对象。

(2) 磁盘问题修复后，getReadableDatabase()会继续返回一个可读写的数据库对象。

SQLiteOpenHelper 有两个构造方法，一般使用下面这个：

```
public SQLiteOpenHelper(Context context, String name, CursorFactory
factory, int version);
```

参数说明如下。

- context：上下文对象。
- name：数据库的名称。
- factory：允许在查询数据库的时候返回一个自定义的 Cursor，一般输入 null 即可。
- version：数据库的版本，可用于数据库升级操作。

SQLiteOpenHelper 类操作数据库的常用方法说明如下。

- onCreate()：创建数据库。
- onUpgrade()：升级数据库。
- close()：关闭所有打开的数据库对象。
- execSQL()：可进行增删改操作，不能进行查询操作。
- query()及 rawQuery()：查询数据库。
- insert()：插入数据。
- delete()：删除数据。

通过 SQLiteOpenHelper 类操作数据库，具体步骤如下：

**01** 创建一个继承 SQLiteOpenHelper 类的子类，例如：

```
public class MySQLiteOpenHelper extends SQLiteOpenHelper
```

**02** 重写 onCreate()、onUpgrade()两个方法。

**03** 在 MainActivity 里实现需要的数据库操作，即增加、删除、查找、修改等操作。

# 10.4　就业面试问题解答

**面试问题 1：运行 adb shell 命令时提示没有设备怎么办？**

如果运行 adb shell 命令时提示“no devices/emulators found”信息，说明没有找到设备或模拟器，解决方法如下：

- 检查是否连上了设备或者是否打开了模拟器。
- 检查设备或模拟器是否打开了开发者模式。

**面试问题 2：为什么 SharedPreferences 只适合用来存放少量数据？**

如果把 SharedPreferences 对应的 XML 文件当成普通文件那样存放大量数据，会出现很大的问题。若 SharedPreferences 对应的 XML 文件很大，初始化时会把这个文件的所有数据都加载到内存中，会占用大量的内存。有时只想读取某个 XML 文件中一个 key 的 value，结果把整个文件都加载进来了，这样会浪费内存，减缓程序运行的速度，不利于程序的优化处理。

# 第11章

# 数据共享

上一章学习了数据存储以及数据库的操作。一个软件只能够存储与操作数据还是不够的，用户使用软件需要与软件进行数据交互，而且软件与软件之间也要进行数据交互，这时就需要数据共享。

# 11.1 数据共享的标准

如何通过一套标准及统一的接口获取其他应用程序暴露的数据？Android 提供了 ContentResolver 接口，外界的程序可以通过 ContentResolver 接口访问 ContentProvider 提供的数据。

## 11.1.1 ContentProvider 简介

ContentProvider 组件主要用于在不同的应用程序之间实现数据共享，但它不同于 SharedPreferences 存储的两种操作模式，它可以选择只对一部分数据进行共享。这样保证了数据的安全，不会出现数据泄露的风险。

ContentProvider 封装了数据的跨进程传输功能，提供多进程通信方式以进行数据共享。可以通过 getContentResolver()方法获取 ContentResolver，然后再对数据进行操作。

ContentProvider 以一个或多个表的形式将数据呈现给外部应用。行表示数据类型的实例，行中的每个列表示为实例的每条数据。

ContentResolver 的常用方法说明如下。

- onCreate()：初始化 Provider。
- query()：查询数据。
- insert()：插入数据到 Provider。
- update()：更新 Provider 的数据。
- delete()：删除 Provider 中的数据。
- getType()：返回 Provider 中数据的 MIME 类型。

## 11.1.2 什么是 URI

统一资源标识符(Uniform Resource Identifier，URI)是一个用于标识互联网资源名称的字符串。该标识允许用户对任何资源(包括本地和互联网)通过特定的协议进行交互操作。

URI 的组成如图 11-1 所示。

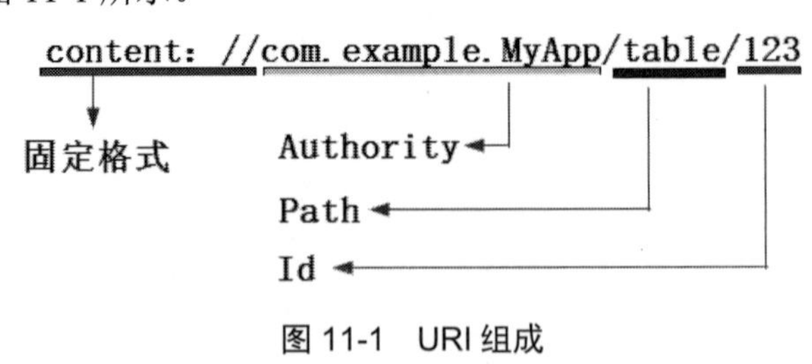


图 11-1 URI 组成

- Authority：授权信息，用以区别不同的 ContentProvider。
- Path：表名，用以区分 ContentProvider 中不同的数据表。
- Id：Id 号，用以区别表中的不同数据。

URI 统一的形式是 content://authority/path/id，读者调用 ContentResolver 方法来访问

ContentProvider 中的表时，需要传递要操作表的 URI。

通过 ContentResolver 进行数据请求时，系统会检查指定 URI 的 authority 信息，然后将请求传递给注册监听这个 authority 的 ContentProvider。这个 ContentProvider 可以监听 URI 想要操作的内容，Android 提供了 UriMatcher 专门用来解析 URI。

### 11.1.3 权限

由于数据要提供给不同的应用进行访问，所以权限的设置显得尤为重要。可以对共享的数据设置读取、写入操作权限。

设置自定义权限可以分为以下三步：

01 向系统声明一个权限。

02 给相应的组件设置这个权限。

03 在需要使用上述组件的应用中注册这个权限。

(1) 定义权限

具体代码如下：

```
<!--在系统中注册读内容提供者的权限-->
<permission
    android:name="top.shixinzhang.permission.READ_CONTENT"  //指定权限的名称
    android:label="Permission for read content provider"
    android:protectionLevel="normal"
    />
```

其中，android:protectionLevel 的取值如下所示。

- normal：低风险，任何应用都可以申请。在安装应用时，不会直接提示用户。
- dangerous：高风险，系统可能要求用户输入相关信息才授予权限。任何应用都可以申请，在安装应用时，会直接提示用户。
- signature：只有和定义了这个权限的 APK 用相同的私钥签名的应用才可以申请该权限。
- signatureOrSystem：有两种应用可以申请该权限，包括签名相同的应用和/system/app 目录下的应用。

(2) 设置 provider 读权限

这里设置的 readPermission 为上面声明的值：

```
<provider
    android:name=".provider.IPCPersonProvider"
    android:authorities="com.example.contentprovider.IPCPersonProvider"
    android:exported="true"
    android:grantUriPermissions="true"
    android:process=":provider"
    android:readPermission="top.example.contentprovider.READ_CONTENT">
```

这个权限无法在运行时请求，必须在清单文件中使用<uses-permission>元素和内容提供者定义的准确权限名称指明权限。

(3) 注册这个权限

```
<uses-permission android:name=" top.example.contentprovider.READ_CONTENT "/>
```

在清单文件中设置上述参数后，将会为应用“请求”此权限。用户安装应用时会隐式授予允许此请求。

对于同一开发者提供的不同应用之间的 IPC 通信，最好将 android:protectionLevel 属性设置为 signature 保护级别。签名权限不需要用户确认。因此，这种方式不仅能提升用户体验，而且在相关应用使用相同的密钥进行签名访问数据时，还能更好地控制对内容提供程序数据的访问。

## 11.1.4 获取运行时权限

在实际应用开发中，权限获取都是动态的。应用运行前可以提出权限申请，用户授权后应用获取权限开始运行，当然用户可以根据需求随时改变应用权限分配。本节演示如何在运行时获取权限。

这里以拨打电话为例进行演示，具体代码如下：

```
public class MainActivity extends AppCompatActivity {
    @Override
    protected void onCreate(Bundle savedInstanceState) {
        super.onCreate(savedInstanceState);
        setContentView(R.layout.activity_main);
        Button btn = findViewById(R.id.btn);
        btn.setOnClickListener(new View.OnClickListener() {
            @Override
            public void onClick(View v) {
            //设置一个 Intent 对象并初始化它的动作
                Intent intent = new Intent(Intent.ACTION_CALL);
                intent.setData(Uri.parse("tel:10000"));//设置数据传入协议与电话号码
                startActivity(intent);//启动 intent 拨打电话
            }
        });
    }
}
```

记得在 AndroidManifest.xml 文件中加入权限声明，具体代码如下：

```
<uses-permission android:name="android.permission.CALL_PHONE" />
```

在 Android 6.0 之前的版本中，这段代码都可以运行，但是 6.0 之后由于对权限检查更加严格，以上代码并不能运行。

**实例 1** 运行时获取权限拨打电话

创建一个新的 Module 并命名为 RuntimePermission，在布局管理器中使用垂直线性布局，添加 1 个按钮，具体代码如下：

```
public class MainActivity extends AppCompatActivity {
    @Override
    protected void onCreate(Bundle savedInstanceState) {
        super.onCreate(savedInstanceState);
        setContentView(R.layout.activity_main);
        Button btn = findViewById(R.id.btn);
```

```
    btn.setOnClickListener(new View.OnClickListener() {
        @Override
        public void onClick(View v) {//判断用户是否授权
            if (ActivityCompat.checkSelfPermission(MainActivity.this,
Manifest.permission.CALL_PHONE) != PackageManager.PERMISSION_GRANTED) {
//用户申请权限
                ActivityCompat.requestPermissions(MainActivity.this,new
                String[]{Manifest.permission.CALL_PHONE},1);
            }
            else
            {//判断获取权限之后拨打电话的函数
                Call();
            }
        }
    });
  }
  private void Call()
  {   //拨打电话函数
    Intent intent = new Intent(Intent.ACTION_CALL);
    intent.setData(Uri.parse(""tel:18866668888""));
    startActivity(intent);
  }
  @Override
  public void onRequestPermissionsResult(int requestCode, @NonNull
String[] permissions, @NonNull int[] grantResults) {
    switch (requestCode)
    {
        case 1://对相应的请求码做出判断
            if(grantResults.length>0 &&
grantResults[0]==PackageManager.PERMISSION_GRANTED)
            {  //获取权限直接拨打电话
                Call();
            }
            else
            {//如果没有获取权限也应做出提示
                Toast.makeText(MainActivity.this,"没有权限运行",
Toast.LENGTH_SHORT).show();
            }
            break;
        default:
    }
  }
}
```

运行时权限获取的检测较为严格，程序不可以自己获取权限。要获取用户授权，需借助 ActivityCompat.checkSelfPermission()方法。该方法有两个参数：一是 Context 设备上下文对象。另一是具体的权限名称，这里是 Manifest.permission.CALL_PHONE，即拨打电话的权限。将其与 PackageManager.PERMISSION_GRANTED 做比较，判断用户是否授权。

ActivityCompat.requestPermissions()方法用来向用户申请获取权限，接收三个参数：一是传入一个运行实例。另一是一个 String 数组，传入要申请的权限名称。第三个是请求码，设置唯一即可，这里传入 1。

当程序首次运行时会弹出提示框，要求用户授予权限，如图 11-2 所示。

不管选择何种操作，最终都会调用 onRequestPermissionsResult()方法，授权结果封装在 grantResults 参数中。此时做出判断，如果授权拨打电话，没有授权则做出提示，如图 11-3 所示。

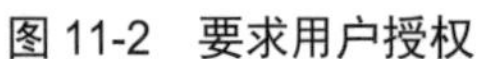
图 11-2　要求用户授权

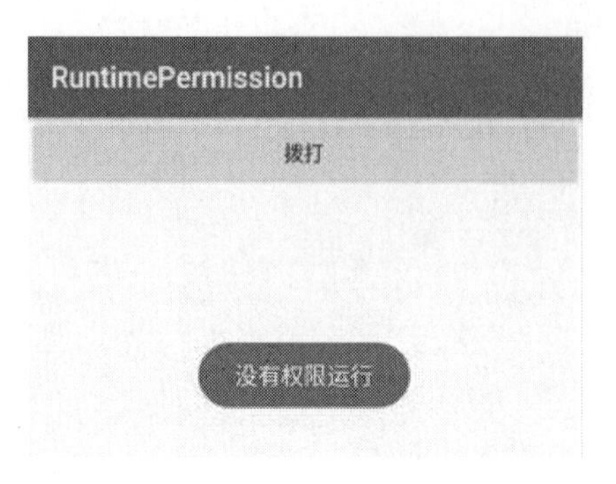


图 11-3　没有授权

当获得用户授权时，可以直接拨打电话，如图 11-4 所示。当然，用户如果想要更改应用权限，可以通过“设置”→“应用”→“实际应用程序”→“权限”对权限列表内的权限进行修改，如图 11-5 所示。

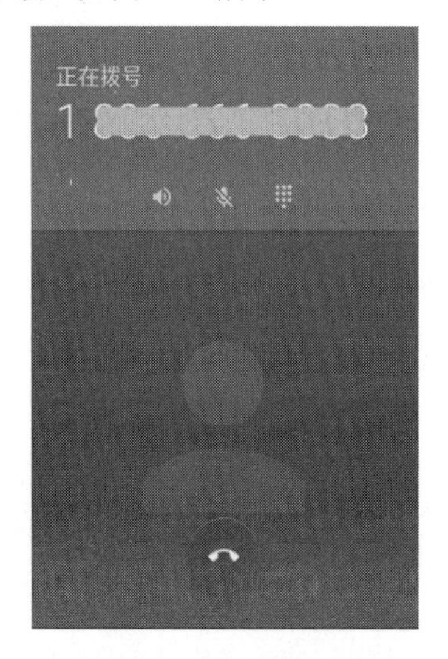


图 11-4　授权拨打电话

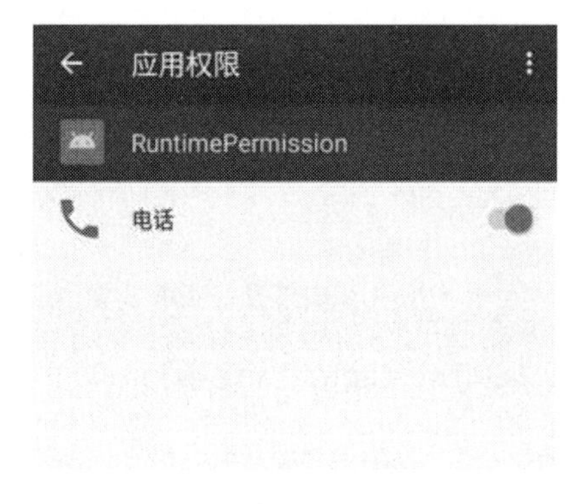


图 11-5　修改权限

## 11.2　访问其他程序的数据

ContentProvider 访问数据分为两种方式：一种是使用 ContentProvider 访问程序本身的数据，另一种是创建自己的 ContentProvider 数据接口供外部程序访问。Android 系统中自带的电话本、短信、媒体库等程序都提供了类似的访问接口。

### 11.2.1　ContextResolver 的用法

应用程序如果想要访问共享数据，必须借助 ContextResolver 类(内容解析者)。可以通过 Context 中的 getContentResolver()方法获取该类的实例，之后可以对数据进行相应的操作。

ContextResolver 类提供了与 ContentProvider 类相同签名的四个方法。

insert()添加数据，其语法格式如下：

```
public Uri insert(Uri uri, ContentValues values)
```

delete()删除数据，其语法格式如下：

```
public int delete(Uri uri, String selection, String[] selectionArgs)
```

update()更新数据，其语法格式如下：

```
public int update(Uri uri, ContentValues values, String selection,
String[] selectionArgs)
```

query()查询数据，其语法格式如下：

```
public Cursor query(Uri uri, String[] projection, String selection,
String[] selectionArgs, String sortOrder)
```

这些与操作数据库的方法差不多，可以通过 URI 来找到数据进行访问，这里不做讲解。

**实例 2**　通过 ContextResolver 访问数据

创建一个新的 Module 并命名为 RuntimePermission，在布局管理器中添加 1 个 ListView 组件，在主活动类中加入如下代码：

```
public class MainActivity extends AppCompatActivity {
    ArrayAdapter<String> arr;//创建一个适配器
    List<String> list = new ArrayList<>();//创建一个 list
    @Override
    protected void onCreate(Bundle savedInstanceState) {
        super.onCreate(savedInstanceState);
        setContentView(R.layout.activity_main);
        ListView l = findViewById(R.id.listview);//获取 ListView 组件
        //初始化适配器
        arr = new ArrayAdapter<String>
                (this,android.R.layout.simple_list_item_1,list);
        l.setAdapter(arr);
        //判断是否获取权限
        if(ContextCompat.checkSelfPermission(this,
Manifest.permission.READ_CONTACTS)!= PackageManager.PERMISSION_GRANTED)
        {
            ActivityCompat.requestPermissions(this,new String[]
{Manifest.permission.READ_CONTACTS},1);
        }
        else
        {
            readData();
        }
    }
    //读取联系人
    private void readData() {
        Cursor cursor = null;//创建一个数据游标
        try{//获取数据游标
            cursor = getContentResolver().query(ContactsContract.
```

```
CommonDataKinds.Phone.CONTENT_URI,null,null,null,null);
            if(cursor != null)
            {//循环遍历数据
                while(cursor.moveToNext())
                {
                    //获取联系人姓名
                    String name = cursor.getString
(cursor.getColumnIndex(ContactsContract.
                            CommonDataKinds.Phone.DISPLAY_NAME));
                    //获取联系人电话
                    String tel = cursor.getString
(cursor.getColumnIndex(ContactsContract.
                            CommonDataKinds.Phone.NUMBER));
                    //将姓名电话加入 ListView 组件
                    list.add("Name:"+name+"-"+"tel:"+tel);
                }
                arr.notifyDataSetChanged();
            }
        }catch (Exception e)
        {
            e.printStackTrace();
        }finally {
            if(cursor!=null)
            {
                cursor.close();    //记得关闭数据集
            }
        }
    }
    @Override
    public void onRequestPermissionsResult(int requestCode, @NonNull
String[] permissions, @NonNull int[] grantResults) {
        switch (requestCode)
        {
            case 1:
                if(grantResults.length>0 && grantResults[0]==
PackageManager.PERMISSION_GRANTED)
                {
                    readData();    //获取权限，读取联系人信息
                }
                else {//没有权限便做出提示
                    Toast.makeText(MainActivity.this,
                            "没有权限这样操作",Toast.LENGTH_SHORT).show();
                }
                break;
            default:
        }
    }
}
```

最后记得在 AndroidManifest.xml 文件中加入权限声明，具体代码如下：

```
<uses-permission android:name="android.permission.READ_CONTACTS"/>
```

以上代码可以动态获取权限，并通过 Android 提供的外部接口访问联系人数据。联系人数据已经封装好，使用 CONTENT_URI 常量调用即可。

联系人姓名常量是 ContactsContract.CommonDataKinds.Phone.DISPLAY_NAME。

联系人电话常量是 ContactsContract.CommonDataKinds.Phone.NUMBER。

运行后获取权限，如图 11-6 所示。获取权限后读取联系人信息，如图 11-7 所示。

图 11-6　权限提示

图 11-7　读取联系人信息

## 11.2.2　创建共享数据

了解了如何共享数据，也通过代码访问了其他应用程序的数据，接下来读者可以创建一个内容提供器，给其他应用程序访问。本节讲解如何创建一个数据提供器。

创建自己的共享数据，可以通过以下几个步骤完成。

**01** 创建一个继承 PersonDBProvider 的类，并且重写 ContentProvider 类中的 6 个抽象方法。在这之前先定义一些处理数据的基本常量，具体代码如下：

```
// 定义一个 URI 的匹配器，用于匹配 URI，如果路径不满足条件，返回 -1
private static UriMatcher matcher = new UriMatcher(UriMatcher.NO_MATCH);
private static final int INSERT = 1;    //添加数据匹配 URI 路径成功时的返回码
private static final int DELETE = 2;    //删除数据匹配 URI 路径成功时的返回码
private static final int UPDATE = 3;    //更改数据匹配 URI 路径成功时的返回码
private static final int QUERY = 4;     //查询数据匹配 URI 路径成功时的返回码
private static final int QUERYONE = 5; //查询一条数据匹配 URI 路径成功时的返回码
```

**02** 数据库操作类的对象，具体代码如下：

```
private PersonSQLiteOpenHelper helper;
static {
  // 添加一组匹配规则
  matcher.addURI("1314", "insert", INSERT);
  matcher.addURI("1314", "delete", DELETE);
  matcher.addURI("1314", "update", UPDATE);
  matcher.addURI("1314", "query", QUERY);
  //这里的“#”号为通配符。符合 query/皆返回 QUERYONE 的返回码
  matcher.addURI("1314", "query/#", QUERYONE);
}
```

**03** 获取当前 URI 的数据类型，具体代码如下：

```
public String getType(Uri uri) {
  if (matcher.match(uri) == QUERY) {
  // 返回查询的结果集
    return "vnd.android.cursor.dir/person";
```

```
    } else if (matcher.match(uri) == QUERYONE) {
        return "vnd.android.cursor.item/person";
    }
    return null;
}
```

**04** 添加数据，具体代码如下：

```
public Uri insert(Uri uri, ContentValues values) {
    if (matcher.match(uri) == INSERT) {
    //匹配成功，返回查询的结果集
    SQLiteDatabase db = helper.getWritableDatabase();
        db.insert("person", null, values);
    } else {
        throw new IllegalArgumentException("路径不匹配,不能执行插入操作");
    }
    return null;
}
```

**05** 删除数据，具体代码如下：

```
public int delete(Uri uri, String selection, String[] selectionArgs) {
    if (matcher.match(uri) == DELETE) {
    //匹配成功，返回查询的结果集
    SQLiteDatabase db = helper.getWritableDatabase();
    db.delete("person", selection, selectionArgs);
    } else {
        throw new IllegalArgumentException("路径不匹配,不能执行删除操作");
    }
    return 0;
}
```

**06** 更新数据，具体代码如下：

```
public int update(Uri uri, ContentValues values, String selection,
    String[] selectionArgs) {
    if (matcher.match(uri) == UPDATE) {
    //匹配成功，返回查询的结果集
    SQLiteDatabase db = helper.getWritableDatabase();
    db.update("person", values, selection, selectionArgs);
    } else {
    throw new IllegalArgumentException("路径不匹配,不能执行修改操作");
    }
    return 0;
}
```

**07** 查询数据，具体代码如下：

```
public Cursor query(Uri uri, String[] projection, String
selection,String[] selectionArgs, String sortOrder) {
    if (matcher.match(uri) == QUERY) { //匹配查询的 URI 路径
        //匹配成功，返回查询的结果集
        SQLiteDatabase db = helper.getReadableDatabase();
        //调用数据库操作的查询数据方法
        Cursor cursor = db.query("person", projection, selection,
        selectionArgs, null, null, sortOrder);
        return cursor;
```

```
  } else if (matcher.match(uri) == QUERYONE) {
    //匹配成功，根据 id 查询数据
    long id = ContentUris.parseId(uri);
    SQLiteDatabase db = helper.getReadableDatabase();
    Cursor cursor = db.query("person", projection, "id=?",
    new String[]{id+""}, null, null, sortOrder);
    return cursor;
  } else {
    throw new IllegalArgumentException("路径不匹配,不能执行查询操作");
  }
}
```

08 记得修改 AndroidMainfest 文件，使提供的数据有效，具体代码如下：

```
<provider
  android:name="com.example.contentprovider.PersonDBProvider"
  android:authorities="1314" >
</provider>
```

## 11.2.3 辅助类

为了方便操作数据库，这里创建三个辅助类，用于操作数据。

1. Person 类

将数据实体类命名为 Person，该类用于提供数据的具体条目，具体代码如下：

```
public class Person {
    private int id;                 //数据 id
    private String name;            //用户名
    private String number;          //电话号码
    public Person() {
    }//用于打印字符串的方法
    public String toString() {
       return "Person [id=" + id + ", name=" + name + ", number=" + number + "]";
    }//构造方法，用于初始化数据
    public Person(int id, String name, String number) {
        this.id = id;
        this.name = name;
        this.number = number;
    }
    public int getId() {
        return id;
    }
    public void setId(int id) {
        this.id = id;
    }
    public String getName() {
        return name;
    }
    public void setName(String name) {
        this.name = name;
    }
    public String getNumber() {
```

```
        return number;
    }
    public void setNumber(String number) {
        this.number = number;
    }
}
```

2. PersonSQLiteOpenHelper 类

数据库工具类，用于创建、打开、更新数据库，具体代码如下：

```
public class PersonSQLiteOpenHelper extends SQLiteOpenHelper {
    private static final String TAG = "PersonSQLiteOpenHelper";
    //数据库的构造方法，用来定义数据库的名称、数据库查询的结果集以及数据库的版本
    public PersonSQLiteOpenHelper(Context context) {
        super(context, "person.db", null, 3);
    }
    // 数据库第一次被创建时调用的方法
    public void onCreate(SQLiteDatabase db) {
        //初始化数据库的表结构
        db.execSQL("create table person (id integer primary key
autoincrement, name varchar(20), number varchar(20)) ");
    }
    // 当数据库的版本号发生变化的时候(增加的时候)调用
    public void onUpgrade(SQLiteDatabase db, int oldVersion, int
newVersion) {
        Log.i(TAG,"数据需要更新...");
    }
}
```

3. PersonDao 类

用于将数据写入数据库，具体代码如下：

```
public class PersonDao {
    private PersonSQLiteOpenHelper helper;
    //在构造方法里面完成 helper 的初始化
    public PersonDao(Context context){
        helper = new PersonSQLiteOpenHelper(context);
    }
    //添加一条记录到数据库
    public long add(String name, String number){
        //创建一个数据库对象
        SQLiteDatabase db = helper.getWritableDatabase();
        ContentValues values = new ContentValues();
        values.put("name", name);
        values.put("number", number);
        //将数据插入数据库
        long id = db.insert("person", null, values);
        db.close();
        return id;
    }
}
```

## 11.2.4 打包与解析数据

有了内容提供者，并且封装好数据库操作类，接下来需要添加数据并通过解析者读取数据。

1. 添加数据

这里创建一个 addData()方法，该方法用于向数据库插入一些模拟数据，具体代码如下：

```
public void addData() {
  PersonDao dao = new PersonDao(this);
  long number = 123450;
  Random random = new Random();
  for (int i = 0; i < 10; i++) {
    dao.add("zhangsan" + i, Long.toString(number + i));
  }
}
```

2. 适配器

这里通过一个 ListView 展示数据，所以需要构建一个适配器，具体代码如下：

```
private class MyAdapter extends BaseAdapter {
  // 控制 listview 里面总共有多少个条目
  public int getCount() {
    return persons.size(); //条目个数等于集合的 size
  }
  public Object getItem(int position) {
    return persons.get(position);
  }
  public long getItemId(int position) {
    return 0;
  }
  public View getView(int position, View convertView, ViewGroup parent) {
    //得到某个位置对应的 person 对象
    Person person = persons.get(position);
    View view = View.inflate(MainActivity.this, R.layout.list_item, null);
    //一定要在 view 对象里面寻找孩子的 id
    //姓名
    TextView tv_name = (TextView) view.findViewById(R.id.tv_name);
    tv_name.setText("name:"+person.getName());
    //电话
    TextView tv_phone = (TextView) view.findViewById(R.id.tv_phone);
    tv_phone.setText("tel:"+person.getNumber());
    return view;
  }
}
```

3. 解析数据

利用 ContentResolver 对象查询应用程序，使用 ContentProvider 暴露出的数据。这里创建一个方法，具体代码如下：

```
private void getPersons() {
  //首先要获取查询的 URI
  String url = "content://1314/query";
  Uri uri = Uri.parse(url);
  //获取 ContentResolver 对象，这个对象的使用后面会详细讲解
  ContentResolver contentResolver = getContentResolver();
  //利用 ContentResolver 对象查询数据，得到一个 Cursor 对象
  Cursor cursor = contentResolver.query(uri, null, null, null, null);
  persons = new ArrayList<Person>();
  //如果 cursor 为空，立即结束该方法
  if(cursor == null){
    return;
  }
  //通过游标获取数据
  while(cursor.moveToNext()){
    int id = cursor.getInt(cursor.getColumnIndex("id"));
    String name = cursor.getString(cursor.getColumnIndex("name"));
    String number = cursor.getString(cursor.getColumnIndex("number"));
    Person p = new Person(id, name, number);
    persons.add(p);
  }
    cursor.close();
}
```

### 11.2.5 展示数据

由于使用了 ListView，所以这里提供一个 XML 文件，命名为 list_item.xml，记得将所需资源图片导入 drawable 目录，具体代码如下：

```
<LinearLayout xmlns:android="http://schemas.android.com/apk/res/android"
   android:layout_width="match_parent"
   android:layout_height="60dip"
   android:gravity="center_vertical"
   android:orientation="horizontal" >
   <ImageView
      android:layout_width="wrap_content"
      android:layout_height="wrap_content"
      android:layout_marginLeft="5dip"
      android:src="@drawable/default_avatar" />
   <LinearLayout
      android:layout_width="fill_parent"
      android:layout_height="60dip"
      android:layout_marginLeft="20dip"
      android:gravity="center_vertical"
      android:orientation="vertical" >
      <TextView
         android:id="@+id/tv_name"
         android:layout_width="wrap_content"
         android:layout_height="wrap_content"
         android:layout_marginLeft="5dip"
         android:text="name"
         android:textColor="#000000"
         android:textSize="16sp" />
```

```
    <TextView
        android:id="@+id/tv_phone"
        android:layout_width="wrap_content"
        android:layout_height="wrap_content"
        android:layout_marginLeft="5dip"
        android:layout_marginTop="3dp"
        android:text="tel:"
        android:textColor="#88000000"
        android:textSize="16sp" />
  </LinearLayout>
</LinearLayout>
```

主活动类中用于展示数据的具体代码如下：

```
public class MainActivity extends AppCompatActivity {
    private Button btnOk;                    //定义按钮组件
    private Button btnOpen;
    private ListView lv;                     //定义 ListView 组件
    private List<Person> persons;            //定义存储数据的链表
    @Override
    protected void onCreate(Bundle savedInstanceState) {
        super.onCreate(savedInstanceState);
        setContentView(R.layout.activity_main);
        btnOk = findViewById(R.id.btn_ok);          //绑定创建数据按钮
        btnOpen = findViewById(R.id.btn_open);   //绑定显示数据按钮
        lv = findViewById(R.id.id_lv);
        btnOk.setOnClickListener(new View.OnClickListener() {
            @Override
            public void onClick(View view) {
                addData();//新增数据
                Toast.makeText(MainActivity.this,"创建数据成功",
Toast.LENGTH_SHORT).show();//提示消息
            }
        });
        btnOpen.setOnClickListener(new View.OnClickListener() {
            @Override
            public void onClick(View view) {
                getPersons();//获取数据
                lv.setAdapter(new MyAdapter());   //组装并显示数据
            }
        });
    }
}
```

# 11.3　就业面试问题解答

### 面试问题 1：程序无法访问 ContentProvider 提供的数据怎么查找问题？

可通过以下三个方法逐步检查问题。

方法一：在创建 ContentProvider 时使用向导，因为初学者总是忘记在 AndroidManifest.xml 配置文件中进行注册。

方法二：检查 URI 地址是否正确。

方法三：检查数据是否为真实存在的数据。

**面试问题 2：通过 ContentProvider 提供数据需要注意什么问题？**

当一个应用程序通过 ContentProvider 暴露自己的数据操作接口时，不管该应用程序是否启动，其他应用程序都可以通过该接口操作应用程序内部的数据，从而有暴露数据的风险。从安全角度分析，这是需要特别注意的问题。

# 第12章

# 传感器

手机传感器，好比人的各种感官。有了这些传感器，手机就有了知觉。通过传感器进行的开发，可以使手机在接收到感应后做出相应的动作。本章针对手机传感器进行详细讲解。

# 12.1 传感器简介

传感器是一种物理设备，能够探测、感受外界的信号和物理条件(如光、热、湿度)等。通过传感器可以将这些信号转换成 Android 能够识别的数据。Android 提供了丰富的传感器，通过这些传感器可以开发出更加人性化的手机应用。

## 12.1.1 常用传感器简介

手机中有众多传感器，首先来了解一下都有哪些传感器，它们的作用是什么，通过这些传感器能够开发出什么样的功能。

Android 中常用的传感器的类型如下所示。

- 方向传感器(Orientation sensor)
- 加速感应器(Accelerometer sensor)
- 陀螺仪传感器(Gyroscope sensor)
- 磁场传感器(Magnetic field sensor)
- 距离传感器(Proximity sensor)
- 光线传感器(Light sensor)
- 气压传感器(Pressure sensor)
- 温度传感器(Temperature sensor)
- 重力感应器(Gravity sensor，Android 2.3 引入)
- 线性加速感应器(Linear acceleration sensor ，Android 2.3 引入)
- 旋转矢量传感器(Rotation vector sensor，Android 2.3 提供)
- 相对湿度传感器(Relative humidity sensor，Android 4.0 提供)

## 12.1.2 使用传感器开发

传感器的开发首先需要获取传感器的一些信息，大概需要以下几个步骤：

**01** 获取传感器。Android 提供了一个 sensorManager 管理器，通过这个类可以获取当前 Android 都有哪些传感器。获取 sensorManager 对象的代码如下：

```
SensorManager sm = (SensorManager)getSystemService(SENSOR_SERVICE);
```

**02** 获得设备的传感器对象的列表。通过 sensorManager 管理器的 getSensorList()方法，可以获取传感器对象列表。具体代码如下：

```
List<Sensor> allSensors = sm.getSensorList(Sensor.TYPE_ALL);
```

**03** 循环获取 Sensor 对象，然后调用对应方法获得传感器的相关信息。具体代码如下：

```
for(Sensor s:allSensors){
    sensor.getName();                    //获得传感器名称
    sensor.getType();                    //获得传感器种类
    sensor.getVendor();                  //获得传感器供应商
```

```
    sensor.getVersion();            //获得传感器版本
    sensor.getResolution();         //获得精度值
    sensor.getMaximumRange();       //获得最大范围
    sensor.getPower();              //获得传感器的耗电量
}
```

通过上面的步骤已经可以获取传感器信息，但实际开发中开发者更关心传感器传回来的数据，获取这些数据大概需要以下几个步骤：

**01** 通过调用 Context 的 getSystemService()方法，获取传感器管理器。具体代码如下：

```
SensorManager sm = (SensorManager)getSystemService(SENSOR_SERVICE);
```

**02** 调用 sensorManager 对象的 getDefaultSensor()方法，获取指定类型的传感器。例如，这里使用光线传感器。具体代码如下：

```
Sensor mSensorOrientation = sm.getDefaultSensor(Sensor.TYPE_LIGHT);
```

**03** 为传感器注册监听事件。通过调用 sensorManager 对象的 registerListener()方法来注册监听事件，具体代码如下：

```
<code>ms.registerListener(mContext, mSensorOrientation,
android.hardware.SensorManager.SENSOR_DELAY_UI);</code>
```

参数说明：

- mContex：监听传感器事件的侦听器，通过 SensorEventListener 接口来完成。
- mSensorOrientation：传感器对象。
- android.hardware.SensorManager.SENSOR_DELAY_UI：指定获取传感器数据的频率。

**04** 实现 SensorEventListener 接口，重写 onSensorChanged()和 onAccuracyChanged()方法。

onSensorChanged(SensorEvent event)方法在传感器的值发生改变时调用，其参数是一个 SensorEvent 对象，通过该对象的 values 属性可以获取传感器的值。该值是一个不超过三个元素的数组，传感器不同，对应元素代表的含义也不同。

onAccuracyChanged(Sensor sensor,int accuracy)方法，当传感器的进度发生改变时回调。

参数说明如下。

- sensor：传感器对象。
- accuracy：表示传感器新的精度值。

具体代码如下：

```
@Override
public void onSensorChanged(SensorEvent event) {
    final float[] _Data = event.values;
   this.mService.onSensorChanged(_Data[0],_Data[1],_Data[2]);
}
@Override
public void onAccuracyChanged(Sensor sensor, int accuracy) {
}
```

**05** 使用完传感器后应对监听事件取消注册，具体代码如下：

```
ms.registerListener(mContext, mSensorOrientation,
         android.hardware.SensorManager.SENSOR_DELAY_UI);
```

# 12.2 传感器实战

通过前面的学习，相信大家对传感器有了一定的了解。本节针对具体的传感器进行开发与学习。

## 12.2.1 方向传感器

在 Android 平台上，传感器通常使用三维坐标系来确定方向。这个坐标系是一组数值，通过获取这些数值可以确定所处的方向。系统返回的方向值是一个长度为 3 的 float 数组，里面包含三个方向的值。坐标系如图 12-1 所示。

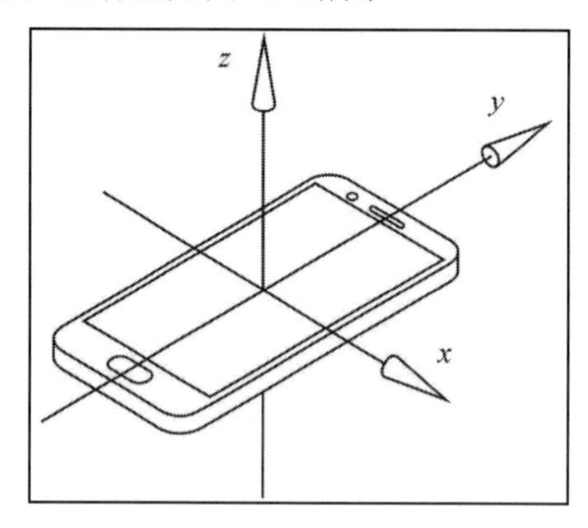


图 12-1 坐标系

从图 12-1 中可以了解到三个坐标的方向，具体解释如下：

- *x* 轴方向：沿着屏幕水平方向从左到右，即 *x* 轴的方向。
- *y* 轴方向：从屏幕的底端开始到屏幕的顶端为 *y* 轴的方向。
- *z* 轴方向：手机水平放置时，屏幕上方为正向，屏幕下方为反向。

了解了坐标系的概念，下面谈谈如何获取坐标系的值。通过传感器的回调方法 onSensorChanged()中的参数 SensorEvent event 即可获取坐标系的值，event 值的类型是 Float[]，而且最多只有三个元素。这三个值的对应关系如下。

- values[0]：方位角，手机绕 *z* 轴旋转的角度。0 表示正北(North)，90 表示正东(East)，180 表示正南(South)，270 表示正西(West)。
- values[1]：倾斜角，手机翘起来的程度，当手机绕着 *x* 轴倾斜时该值会发生变化。取值范围是[-180,180]。把手机放在桌面上，假设桌面是完全水平的话，values[1]的值应该是 0，从手机顶部开始抬起，直到手机沿着 *x* 轴旋转 180(此时屏幕向下水平放在桌面上)。在旋转过程中，values[1]的值会在 0～-180 之间变化，即手机抬起时，values[1]的值会逐渐变小，直到等于-180；而从手机底部开始抬起，直到手机沿着 *x* 轴旋转 180°，此时 values[1]的值会在 0 到 180 之间变化。
- value[2]：滚动角，沿着 *y* 轴的滚动角度，取值范围为[-90,90]。同样，将手机屏幕朝上水平放在桌面上，假设桌面是平的，values[2]的值应为 0，此时将手机从左侧逐渐抬起，values[2]的值将逐渐减小，直到垂直于桌面放置，此时 values[2]的值为-90。从右侧抬起则是 0～90，假如从垂直位置继续向右或者向左滚动，values[2]的值将会继续在-90 到 90 之间变化。

**实例 1　获取手机坐标系的值**

创建一个新的 Module 并命名为 SensorTest，在布局管理器中添加三个文本框组件。在主活动类中加入如下代码：

```
public class MainActivity extends AppCompatActivity implements
SensorEventListener{
   private TextView tv1;//定义文本框组件
   private TextView tv2;
   private TextView tv3;
   private SensorManager sManager;//定义一个传感器管理器
   private Sensor mSensorOrientation;//定义方向传感器
   @Override
   protected void onCreate(Bundle savedInstanceState) {
      super.onCreate(savedInstanceState);
      setContentView(R.layout.activity_main);
      tv1 = findViewById(R.id.tv1);//绑定组件
      tv2 = findViewById(R.id.tv2);
      tv3 = findViewById(R.id.tv3);
      //获取传感器管理器
      sManager = (SensorManager) getSystemService(SENSOR_SERVICE);
      mSensorOrientation =
sManager.getDefaultSensor(Sensor.TYPE_ORIENTATION);//获取方向传感器
      //注册传感器监听事件
      sManager.registerListener(this, mSensorOrientation,
SensorManager.SENSOR_DELAY_UI);
   }
   @Override//当发生改变时输出三个坐标值
   public void onSensorChanged(SensorEvent event) {
     tv1.setText("方位角: " + (float) (Math.round(event.values[0] * 100)) / 100);
     tv2.setText("倾斜角: " + (float) (Math.round(event.values[1] * 100)) / 100);
     tv3.setText("滚动角: " + (float) (Math.round(event.values[2] * 100)) / 100);
   }
   @Override
   public void onAccuracyChanged(Sensor sensor, int accuracy) {
   }
}
```

以上代码创建了传感器管理器，并注册了传感器值发生改变的监听事件。当方向传感器的值发生改变时，在文本框中输出改变后的值。因为模拟器中没有传感器，所以需要在真机上进行测试。运行结果如图 12-2 所示。

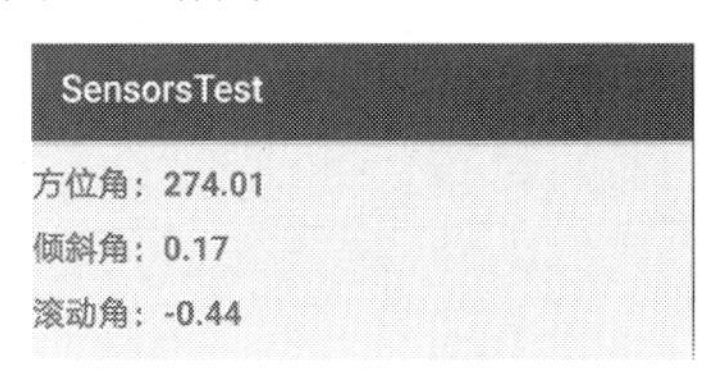


图 12-2　运行结果

## 12.2.2 加速度传感器

本节学习 Android 传感器中的加速度传感器(Accelerometer sensor)，它同方向传感器一样，有 $x$、$y$、$z$ 三个轴。

加速度传感器又叫 G-sensor，返回 $x$、$y$、$z$ 三轴的加速度数值。该数值包含地心引力的影响，单位是 m/s^2。

将手机平放在桌面上，$x$ 轴默认为 0，$y$ 轴默认为 0，$z$ 轴默认为 9.81。

将手机朝下放在桌面上，$z$ 轴为-9.81。

将手机向左倾斜，$x$ 轴为正值。

将手机向右倾斜，$x$ 轴为负值。

将手机向上倾斜，$y$ 轴为负值。

将手机向下倾斜，$y$ 轴为正值。

获取三个坐标轴的值同方向传感器相同，这里通过一个例子讲解。

**实例 2** 设计大懒猫不起床的小游戏

创建一个新的 Module 并命名为 Accelerometer，在布局管理器中添加两个文本框组件，一个用于显示提示信息；一个按钮组件，用于控制开始与结束。在主活动类中加入如下代码：

```
public class MainActivity extends AppCompatActivity implements
View.OnClickListener, SensorEventListener {
    private SensorManager sManager;            //创建一个传感器管理器
    private Sensor mSensorAccelerometer;       //创建一个传感器
    private TextView tv;                       //创建文本框组件
    private Button btn;                        //创建按钮组件
    private int cont = 0;                      //计数
    private double oldV = 0;                   //原始值
    private double lstV = 0;                   //上次的值
    private double curV = 0;                   //当前值
    private boolean motiveState = true;        //是否处于摇晃状态
    private boolean processState = false;      //标签是否在记录
    @Override
    protected void onCreate(Bundle savedInstanceState) {
        super.onCreate(savedInstanceState);
        setContentView(R.layout.activity_main);
        //获取传感器管理器
        sManager = (SensorManager) getSystemService(SENSOR_SERVICE);
        mSensorAccelerometer = sManager.getDefaultSensor
(Sensor.TYPE_ACCELEROMETER);
        sManager.registerListener((SensorEventListener) this,
mSensorAccelerometer, SensorManager.SENSOR_DELAY_UI); //设置传感器监听事件
        tv = (TextView) findViewById(R.id.tv_step);      //绑定文本框组件
        btn = (Button) findViewById(R.id.btn_start);     //绑定按钮组件
        btn.setOnClickListener((View.OnClickListener) this);
    }
    @Override
    public void onSensorChanged(SensorEvent event) {
```

```
    double range = 5;   //设定一个摇摆幅度
    float[] value = event.values;//获取坐标值的数组
    curV= magnitude(value[0], value[1], value[2]);   //计算当前的模
    //向上加速状态
    if (motiveState == true) {
        if (curV >= lstV)
            lstV = curV;
        else {
            //检测到一次峰值
            if (Math.abs(curV - lstV) > range) {
                oldV = curV;
                motiveState = false;
            }
        }
    }
    //向下加速的状态
    if (motiveState == false) {
        if (curV <= lstV) lstV = curV;
        else {
            if (Math.abs(curV - lstV) > range) {
                //检测到一次峰值
                oldV = curV;
                if (processState == true) {
                    cont++;  //计数 + 1
                }
                motiveState = true;
            }
        }
    }//判断摇摆次数，做出相应的提示
    if(cont>0 && cont<10)
    {
        tv.setText("你在摇手机吗");
    }else if(cont>10 && cont<20)
    {
        tv.setText("你还摇~~~");
    }else if(cont>20 && cont<30)
    {
        tv.setText("呜呜~让我再睡会吧");
    }
    else if(cont>30)
    {
        tv.setText("还有完没完~怒");
    }

}
@Override
public void onAccuracyChanged(Sensor sensor, int accuracy) {
}
@Override
public void onClick(View v) {
    cont = 0;                        //单击按钮后初始化
    tv.setText("睡觉中~~呼~呼~~");
    if (processState == true) {
        btn.setText("开始");
        processState = false;      //开始计数
    } else {
```

```
            btn.setText("停止");
            processState = true;
        }
    }
    //向量求模
    public double magnitude(float x, float y, float z) {
        double magnitude = 0;          //初始化值
        magnitude = Math.sqrt(x * x + y * y + z * z);
        return magnitude;
    }
    @Override
    protected void onDestroy() {
        super.onDestroy();//退出的时候记得取消注册
        sManager.unregisterListener(this);
    }
}
```

这里通过获取加速度传感器的值，计算是否有晃动产生并计数，然后根据计数次数做出判断。代码非常简单，请在真机上进行测试。运行效果如图 12-3 所示。

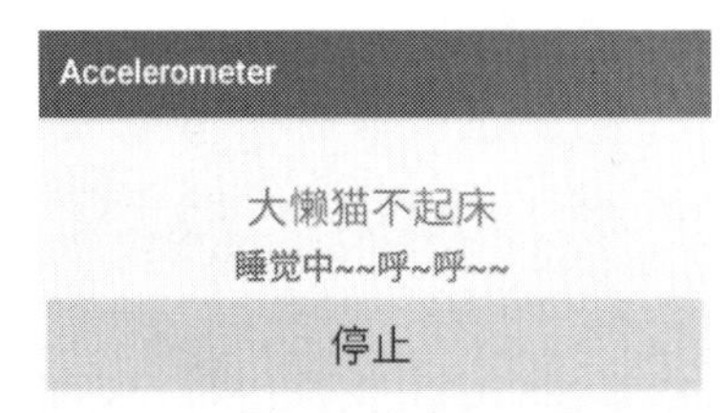


图 12-3　运行效果

# 12.3　开发指南针项目

开发 Android 传感器对手机还是有要求的，不是每一部手机都包含所有的传感器。这里选择手机普遍具有的方向传感器来开发一个指南针项目。

## 12.3.1　创建项目

创建一个新的 Module 并命名为 Compass-master，新建一个类命名为 CompassView，用于获取方向信息，然后根据方向绘制界面中的指针。具体代码如下：

```
public class CompassView extends ImageView {
    private float mDirection;          //一个位置
    private Drawable compass;          //定义一个 Drawable 资源对象
    public CompassView(Context context) {
        super(context);
        mDirection = 0.0f;             //初始化
        compass = null;
    }
    public CompassView(Context context, AttributeSet attrs) {
        super(context, attrs);
        mDirection = 0.0f;
        compass = null;
```

```
    }
    public CompassView(Context context, AttributeSet attrs, int defStyle) {
        super(context, attrs, defStyle);
        mDirection = 0.0f;
        compass = null;
    }
```

## 12.3.2　重绘方法

这个项目中指针的绘制是重点，绘制方法的具体代码如下：

```
@Override//重绘方法
    protected void onDraw(Canvas canvas) {
        //如果资源对象为空，初始化资源对象。设置边界为整个屏幕的大小
        if (compass == null) {
            compass = getDrawable();
            compass.setBounds(0, 0, getWidth(), getHeight());
        }
        canvas.save();              //保存画布状态
        //根据方向旋转中心点为屏幕居中位置
        canvas.rotate(mDirection, getWidth() / 2, getHeight() / 2);
        compass.draw(canvas);       //将旋转完的画布存入 Drawable 资源
        canvas.restore();           //取出之前的画布状态
    }
```

## 12.3.3　更新位置

通过传感器获取的数据更新位置信息，并对指针做出调整。具体代码如下：

```
public void updateDirection(float direction) {
    mDirection = direction;
    invalidate();//刷新界面
    }
}
//更新数据
private void updateDirection() {
        LayoutParams lp = new LayoutParams(LayoutParams.WRAP_CONTENT,
LayoutParams.WRAP_CONTENT);
        mDirectionLayout.removeAllViews();  //移除所有方向信息
        mAngleLayout.removeAllViews();      //移除所有角度值
        //定义图像视图对象
        ImageView east = null;   //东
        ImageView west = null;   //西
        ImageView south = null;  //南
        ImageView north = null;  //北
        //获取当前方向
        float direction = normalizeDegree(mTargetDirection * -1.0f);
        if (direction > 22.5f && direction < 157.5f) {
            // 东
            east = new ImageView(this);
            east.setImageResource(mChinease ? R.drawable.e_cn : R.drawable.e);
            east.setLayoutParams(lp);
```

```
} else if (direction > 202.5f && direction < 337.5f) {
    // 西
    west = new ImageView(this);
    west.setImageResource(mChinease ? R.drawable.w_cn : R.drawable.w);
    west.setLayoutParams(lp);
}
if (direction > 112.5f && direction < 247.5f) {
    // 南
    south = new ImageView(this);
    south.setImageResource(mChinease ? R.drawable.s_cn : R.drawable.s);
    south.setLayoutParams(lp);
} else if (direction < 67.5 || direction > 292.5f) {
    // 北
    north = new ImageView(this);
    north.setImageResource(mChinease ? R.drawable.n_cn : R.drawable.n);
    north.setLayoutParams(lp);
}
//如果为中文，设置相应的文字
if (mChinease) {
    if (east != null) {
        mDirectionLayout.addView(east);
    }
    if (west != null) {
        mDirectionLayout.addView(west);
    }
    if (south != null) {
        mDirectionLayout.addView(south);
    }
    if (north != null) {
        mDirectionLayout.addView(north);
    }
} else {
    if (south != null) {
        mDirectionLayout.addView(south);
    }
    if (north != null) {
        mDirectionLayout.addView(north);
    }
    if (east != null) {
        mDirectionLayout.addView(east);
    }
    if (west != null) {
        mDirectionLayout.addView(west);
    }
}
//将方向值转换成整数
int direction2 = (int) direction;
boolean show = false;//定义一个标签，默认为假
if (direction2 >= 100) {
    mAngleLayout.addView(getNumberImage(direction2 / 100));
    direction2 %= 100;    //取百位部分
    show = true;          //将标签设置为真
}
//角度大于 10，并且标签为真
if (direction2 >= 10 || show) {
```

```
        mAngleLayout.addView(getNumberImage(direction2 / 10));
        direction2 %= 10;//取十位部分
    }
    //将计算后的数值加入角度布局管理器
    mAngleLayout.addView(getNumberImage(direction2));
    ImageView degreeImageView = new ImageView(this);
    degreeImageView.setImageResource(R.drawable.degree);
    degreeImageView.setLayoutParams(lp);
    mAngleLayout.addView(degreeImageView);
}
```

## 12.3.4　国际化开发

本软件采用国际化方式，提供了中文与英文两种格式，主活动类中的具体代码如下：

```
public class CompassActivity extends Activity {
    private final float MAX_ROATE_DEGREE = 1.0f;     //误差值
    private SensorManager mSensorManager;            //传感器管理器
    private Sensor mOrientationSensor;               //传感器对象
    private float mDirection;                        //方向
    private float mTargetDirection;                  //目标方向
    private AccelerateInterpolator mInterpolator;
    protected final Handler mHandler = new Handler();  //handler 对象
    private boolean mStopDrawing;                    //停止绘制标签
    private boolean mChinease;                       //是否为中文标签
    View mCompassView;                               //罗盘视图
    CompassView mPointer;                            //指针视图
    LinearLayout mDirectionLayout;                   //方向布局管理器
    LinearLayout mAngleLayout;                       //角度度数布局管理器
    //创建 Runnable()方法，启动线程，Runnable 是接口
    protected Runnable mCompassViewUpdater = new Runnable() {
        @Override
        public void run() {
            //如果指针对象不为空，并且停止标签没有停止
            if (mPointer != null && !mStopDrawing) {
                //方向不等于目标方向
                if (mDirection != mTargetDirection) {
                    float to = mTargetDirection;   //临时变量等于目标方向
                    //如果目标方向-方向值大于 180°，目标方向-360°
                    if (to - mDirection > 180) {
                        to -= 360;
                        //如果目标方向-方向值小于-180°，目标方向+360°
                    } else if (to - mDirection < -180) {
                        to += 360;
                    }
                    // 将误差限制在 MAX_ROTATE_DEGREE 范围
                    float distance = to - mDirection;//偏移量
                    //偏移量取绝对值。如果大于精度范围，取出一个合适位置
                    if (Math.abs(distance) > MAX_ROATE_DEGREE) {
                        distance = distance > 0 ? MAX_ROATE_DEGREE : (-1.0f
* MAX_ROATE_DEGREE);
                    }
                    // 如果偏移量不大需要减速偏移
```

```
                    mDirection = normalizeDegree(mDirection+ ((to -
mDirection) * mInterpolator.getInterpolation(Math.abs(distance) >
MAX_ROATE_DEGREE ? 0.4f : 0.3f)));
                    mPointer.updateDirection(mDirection); //更新指针数据
                }
                updateDirection();//更新数据
                //提交 handler 消息
                mHandler.postDelayed(mCompassViewUpdater, 20);
            }
        }
    };
    @Override
    protected void onCreate(Bundle savedInstanceState) {
        super.onCreate(savedInstanceState);
        setContentView(R.layout.main);
        //初始化相应的服务，获取传感器管理器
        mSensorManager = (SensorManager)
getSystemService(Context.SENSOR_SERVICE);
        //获取方向传感器
        mOrientationSensor =
mSensorManager.getDefaultSensor(Sensor.TYPE_ORIENTATION);
        initResources();   //初始化资源
    }
    @Override
    protected void onResume() {
        super.onResume();
        if (mOrientationSensor != null) {
            //注册传感器管理器。这里使用游戏模式，这样更加灵敏
            mSensorManager.registerListener(mOrientationSensorEventListener,
mOrientationSensor,SensorManager.SENSOR_DELAY_GAME);
        }
        mStopDrawing = false;//设置停止标签为不停止
        //提交 handler 消息
        mHandler.postDelayed(mCompassViewUpdater, 20);
    }
    @Override
    protected void onPause() {
        super.onPause();
        mStopDrawing = true;//设置停止标签为停止
        if (mOrientationSensor != null) {
            //取消传感器管理器的注册
            mSensorManager.unregisterListener(mOrientationSensorEventListener);
        }
    }
    private void initResources() {
        mDirection = 0.0f;              //初始化方向
        mTargetDirection = 0.0f;        //目标方向
        mInterpolator = new AccelerateInterpolator();
        mStopDrawing = true;
        mChinease = TextUtils.equals(Locale.getDefault().getLanguage(), "zh");
        mCompassView = findViewById(R.id.view_compass);
        mPointer = (CompassView) findViewById(R.id.compass_pointer);
        mDirectionLayout = (LinearLayout) findViewById(R.id.layout_direction);
        mAngleLayout = (LinearLayout) findViewById(R.id.layout_angle);
        mPointer.setImageResource(mChinease ? R.drawable.compass_cn :
```

```
R.drawable.compass);}
    //获取数字相应的图片
    private ImageView getNumberImage(int number) {
        ImageView image = new ImageView(this);
        // 定义一个布局信息
        LayoutParams lp = new LayoutParams(LayoutParams.WRAP_CONTENT,
LayoutParams.WRAP_CONTENT);
        switch (number) {
            case 0:
                image.setImageResource(R.drawable.number_0);
                break;
            case 1:
                image.setImageResource(R.drawable.number_1);
                break;
            case 2:
                image.setImageResource(R.drawable.number_2);
                break;
            case 3:
                image.setImageResource(R.drawable.number_3);
                break;
            case 4:
                image.setImageResource(R.drawable.number_4);
                break;
            case 5:
                image.setImageResource(R.drawable.number_5);
                break;
            case 6:
                image.setImageResource(R.drawable.number_6);
                break;
            case 7:
                image.setImageResource(R.drawable.number_7);
                break;
            case 8:
                image.setImageResource(R.drawable.number_8);
                break;
            case 9:
                image.setImageResource(R.drawable.number_9);
                break;
        }
        image.setLayoutParams(lp);   //设置布局信息
        return image;                //返回数字对应的图片
    }
    //传感器事件侦听器
    private SensorEventListener mOrientationSensorEventListener = new
SensorEventListener() {
        @Override
        public void onSensorChanged(SensorEvent event) {
            float direction = event.values[0] * -1.0f;        //获取传感器数据
            mTargetDirection = normalizeDegree(direction);   //转换成方向
        }
        @Override
        public void onAccuracyChanged(Sensor sensor, int accuracy) {
        }
    };
    //坐标转换成方向
```

```
    private float normalizeDegree(float degree) {
        return (degree + 720) % 360;//转换公式
    }
}
```

## 12.3.5 界面布局

采用嵌套帧布局管理器，布局的具体代码如下：

```
<FrameLayout xmlns:android="http://schemas.android.com/apk/res/android"
    android:layout_width="fill_parent"
    android:layout_height="fill_parent" >
    <FrameLayout
        android:layout_width="fill_parent"
        android:layout_height="fill_parent"
        android:background="@drawable/background" >
        <LinearLayout
            android:id="@+id/view_compass"
            android:layout_width="fill_parent"
            android:layout_height="fill_parent"
            android:background="@drawable/background_light"
            android:orientation="vertical" >
            <LinearLayout
                android:layout_width="fill_parent"
                android:layout_height="0dip"
                android:layout_weight="1"
                android:orientation="vertical" >
                <FrameLayout
                    android:layout_width="fill_parent"
                    android:layout_height="wrap_content"
                    android:background="@drawable/prompt" >
                    <LinearLayout
                        android:layout_width="fill_parent"
                        android:layout_height="wrap_content"
                        android:layout_gravity="center_horizontal"
                        android:layout_marginTop="70dip"
                        android:orientation="horizontal" >
                        <LinearLayout
                            android:id="@+id/layout_direction"
                            android:layout_width="0dip"
                            android:layout_height="wrap_content"
                            android:layout_weight="1"
                            android:gravity="right"
                            android:orientation="horizontal" >
                        </LinearLayout>
                        <ImageView
                            android:layout_width="20dip"
                            android:layout_height="fill_parent" >
                        </ImageView>
                        <LinearLayout
                            android:id="@+id/layout_angle"
                            android:layout_width="0dip"
                            android:layout_height="wrap_content"
                            android:layout_weight="1"
```

```
                android:gravity="left"
                android:orientation="horizontal" >
            </LinearLayout>
        </LinearLayout>
    </FrameLayout>
    <LinearLayout
        android:layout_width="fill_parent"
        android:layout_height="0dip"
        android:layout_weight="1"
        android:orientation="vertical" >
        <FrameLayout
            android:layout_width="fill_parent"
            android:layout_height="wrap_content"
            android:layout_gravity="center" >
            <ImageView
                android:layout_width="wrap_content"
                android:layout_height="wrap_content"
                android:layout_gravity="center"
                android:src="@drawable/background_compass" />
            <net.micode.compass.CompassView
                android:id="@+id/compass_pointer"
                android:layout_width="wrap_content"
                android:layout_height="wrap_content"
                android:layout_gravity="center"
                android:src="@drawable/compass" />
            <ImageView
                android:layout_width="wrap_content"
                android:layout_height="wrap_content"
                android:layout_gravity="center"
                android:src="@drawable/miui_cover" />
        </FrameLayout>
    </LinearLayout>
  </LinearLayout>
 </LinearLayout>
</FrameLayout>
</FrameLayout>
```

运行后效果如图 12-4 所示。

图 12-4　运行效果

## 12.4 就业面试问题解答

**面试问题 1：什么是陀螺仪传感器?**

陀螺仪传感器用于感应手机的旋转速度。陀螺仪传感器返回当前设备的 $x$、$y$、$z$ 三个坐标轴的旋转速度。旋转速度的单位是弧度/秒，旋转速度：正值代表逆时针旋转，负值代表顺时针旋转。关于返回的三个角速度说明如下。

- 第一个值：代表该设备绕 $x$ 轴旋转的角速度。
- 第二个值：代表该设备绕 $y$ 轴旋转的角速度。
- 第三个值：代表该设备绕 $z$ 轴旋转的角速度。

**面试问题 2：为什么有的真机无法获得传感器传回的数据?**

由于不同的手机可能支持的传感器不同。有的手机并不支持 Android SDK 中定义的所有传感器，因此，如果运行程序后无法显示某个传感器的数据，说明当前的手机不支持这个传感器。

# 第13章

# 网络开发

随着科技的发展，网络已经深入到人们日常生活的各个方面，尤其是移动端设备。例如，新闻查看、提交邮件、视频通话等，这些都是使用网络开发制作的应用。本章将开启Android网络开发的编程之旅。

# 13.1 网络通信

在学习网络开发之前，读者需要了解网络通信的基本概念。

## 13.1.1 网络通信的两种形式

Android 中网络通信的形式有两种，一种是 HTTP 通信，另一种是 Socket 通信。

- HTTP 通信：Android 提供了 HttpClient 类，通过这个类可以发送 HTTP 请求并获取 HTTP 响应，实现网络之间的交互。
- Socket 通信：Android 支持 TCP 和 UDP 网络通信协议。可以使用 Java 提供的 ServerSocket 和 Socket 类建立基于 TCP/IP 协议的网络通信，也可以使用 DatagramSocket、DatagramPacket、MulticastSocket 建立基于 UDP 协议的网络通信。

两种网络通信形式的区别：HTTP 连接使用的是“请求—响应”方式。即在请求时建立连接通道，当有客户发送数据请求后，服务端给出相应的回应。Socket 通信则是在双方建立起连接后就可以直接进行数据的传输，无需客户端先发出请求。

## 13.1.2 TCP 协议基础

TCP/IP 通信协议是一种面向连接的、可靠的、基于字节流的传输层通信协议。Java 使用 Socket 对象来代表两端的通信接口，并通过 Socket 产生 I/O 流来进行通信。

IP 协议给因特网上的每台计算机和其他设备都规定了一个唯一的地址，叫作 IP 地址。通过使用 IP 协议，使得 Internet 成为一个允许连接不同类型的计算机和不同操作系统的网络。

要使两台计算机之间进行通信，必须使两台计算机使用同一种“语言”，IP 协议只保证计算机能发送和接收分组数据。IP 协议负责将消息从一个主机传送到另一个主机，消息在传送的过程中被分割成一个个小包。

TCP 协议称作端对端协议，它是连接两个设备的重要桥梁，通过 TCP 协议可以使一台网络设备与另一台网络设备建立连接，从而实现发送和接收数据的虚拟链路。

通过这种重发机制，TCP 协议向应用程序提供一种可靠的网络连接，使它能够自动适应网上的各种变化，即使网络出现短暂的中断，TCP 仍然能够提供一种可靠的连接。

虽然 IP 和 TCP 协议的功能不尽相同，也可以进行单独使用，但是它们是在同一时期作为一个协议来设计的，它们在功能上相互配合，凡是要连接 Internet 的网络设备，都必须同时安装和使用这两个协议，因此在实际开发中将这两个协议统称为 TCP/IP 协议。

## 13.1.3 TCP 简单通信

Java 提供了一个 ServerSocket 类，通过它可以接收其他通信实体的连接请求。ServerSocket 对象用于监听来自客户端的 Socket 连接，如果没有连接进入它将一直处于等待状态。监听来自客户端请求的方法是 Socket.accept()。当接收到一个客户端的请求后，该方法将返回一个与连接客户端 Socket 对应的 Socket，否则将阻塞等待。具体代码如下：

```
ServerSocket socket = new ServerSocket(8888);  //创建一个 Socket
While(true){
   Socket s = socket.accept();                 //进行监听
}
```

客户端则使用 Socket 来连接指定的服务器，Socket 类提供构造器连接指定的远程主机和远程端口的构造器。例如：

```
Socket socket = new Socket("192.168.1.101",8000);
```

创建 Socket 之后就可以进行通信了。Socket 提供了 getInputStream()方法用于获取接收数据，还提供了 getOutputStream 方法用于输出数据，通过这两个方法实现读写操作。下面给出一段代码：

```
while(true){
   Socket socket = serversocket.accept();          //创建 Socket
   OutputStream os = socket.getOutputStream();     //创建一个输出流对象
   os.write("我要开始连接了".getBytes("utf-8"));//写入数据
   os.close();          //写入数据后关闭数据流对象
   socket.close();      //关闭 Socket
}
```

通过以上代码可以建立起与服务端的连接，并实现简单的通信。

## 13.1.4　使用多线程进行通信

上一节已经实现了简单通信，在实际开发中，如果使用单线程，服务端等待接收数据是阻塞的模式，所以会造成程序卡死，此时只要加入多线程即可解决卡死问题。

注意服务端的程序需要运行在 Eclipse 下，这样方便演示网络中的数据通信。

服务端的程序代码如下：

```
public class MyServer {
   // 定义保存所有 Socket 的 ArrayList
  public static ArrayList<Socket> socketList = new ArrayList<Socket>();
   //定义端口号
   final static int LISTEN_PORT = 8888;
   public static void main(String[] args){
      ServerSocket ss = null;
      try {
         ss = new ServerSocket(LISTEN_PORT);//绑定端口
      } catch (IOException e1) {
         e1.printStackTrace();
      }
      //循环监听
      while(true){
         try {
            System.out.println("listening...");
            Socket s = ss.accept();//监听
            //有连接到来，将其加入链表
```

```
                socketList.add(s);
                //启动一个新线程，用于处理连接
                new Thread(new ServerThread(s)).start();
            } catch (IOException e) {
                e.printStackTrace();
            }
        }
    }
}
```

负责处理连接的线程类代码如下：

```
public class ServerThread implements Runnable{
    //与客户端建立连接的 Socket
    Socket s =null;
    //Socket 所对应的输入流
    BufferedReader br = null;
    public ServerThread(Socket s){
        this.s = s;
        try {
            //初始化该 Socket 对应的输入流
            br = new BufferedReader(new InputStreamReader
(s.getInputStream(),"utf-8"));
           System.out.println("excute the constructor of the thread...");
        } catch (UnsupportedEncodingException e) {
            e.printStackTrace();
        } catch (IOException e) {
            e.printStackTrace();
        }
    }
    @Override
    public void run(){
        String send_msg = null;//发送消息
        String recv_msg = null;//接收消息
        System.out.println("begin while for...");
        //循环处理接收消息
        while((recv_msg = readFromClient())!=null){
            //从链表中取出连接
            for(Socket s : MyServer.socketList){
                try {
                    //获取接收的消息
                    OutputStream os = s.getOutputStream();
                    send_msg = "(" + getCurrentTime() + ")" + recv_msg;
                    System.out.println(send_msg);
                    //将接收的消息返还给客户端
                    os.write((send_msg+"\r\n").getBytes("utf-8"));
                } catch (IOException e) {
                    // TODO Auto-generated catch block
                    e.printStackTrace();
                }
            }
        }
    }
    // 定义读取客户端数据的方法
    private String readFromClient(){
```

```
        try {
            String read_msg = null;      //定义读取字符串
            read_msg = br.readLine();    //读取数据
            return read_msg;
        } catch (IOException e) {
            MyServer.socketList.remove(s);//出现异常，移除此网络连接
            e.printStackTrace();
        }
        return null;
    }
    //获取当前系统时间
    private String getCurrentTime(){
        Calendar calendar = Calendar.getInstance();
        SimpleDateFormat sd = new SimpleDateFormat("yyyy-MM-dd HH:mm:ss");
        String time = sd.format(calendar.getTime());
        return time;
    }
}
```

客户端的代码如下：

```
public class MainActivity extends AppCompatActivity {
    final static int RECV_MSG = 0x1234;         //接收数据消息码
    final static int SEND_MSG = 0x1235;         //发送数据消息码
    final static String server_ip = "192.168.223.2";    //服务器 IP 地址
    final static int server_port = 8888;        //服务器端口
    private TextView show;                      //用于显示接收的数据
    private EditText input;                     //输入发送的数据
    private Button send;                        //发送按钮
    private Handler handler;                    //hanlder 对象
    private ClientThread clientThread;          //客户端处理线程
    @Override
    protected void onCreate(Bundle savedInstanceState) {
        super.onCreate(savedInstanceState);
        setContentView(R.layout.activity_main);
        //绑定控件
        show = (TextView) findViewById(R.id.show);          //显示聊天内容文本框
        input = (EditText) findViewById(R.id.input);        //接收数据编辑框
        send = (Button) findViewById(R.id.send);            //发送按钮
        handler = new Handler() {
            @Override
            public void handleMessage(Message msg) {
                if (msg.what == RECV_MSG) {  //判断消息码
                    String recv_msg = msg.obj.toString(); //接收消息
                    show.append("\n" + recv_msg);         //将消息内容加入文本框
                }
            }
        };
        clientThread = new ClientThread(handler);//创建客户端线程
        new Thread(clientThread).start();    //启动线程
        send.setOnClickListener(new View.OnClickListener() {
            @Override
            public void onClick(View arg0) {
                //创建消息对象
```

```
            Message msg = new Message();
            msg.what = SEND_MSG;                          //发送数据
            msg.obj = input.getText().toString();         //发送数据内容
            clientThread.recvHandler.sendMessage(msg);
            input.setText("");              //发送完成后，清空文本框内容
        }
    });
  }
}
```

为了避免 UI 线程被阻塞，该程序将建立网络连接，与网络服务器通信等工作都交给 ClientThread 线程完成。子线程的具体代码如下：

```
public class ClientThread implements Runnable{
   private Socket s = null;
   private InputStream is = null;         //输入流
   private BufferedReader br = null;      //数据缓冲区
   private OutputStream os = null;        //输出流
   public Handler handler = null;         //发送消息 UI 处理
   public Handler recvHandler = null;     //接收消息 UI 处理
   public ClientThread(Handler handler){
      this.handler = handler;
   }
   @Override
   public void run() {
      try {
         //创建一个 Sokcet 连接
         s = new Socket(MainActivity.server_ip,MainActivity.server_port);
         is = s.getInputStream();         //获取输入数据
         br = new BufferedReader(new InputStreamReader(is));
         os = s.getOutputStream();
         //接收服务端消息
         new Thread(){
            @Override
            public void run(){
               String recv_msg = null;    //定义接收消息字符串
               while((recv_msg = readFromServer())!= null){
                  Message msg = new Message();           //创建一个消息对象
                  msg.what = MainActivity.RECV_MSG;  //设置消息码
                  msg.obj = recv_msg;                    //获取消息对象
                  handler.sendMessage(msg);              //更新接收到的数据到UI
               }
            }
         }.start();
         Looper.prepare();
         recvHandler = new Handler(){
            @Override
            public void handleMessage(Message msg){
               //发送数据到服务器端
               String send_msg = null;
               if(msg.what == MainActivity.SEND_MSG){
                  try {
                     //本地地址:消息内容
                     send_msg = s.getLocalAddress().toString() + ":" +
```

```
msg.obj.toString() + "\r\n";
                        os.write(send_msg.getBytes("utf-8"));
                    } catch (IOException e) {
                        e.printStackTrace();
                    }
                }
            }
        };
        Looper.loop();//handler 消息循环
    } catch (UnknownHostException e) {
        e.printStackTrace();
    } catch (IOException e) {
        e.printStackTrace();
    }
}
//读取服务器端数据
private String readFromServer() {
    try {
        return br.readLine();
    } catch (IOException e) {
        e.printStackTrace();
    }
    return null;
}
}
```

布局文件的代码如下：

```
<LinearLayout xmlns:android="http://schemas.android.com/apk/res/android"
    android:orientation="vertical"
    android:layout_width="match_parent"
    android:layout_height="match_parent">
    <!-- TextView 长文本，有滚动条 -->
    <ScrollView
        android:layout_width="fill_parent"
        android:layout_height="0dp"
        android:layout_weight="1">
        <TextView
            android:id="@+id/show"
            android:layout_width="match_parent"
            android:layout_height="match_parent"
            android:background="#ffff"
            android:textSize="14dp"
            android:textColor="#ff00ff"
            android:layout_weight="1" />
    </ScrollView>
    <LinearLayout
        android:orientation="horizontal"
        android:layout_width="match_parent"
        android:layout_height="wrap_content">
        <EditText
            android:id="@+id/input"
            android:layout_width="0dp"
            android:layout_height="wrap_content"
            android:layout_weight="4" />
        <Button
```

```
        android:id="@+id/send"
        android:layout_width="0dp"
        android:layout_height="wrap_content"
        android:layout_weight="1"
        android:text="发送" />
    </LinearLayout>
</LinearLayout>
```

运行效果如图 13-1 所示。当客户端输入数据并单击“发送”按钮后，服务端会接收到发送的数据，如图 13-2 所示。

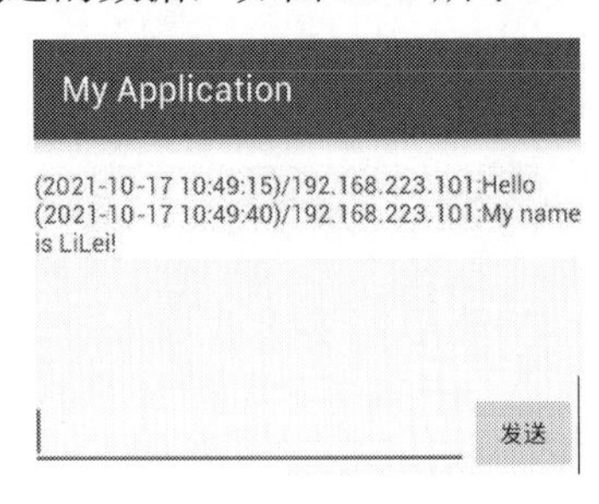


图 13-1　客户端

```
listening...
excute the constructor of the thread...
listening...
begin while for...
(2021-10-17 10:49:15)/192.168.223.101:Hello
(2021-10-17 10:49:40)/192.168.223.101:My name is LiLei!
```

图 13-2　接收的数据

# 13.2　使用 URL 访问网络资源

URL (Uniform Resource Locator)对象代表统一资源定位器，所有互联网的资源都有一个唯一的 URL 地址。资源可以是简单的文件或目录，也可以是对复杂对象的引用，例如对数据库或搜索引擎的查询。本节讲解如何使用 URL 方法访问网络资源。

## 13.2.1　使用 URL 读取网络资源

使用 URL 读取网络资源，首先要获取一个 URL 对象，URL 可以由协议名、主机、端口和资源组成。一个 URL 需要满足的格式为 protocol://host:port/resourceName。

Android 提供了 URL 类，该类提供了多个构造方法，用于创建 URL 对象。一旦获得 URL 对象，就可以调用这些常用方法来访问该 URL 对应的资源。

- StringgetFile()：获取 URL 的文件名。
- StringgetHost()：获取 URL 的主机名。
- StringgetPath()：获取 URL 的路径部分。
- Int getPort()：获取 URL 的端口号。
- StringgetProtocol()：获取 URL 的协议名称。
- StringgetQuery()：获取此 URL 的查询部分。
- URLConnectionopenConnection()：返回一个 URLConnection 对象，它表示到 URL 所引用的远程对象的连接。
- InputStreamopenStream()：打开与此 URL 的连接，读取该 URL 的资源并以输入流的形式进行返回。

URL 提供一个 openStream()方法，通过该方法可以方便地读取网络上的资源数据。

下面通过一个实例演示如何使用 URL 读取网络资源。

```
public class MainActivity extends AppCompatActivity {
    Bitmap bitmap;//创建一个 bitmap 对象
    ImageView imgShow;//创建一个图像视图对象
    Handler handler=new Handler(){
        @Override
        public void handleMessage(Message msg) {
            // TODO Auto-generated method stub
            if (msg.what==0x125) {
                //显示从网上下载的图片
                imgShow.setImageBitmap(bitmap);
            }
        }
    };
    @Override
    protected void onCreate(Bundle savedInstanceState) {
        super.onCreate(savedInstanceState);
        setContentView(R.layout. activity_main);
        imgShow=(ImageView)findViewById(R.id.imgShow);
        //创建并启动一个新线程，用于从网络上下载图片
        new Thread(){
            @Override
            public void run() {
                // TODO Auto-generated method stub
                try {
                 //创建一个 URL 对象
                    URL url=new URL("这里的地址根据实际填写");
                    //打开 URL 对应的资源输入流
                    InputStream is= url.openStream();
                    //把 InputStream 转化成 ByteArrayOutputStream
                    ByteArrayOutputStream baos =new ByteArrayOutputStream();
                    byte[] buffer =new byte[1024];
                    int len;//定义一个长度
                    while ((len = is.read(buffer)) > -1 ) {
                        baos.write(buffer, 0, len);
                    }
                    baos.flush();
                    is.close();//关闭输入流
                    //将 ByteArrayOutputStream 转化成 InputStream
                    is = new ByteArrayInputStream(baos.toByteArray());
                    //将 InputStream 解析成 bitmap
                    bitmap=BitmapFactory.decodeStream(is);
                    //通知 UI 线程显示图片
                    handler.sendEmptyMessage(0x125);
                    //再次将 ByteArrayOutputStream 转化成 InputStream
                    is=new ByteArrayInputStream(baos.toByteArray());
                    baos.close();
                    //打开手机文件对应的输出流
                    OutputStream os=openFileOutput("dw.jpg",MODE_PRIVATE);
                    byte[]buff=newbyte[1024];
                    int count=0;
                    //将 URL 对应的资源下载到本地
                    while ((count=is.read(buff))>0) {
```

```
                    os.write(buff, 0, count);
                }
                os.flush();
                is.close();//关闭输入流
                os.close();//关闭输出流
            } catch (Exception e) {
                // TODO Auto-generated catch block
                e.printStackTrace();
            }
        }
    }.start();
  }
}
```

以上程序先将 URL 对应的图片资源转换成 bitmap，然后将此资源下载到本地。为了防止多次读取，所以将 URL 获取的资源输入流转换成了 ByteArrayInputStream，当需要使用输入流时，再将 ByteArrayInputStream 转换成输入流即可。这样做的目的是防止重复访问，以节省流量。

InputStream 不可以重复读取，一个 InputStream 只能读一次，一旦读取完成，就将清空内部数据，再次读取将会报错。

最后不要忘记在 AndroidManifest.xml 文件中加入访问网络的权限，具体代码如下：

```
<uses-permission android:name="android.permission.INTERNET"/>
```

运行效果如图 13-3 所示。

图 13-3　运行效果

## 13.2.2　使用 URLconnection 提交请求

URL 提供了一个 openConnection()方法，此方法返回一个 URLConnection 对象，该对象表示应用程序与 URL 建立的连接。程序可以通过 URLConnection 实例向 URL 发送请求，读取 URL 引用的资源。

使用 URLconnection 提交请求，大致可以分为以下 4 个步骤。

**01** 创建一个和 URL 的连接，并发送请求，通过调用 URL 对象的 openConnection()方法来创建 URLConnection 对象。

**02** 设置 URLConnection 的参数和普通请求属性。

**03** 发送请求方式，这里有两种请求方式。

- GET 方式：使用 connect 方法建立和远程资源之间的实际连接。

- POST 方式：需要获取 URLConnection 实例对应的输出流来发送请求参数。

04 此时的网络资源变为可用，程序可以访问远程资源的头字段，或通过输入流读取远程资源的数据。

在建立和远程资源的实际连接之前，程序可以通过如下方法来设置请求头字段。

- setAllowUserInteraction()：设置 URLConnection 的 allowUserInteraction 请求头字段的值。
- setDoInput()：设置 URLConnection 的 doInput 请求头字段的值。
- setDoOutput()：设置 URLConnection 的 doOutput 请求头字段的值。
- setIfModifiedSince()：设置 URLConnection 的 ifModifiedSince 请求头字段的值。
- setUseCaches()：设置 URLConnection 的 useCaches 请求头字段的值。

除此之外，还可以使用如下方法来设置或增加通用头字段。用 setRequestProperty(String key, String value)方法设置 URLConnection 的 key 请求头字段的值为 value。具体代码如下：

```
conn.setRequestProperty("accept", "*/*")
```

使用 addRequestProperty(String key, String value)方法为 URLConnection 的 key 请求头字段增加 value 值。该方法只是将新值追加到原请求头字段，并不会覆盖原请求头字段的值。当网络资源变为可用之后，程序可以使用如下所示的方法访问头字段和内容。

- Object getContent()：获取 URLConnection 的内容。
- String getHeaderField(String name)：获取指定响应头字段的值。
- getInputStream()：返回 URLConnection 对应的输入流，用于获取 URLConnection 响应的内容。
- getOutputStream()：返回 URLConnection 对应的输出流，用于向 URLConnection 发送请求参数。

注意　如果有同时输入/输出 URLConnection 的操作，则需要使用输出流发送请求参数，优先使用输出流，再使用输入流。

Java 提供了 getHeaderField()方法，用于根据响应头字段来返回对应的值。某些头字段由于经常需要访问，所以 Java 提供了一些方法来访问特定响应头字段的值。

- getContentEncoding()：获取 content-encoding 响应头字段的值。
- getContentLength()：获取 content-length 响应头字段的值。
- getContentType()：获取 content-type 响应头字段的值。
- getDate()：获取 date 响应头字段的值。
- getExpiration()：获取 expires 响应头字段的值。
- getLastModified()：获取 last-modified 响应头字段的值。

下面通过一段程序演示如何向 Web 站点发送 GET 和 POST 请求，并获得 Web 站点响应。该程序发出 GET、POST 请求时会使用一个工具类，该类的具体代码如下：

```
Public class GetPostUtil
{   //向指定 URL 发送 GET 方法的请求
   public static String sendGet(String url, String params)
   {
```

```
        String result = "";
        BufferedReader in = null;
        try
        {
            String urlName = url + "?" + params;
            URL realUrl = new URL(urlName);
            // 打开和 URL 之间的连接
            URLConnection conn = realUrl.openConnection();
            // 设置通用的请求属性
            conn.setRequestProperty("accept","*/*");
            conn.setRequestProperty("connection","Keep-Alive");
            conn.setRequestProperty("user-agent",
             "Mozilla/4.0 (compatible; MSIE 6.0; Windows NT 5.1; SV1)");
            // 建立实际的连接
            conn.connect();//1 号注解位置
            // 获取所有响应头字段
            Map<String, List<String>> map = conn.getHeaderFields();
            // 遍历所有的响应头字段
            for (String key : map.keySet())
            {
                System.out.println(key +"--->" + map.get(key));
            }
            // 定义 BufferedReader 输入流来读取 URL 的响应
            in = new BufferedReader(
                new InputStreamReader(conn.getInputStream()));
            String line;
            while ((line = in.readLine()) !=null)
            {
                result += "\n" + line;
            }
        }
        catch (Exception e)
        {
            System.out.println("发送 GET 请求出现异常! " + e);
            e.printStackTrace();
        }
        finally// 使用 finally 块关闭输入流
        {
            try
            {
                if (in !=null)
                {
                    in.close();
                }
            }
            catch (IOException ex)
            {
                ex.printStackTrace();
            }
        }
        return result;
    }
    //向指定 URL 发送 POST 方法的请求
    public static String sendPost(String url, String params)
    {
```

```
        PrintWriter out = null;
        BufferedReader in = null;
        String result = "";
        try
        {
            URL realUrl = new URL(url);
            // 打开和 URL 之间的连接
            URLConnection conn = realUrl.openConnection();
            // 设置通用的请求属性
            conn.setRequestProperty("accept","*/*");
            conn.setRequestProperty("connection","Keep-Alive");
            conn.setRequestProperty("user-agent",
                "Mozilla/4.0 (compatible; MSIE 6.0; Windows NT 5.1; SV1)");
            //发送 POST 请求必须设置如下两行
            conn.setDoOutput(true);
            conn.setDoInput(true);
            //获取 URLConnection 对象对应的输出流
            out = new PrintWriter(conn.getOutputStream());
            //发送请求参数
            out.print(params);//2 号注解位置
            // flush 输出流的缓冲
            out.flush();
            // 定义 BufferedReader 输入流来读取 URL 的响应
            in = new BufferedReader(new InputStreamReader(conn.getInputStream()));
            String line;
            while ((line = in.readLine()) !=null)
            {
                result += "\n" + line;
            }
        }
        catch (Exception e)
        {
            System.out.println("发送 POST 请求出现异常！" + e);
            e.printStackTrace();
        }
        // 使用 finally 块来关闭输出流、输入流
        finally
        {
            try
            {
                if (out !=null)
                {
                    out.close();
                }
                if (in !=null)
                {
                    in.close();
                }
            }
            catch (IOException ex)
            {
                ex.printStackTrace();
            }
        }
        return result;
    }
}
```

从上面的程序可以看出，如果需要发送 GET 请求，只要调用 URLConnection 的 connect()方法建立实际的连接即可。而发送 POST 请求，则需要获取 URLConnection 的 OutputStream()方法输入请求参数。

主活动类中的具体代码如下：

```
public class GetPostUtil
{
        //向指定 URL 发送 GET 方法的请求
        publicstatic String sendGet(String url, String params)
        {
                String result = "";
                BufferedReader in = null;
                try
                {
                        String urlName = url +"?" + params;
                        URL realUrl = new URL(urlName);
                        // 打开和 URL 之间的连接
                        URLConnection conn = realUrl.openConnection();
                        // 设置通用的请求属性
                        conn.setRequestProperty("accept","*/*");
                        conn.setRequestProperty("connection","Keep-Alive");
                        conn.setRequestProperty("user-agent",
                                "Mozilla/4.0 (compatible; MSIE 6.0;
Windows NT 5.1; SV1)");
                        // 建立实际的连接
                        conn.connect();
                        // 获取所有响应头字段
                        Map<String, List<String>> map = conn.getHeaderFields();
                        // 遍历所有的响应头字段
                        for (String key : map.keySet())
                        {
                              System.out.println(key +"--->" + map.get(key));
                        }
                        // 定义 BufferedReader 输入流来读取 URL 的响应
                        in = new BufferedReader(
                             new InputStreamReader(conn.getInputStream()));
                        String line;
                        while ((line = in.readLine()) !=null)
                        {
                                result += "\n" + line;
                        }
                }
                catch (Exception e)
                {
                        System.out.println("发送 GET 请求出现异常！" + e);
                        e.printStackTrace();
                }
                //使用 finally 块来关闭输入流
                finally
                {
                        try
                        {
                                if (in !=null)
                                {
```

```
                        in.close();
                    }
                }
                catch (IOException ex)
                {
                    ex.printStackTrace();
                }
            }
            return result;
        }
        //向指定 URL 发送 POST 方法的请求
        public static String sendPost(String url, String params)
        {
            PrintWriter out = null;
            BufferedReader in = null;
            String result = "";
            try
            {
                URL realUrl = new URL(url);
                // 打开和 URL 之间的连接
                URLConnection conn = realUrl.openConnection();
                // 设置通用的请求属性
                conn.setRequestProperty("accept","*/*");
                conn.setRequestProperty("connection","Keep-Alive");
                conn.setRequestProperty("user-agent",
                    "Mozilla/4.0 (compatible; MSIE 6.0;
Windows NT 5.1; SV1)");
                // 发送 POST 请求必须设置如下两行
                conn.setDoOutput(true);
                conn.setDoInput(true);
                // 获取 URLConnection 对象对应的输出流
                out = new PrintWriter(conn.getOutputStream());
                // 发送请求参数
                out.print(params);
                // flush 输出流的缓冲
                out.flush();
                // 定义 BufferedReader 输入流来读取 URL 的响应
                in = new BufferedReader(
                    new InputStreamReader(conn.getInputStream()));
                String line;
                while ((line = in.readLine()) !=null)
                {
                    result += "\n" + line;
                }
            }
            catch (Exception e)
            {
                System.out.println("发送 POST 请求出现异常！" + e);
                e.printStackTrace();
            }
            //使用 finally 块来关闭输出流、输入流
            finally
            {
                try
                {
```

```
                    if (out !=null)
                    {
                            out.close();
                    }
                    if (in !=null)
                    {
                            in.close();
                    }
                }
                catch (IOException ex)
                {
                    ex.printStackTrace();
                }
            }
            return result;
        }
}
```

上面的程序分别用于发送 GET 和 POST 请求，这两个请求都是向本地局域网内 http://192.168.1.100:8080/simpleWeb/应用下的两个页面发送，这个应用实际上部署在 tomcat 上的 Web 应用。

## 13.3 JSON 数据

JSON(JavaScript Object Notation)是一种轻量级的数据交换格式，采用完全独立于编程语言的文本格式来存储和表示数据。简洁和清晰的层次结构使得 JSON 成为理想的数据交换语言。它的特点是易于阅读和编写，也易于机器解析和生成，从而有效地提升网络传输效率。

### 13.3.1 JSON 语法

JSON 属于一种语言，既然是语言肯定有一定的语法规则。

1. JSON 语法规则

在 JSON 语言中，将所有数据都看成对象。因此，可以通过其固定的数据类型来表示任何数据，例如字符串、数字、对象、数组等。

2. JSON 键值对

JSON 键值对是用来保存数据对象的一种方式，键值对组合中的键名写在前面并用双引号("")包裹，使用冒号(:)分隔，然后紧接着值：

```
{"firstName": "Json"}
```

3. 简单数据演示

JSON 可以将对象中表示的一组数据转换为字符串，然后使用字符串在网络或者程序之间轻松地传递，并在需要的时候将它还原为各编程语言所支持的数据格式。在实际使用时，如果需要用到数组传值，就需要用 JSON 将数组转化为字符串。

JSON 常用的格式是对象的键值对，具体代码如下：

```
{"firstName": "Brett", "lastName": "McLaughlin"}
```

和普通的数组一样，JSON 表示数组的方式也是使用方括号([])，具体代码如下：

```
{
    "people":[
        {"Name":"王小二","age":"28"},
        {"Name":"张三","age":"18"}
    ]
}
```

在上面的示例中，只有一个名为 people 的变量，它是包含两个条目的数组，每个条目是一个人的记录，其中包含姓名和年龄。上面的示例演示如何用括号将记录组合成一个值。当然，可以使用相同的语法表示更多的值(每个值包含多个记录)。

在处理 JSON 格式的数据时，没有特殊需要遵守的约束。在同样的数据结构中，可以改变表示数据的方式，也可以使用不同方式表示同一事物。

如前所说，除了对象和数组，也可以简单地使用字符串或者数字等来存储简单的数据，但这样做没有多大意义。

## 13.3.2　JSON 与 XML

XML 与 JSON 一样是用于网络传输，接下来对它们做一些比较。

1. 可读性

JSON 和 XML 的可读性可谓不相上下，一边是简易的语法，一边是规范的标签形式，很难分出胜负。

2. 可扩展性

XML 天生有很好的扩展性，JSON 当然也有，没有什么是 XML 可以扩展而 JSON 却不能扩展的，不过 JSON 可以存储复合对象，有着 XML 不可比拟的优势。

3. 编码难度

XML 有丰富的编码工具，比如 Dom4j、JDom 等，JSON 也提供了工具，即使没有工具开发人员，同样可以通过记事本很快地写出想要的 XML 文档和 JSON 字符串，不过 XML 文件需要很多结构上的字符。

4. 解码难度

XML 的解析方式有两种：

- 通过文档模型解析，也就是通过父标签索引出一组标签，例如 xmlData.getElementsByTagName("tagName")，但是要在预先知道文档结构的情况下使用，无法进行通用的封装。
- 遍历节点(document 以及 childNodes)通过递归来实现，不过解析出来的数据仍旧是形式各异，往往不能满足预先的要求。

5. 实例比较

XML 和 JSON 都使用结构化方法来标签数据，下面来做简单的比较。

用 XML 表示动物分支如下：

```
<?xml version="1.0" encoding="utf-8"?>
<animal>
   <name>动物</name>
   <LandAnima>
      <name>马</name>
      <classify>
         <index>黑马</index>
         <index>斑马</index>
      </classify>
   </LandAnima>
   <limnobios>
      <name>淡水动物</name>
      <classify>
         <index>青蛙</index>
         <index>草鱼</index>
         <index>乌龟</index>
      </classify>
   </limnobios>
   <bird>
      <name>鸟</name>
      <classify>
         <index>小鸟</index>
         <index>大雁</index>
      </classify>
   </bird>
</animal>
```

使用 JSON 表示同样数据的代码如下：

```
{
   "name": "动物",
   "LandAnima": [{
      "name": "马",
      "classify": {
         "index": ["黑马", "斑马"]
      }
   }, {
      "name": "鱼",
      "classify": {
         "index": ["鲤鱼", "草鱼", "黄花鱼"]
      }
   }, {
      "name": "鸟",
      "classify": {
         "index": ["小鸟", "大雁"]
      }
   }]
}
```

除了上述这些之外，JSON 和 XML 还有另外一个很大的区别是有效数据率。JSON 作为数据包格式传输的时候具有更高的效率，因为 JSON 不像 XML 那样需要有严格的闭合标签，这就让有效数据量与总数据包比大大提升，从而减轻了在同等数据流量的情况下网络的传输压力。

## 13.4　构造与解析 JSON 数据

了解了 JSON 的数据结构与语法后，下面探讨在 Android 中如何构造 JSON 数据，又如何解析 JSON 数据。

构造与解析 JSON 数据可以分为两种方式，下面针对这两种常见方式进行讲解。

首先定义一个简单的 Javabean 对象，将一个 Person 对象转换成 JSON 对象，然后再将这个 JSON 对象反序列化成需要的 Person 对象。具体代码如下：

```
public class Person
{
    private int id;
    private String name;
    private String address;
    public Person()
    {
    }
    public int getId()
    {
        return id;
    }
    public void setId(int id)
    {
        this.id = id;
    }
    public String getName()
    {
        return name;
    }
    public void setName(String name)
    {
        this.name = name;
    }
    public String getAddress()
    {
        return address;
    }
    public void setAddress(String address)
    {
        this.address = address;
    }
    public Person(int id, String name, String address)
    {
        super();
        this.id = id;
        this.name = name;
```

```
        this.address = address;
    }
    @Override
    public String toString()
    {
        return "Person [id=" + id + ", name=" + name + ", address=" +
address+ "]";
    }
}
```

再定义一个 JsonTools 类，这个类有两个静态方法，可以通过这两个方法得到一个 JSON 类型的字符串对象，以及一个 JSON 对象，具体代码如下：

```
public class JsonTools
{
    //得到一个 JSON 类型的字符串对象
    public static String getJsonString(String key, Object value)
    {
        JSONObject jsonObject = new JSONObject();
        //put 和 element 都是往 JSONObject 对象中放入 key/value 对
        //jsonObject.put(key, value);
        jsonObject.element(key, value);
        return jsonObject.toString();
    }
   //得到一个 JSON 对象
    public static JSONObject getJsonObject(String key, Object value)
    {
        JSONObject jsonObject = new JSONObject();
        jsonObject.put(key, value);
        return jsonObject;
    }
}
```

1. 创建 JSON 对象

代码如下：

```
JSONObject jsonObject = new JSONObject();
```

这个方法可以得到一个 JSON 对象，然后通过 element()或者 put()方法为 JSON 对象添加 key/value 对。下面给出第一个例子，实现一个简单的 Person 对象和 JSON 对象的转换。具体代码如下：

```
Person person = new Person(1, "xiaoluo", "beijing");
//将 Person 对象转换成一个 JSON 类型的字符串对象
String personString = JsonTools.getJsonString("person", person);
System.out.println(personString.toString());
```

{"address":"beijing","id":1,"name":"xiaoluo"}是转换后的 JSON 类型的字符串对象。

看看如何将 JSON 对象转换成 bean 对象，具体代码如下：

```
JSONObject jsonObject = JsonTools.getJsonObject("person", person);
//通过 JSONObject 的 toBean()方法可以将 JSON 对象转换成 Javabean
JSONObject personObject = jsonObject.getJSONObject("person");
Person person2 = (Person) JSONObject.toBean(personObject, Person.class);
```

2. 转换 List<Person>类型的对象

将 List 中的数据转换成 JSON 数据也很简单，只需要将 List 存入即可，具体代码如下：

```
public void testPersonsJson()
{
  List<Person> persons = new ArrayList<Person>();
  Person person = new Person(1, "xiaoluo", "beijing");
  Person person2 = new Person(2, "android", "shanghai");
  persons.add(person);
  persons.add(person2);
  String personsString = JsonTools.getJsonString("persons", persons);
  JSONObject jsonObject = JsonTools.getJsonObject("persons", persons);
  //List<Person>相当于一个 JSONArray 对象
  JSONArray personsArray = (JSONArray)jsonObject.getJSONArray("persons");
  List<Person> persons2 = (List<Person>)
personsArray.toCollection(personsArray, Person.class);
}
```

3. 以 Map 形式存储 JSON 数据

下面创建 testMapJson()方法，主要作用将 JSON 数据以 Map 形式存储起来。

```
public void testMapJson()
{
  List<Map<String, String>> list = new ArrayList<Map<String, String>>();
  Map<String, String> map1 = new HashMap<String, String>();//新建 HashMap 对象
  map1.put("id", "001");          //将 id 存入 map1
  map1.put("name", "xiaoluo");  //将 name 存入 map1
  map1.put("age", "20");          //将 age 存入 map1
  Map<String, String> map2 = new HashMap<String, String>();
  map2.put("id", "002");
  map2.put("name", "android");
  map2.put("age", "33");
  list.add(map1);   //将 map 对象存入 List 中
  list.add(map2);
  String listString = JsonTools.getJsonString("list", list);
  //存储为 JSON 数据
  JSONObject jsonObject = JsonTools.getJsonObject("list", list);
  JSONArray listArray = jsonObject.getJSONArray("list");
  List<Map<String, String>> list2 =
  (List<Map<String, String>>) listArray.toCollection (listArray, Map.class);
}
```

## 13.5　就业面试问题解答

### 面试问题 1：TCP 协议必须使用多线程吗？

简单的 Socket 编程是阻塞模式的，所以建议使用多线程，否则用户会以为程序长时间不动作死掉了。

### 面试问题 2：使用 JSON 数据中的对象和数组需要注意什么原则？

由于对象和数组是比较特殊且常用的两种类型，所以需要遵循以下几个原则：

- 对象表示为键值对。
- 数据用逗号分隔。
- 花括号保存对象。
- 方括号保存数组。

# 第 14 章

# 精通地图定位

随着移动时代的发展，手机定位也不是什么新鲜事物了。通过手机定位，可以实现地图导航、地图查找等多种功能和应用。本章针对地图定位功能进行详细讲解。

## 14.1 引 入 地 图

要想实现地图定位，首先要有一张地图，自己制作不但成本高昂而且也不太现实，其实市面上各大应用已经开放与地图相关的 SDK，引入相关的 jar 包与 so 库即可轻松实现地图功能。这里以百度地图为例进行开发讲解。

### 14.1.1 下载百度地图 SDK

注册一个百度开发者的账号，才能下载百度地图 SDK。可从 http://lbsyun.baidu.com/登录百度地图开放平台，由于篇幅限制，如何注册开发者账号这里不做讲解。

在 Android Studio 中引入百度地图，需要以下 4 个步骤。

**01** 登录网站后，选择“开发文档”并以弹出的菜单项中选择“Android 地图 SDK”选项，如图 14-1 所示。

图 14-1 选择 Android 地图 SDK 选项

**02** 在打开的网页中，选择左侧导航栏中的“产品下载”，如图 14-2 所示。

图 14-2 下载 SDK

**03** 单击“自定义下载”按钮，在打开的网页中选择需要的 SDK。这里选择基础定位、基础地图、检索功能、计算工具、周边雷达即可，如图 14-3 所示。

**04** 单击“开发包”按钮，选择存放位置进行下载。下载完成后是一个 BaiduLBS_AndroidSDK_Lib.zip 压缩包，解压该文件包并打开文件夹，如图 14-4 所示。

图 14-3　SDK 选项

图 14-4　SDK 文件

至此便完成了百度地图 SDK 的下载。

## 14.1.2　创建百度应用

下载 SDK 以后需要创建一个新的应用，获取百度开发的密钥，这样便可以使用百度地图了。这里讲解如何创建百度应用，并获取密钥。

创建新应用分为以下 9 个步骤：

**01** 在网站的导航栏选择“控制台”，打开控制台页面，如图 14-5 所示。

图 14-5　控制台页面

**02** 单击左侧的“创建应用”按钮，如图 14-6 所示。

创建应用
应用名称：
应用类型：Android SDK
启用服务：
云检索 正逆地理编码 Android地图SDK
Android定位SDK Android导航离线SDK Android导航SDK
静态图 全景静态图 坐标转换
鹰眼轨迹 全景URL API Android导航 HUD SDK
云逆地理编码 云地理编码 推荐上车点
*发布版SHA1：请输入发布版SHA1
开发版SHA1：请输入开发版SHA1
*包名：请输入包名
安全码：输入sha1和包名后自动生成
Android SDK安全码组成：SHA1+包名。(查看详细配置方法) 新申请的Mobile与Browser类型的ak不再支持云存储接口的访问，如要使用云存储，请申请Server类型ak。
提交

图 14-6 创建应用

**03** 输入应用的名称，选择应用类型为 Android SDK，并输入包名。需要注意的是，这里的包名一定要与开发包名相同，如图 14-7 所示。

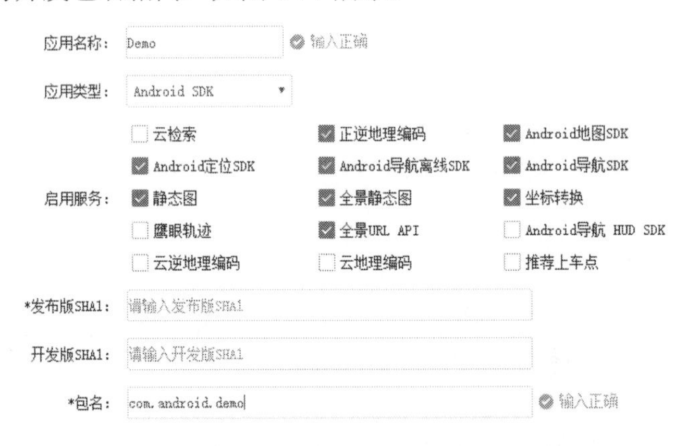


图 14-7 输入名称及包名

**04** 下面开始获取 Android Studio 的 SHA1 码。打开 Android Studio，新建一个名称为 Demo 的工程，记得包名与之前输入的相同。在左侧的树形控件中选择 Gradle Scripts 脚本文件，如图 14-8 所示。

**05** 单击右侧的 Gradle 选项卡，如图 14-9 所示。

**06** 初次打开可能没有文件，此时单击左上角的刷新按钮。依次展开 Demo 节点→android 节点，双击 signingReport 节点，如图 14-10 所示。

**07** 此时左下角会出现 Run 选项卡，选中 Run 选项卡并单击上方被标注的按钮，如图 14-11 所示，下方被标注的部分即为 SHA1 码。

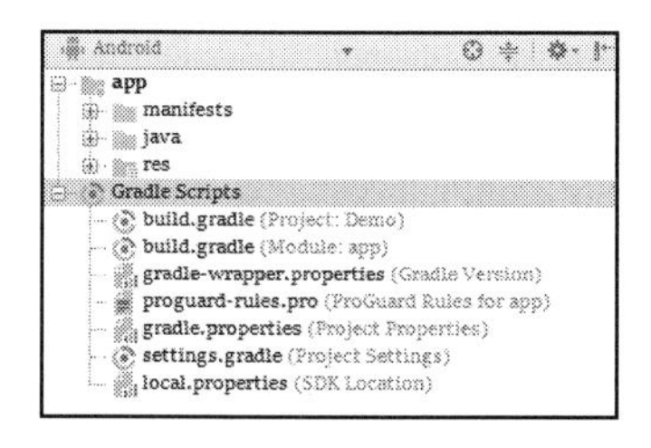


图 14-8 选择 Gradle Scripts

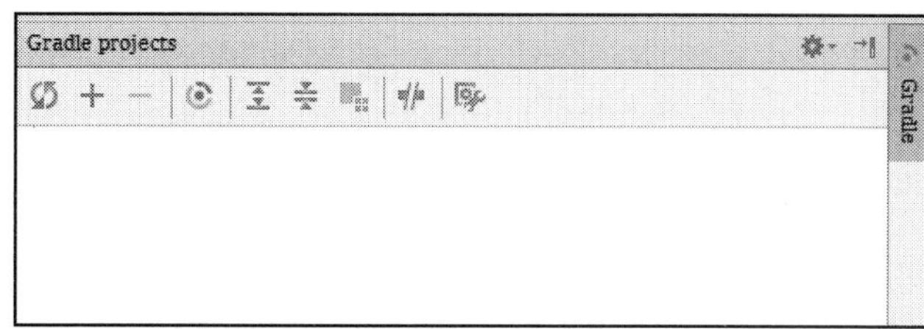


图 14-9 Gradle projects 窗格

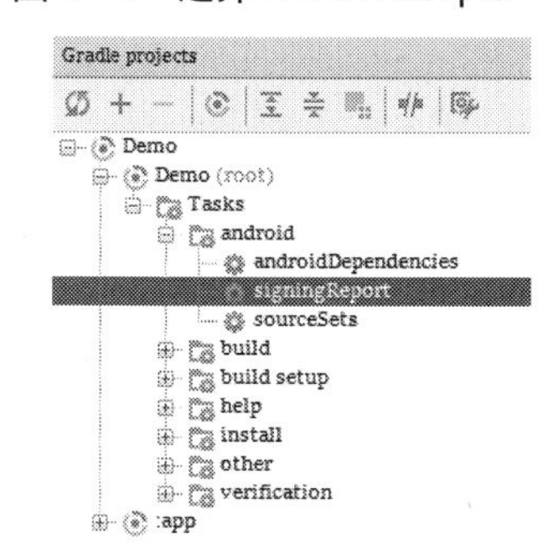


图 14-10 Gradle projects 选项

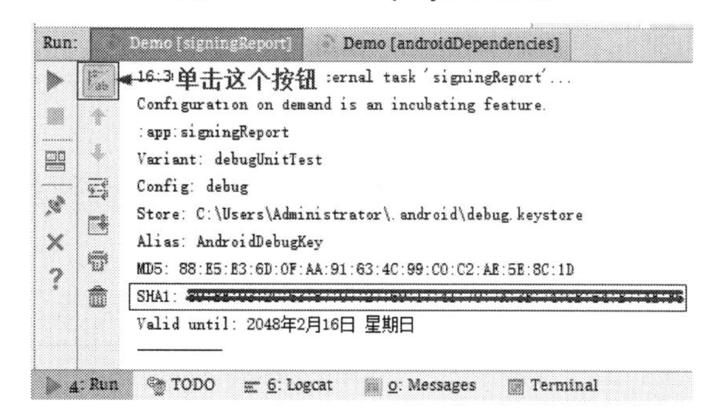


图 14-11 Run 选项卡获取 SHA1 码

**08** 这里以开发版为例演示，实际开发中发布版 SHA1 与开发版 SHA1 并不相同。复制 SHA1 码将其填入发布版 SHA1 与开发版 SHA1 中，如图 14-12 所示。

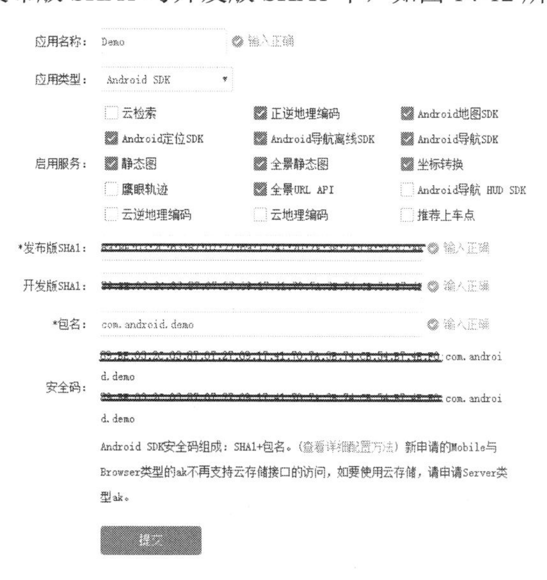


图 14-12 填入 SHA1 码

**09** 单击“提交”按钮，完成新应用的创建，此时会分配一个使用 SDK 的密钥，如图 14-13 所示。

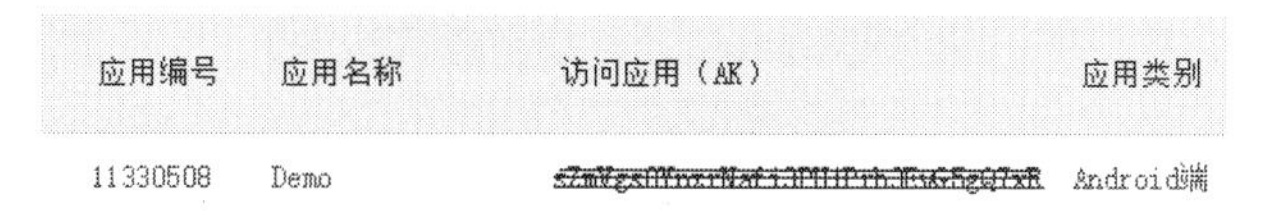

| 应用编号 | 应用名称 | 访问应用（AK） | 应用类别 |
|---|---|---|---|
| 11330508 | Demo | [illegible] | Android端 |

图 14-13 提交完成后的密钥

## 14.1.3　将百度 SDK 加入工程

下载完 SDK 并创建好新的应用后，接下来可以将 SDK 引入自己的工程，开始定制化开发。本节讲解如何将 SDK 加入自己的工程。

引入 SDK 到自己的工程需要以下 8 个步骤：

**01** 将开发模式切换为 Project 模式，依次展开工程目录中的 Demo 节点→app 节点，如图 14-14 所示。

**02** 将下载的 SDK 中的 BaiduLBS_Android.jar 文件复制到 libs 文件夹中。

**03** 在 src/main 目录中新建目录 JNIlibs，注意区分大小写。这个文件夹名字不能写错，将剩余的 so 库文件复制到此目录中，如图 14-15 所示。

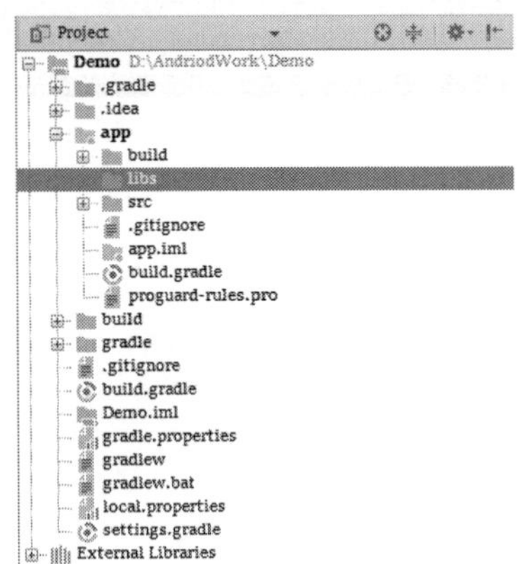


图 14-14　工程目录

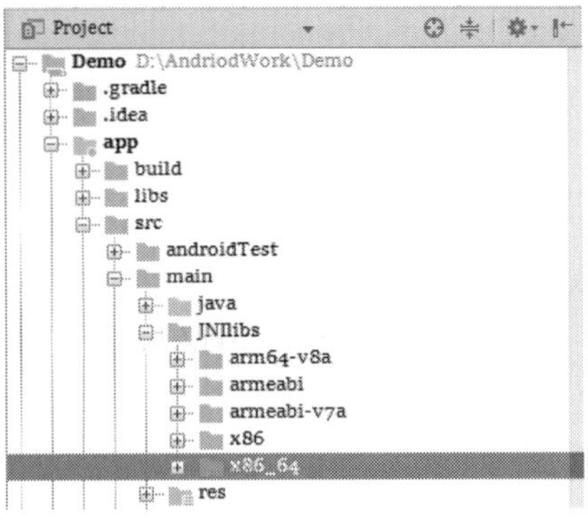

图 14-15　导入 so 库

**04** 选中导入的 BaiduLBS_Android.jar 包文件，右击并从弹出的菜单中选择 Add As Library 菜单项，将其引入工程，如图 14-16 所示。

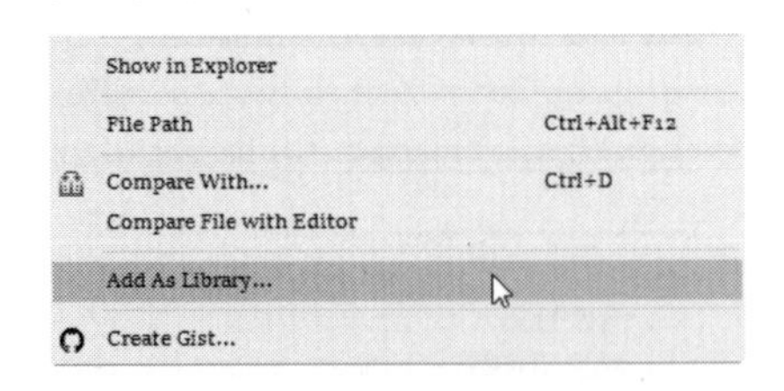


图 14-16　引入 jar 包

**05** 导入成功后可以展开 BaiduLBS_Android.jar 包文件，如图 14-17 所示。

```
<meta-data
  android:name="com.baidu.lbsapi.API_KEY"
  android:value="这里写入申请的百度密钥" />
```

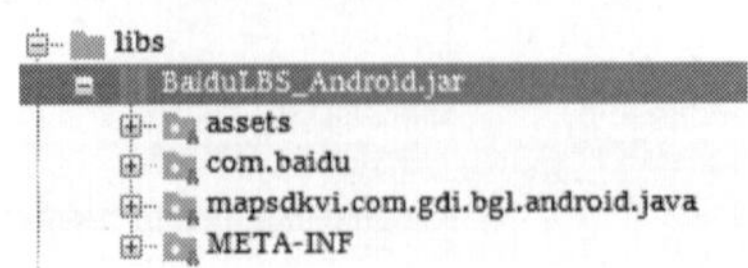


图 14-17　展开 BaiduLBS_Android.jar 包文件

**06** 导入成功后，可以在 AndroidManifest.xml 文件中加入如下代码到<application>标签中。

```
<meta-data
 android:name="com.baidu.lbsapi.API_KEY"
 android:value="这里写入申请的百度密钥" />
```

**07** 在 AndroidManifest.xml 文件中加入权限代码，下面的代码加入<manifest>标签中。

```
<uses-permission android:name="android.permission.ACCESS_NETWORK_STATE"/>
//获取设备网络状态，禁用后无法获取网络状态
<uses-permission android:name="android.permission.INTERNET"/>
//网络权限，禁用后无法进行检索等相关业务
<uses-permission android:name="android.permission.READ_PHONE_STATE" />
//读取设备硬件信息，统计数据
<uses-permission android:name="com.android.launcher.permission.READ_SETTINGS" />
//读取系统信息，包含系统版本等信息，用作统计
<uses-permission android:name="android.permission.ACCESS_WIFI_STATE" />
//获取设备的网络状态，验证所需的网络代理权力
<uses-permission android:name="android.permission.WRITE_EXTERNAL_STORAGE"/>
//允许 SD 卡写权限，需写入地图数据，禁用后无法显示地图
<uses-permission android:name="android.permission.WRITE_SETTINGS" />
//获取统计数据
<uses-permission android:name="android.permission.GET_TASKS" />
//验证所需该权限的进程列表
<uses-permission android:name="android.permission.CAMERA" />
//使用步行 AR 导航，配置 Camera 权限
```

**08** 在 AndroidManifest.xml 文件中加入百度地图服务代码，此段代码加入<application>标签中。

```
<service
  android:name="com.baidu.location.f"
  android:enabled="true"
  android:process=":remote" >
  <intent-filter>
     <action android:name="com.baidu.location.service_v2.2" >
     </action>
  </intent-filter>
</service>
```

至此引入百度 SDK 到本地工程完毕。

## 14.2　地　图　开　发

引入地图到本地工程后，接下来进入地图的实际开发阶段。首先学习如何使用百度地图控件，其次便是定制化开发。

### 14.2.1　显示百度地图

本节实例讲解如何使用百度地图控件，将地图显示到自己的手机界面，打开的地图可以实现拖放功能。

显示百度地图需要以下 5 个步骤。

01 在布局文件中加入百度地图控件，具体代码如下：

```
<?xml version="1.0" encoding="utf-8"?>
<LinearLayout xmlns:android="http://schemas.android.com/apk/res/android"
    android:layout_width="match_parent"
    android:layout_height="match_parent">
    <com.baidu.mapapi.map.MapView
        android:id="@+id/id_bmapView"
        android:layout_width="fill_parent"
        android:layout_height="fill_parent"
        android:clickable="true" />
</LinearLayout>
```

02 在主活动的 onCreate()方法中加入如下代码，此代码应放置在 setContentView()方法之前。

```
//在使用 SDK 各组件之前初始化 context 信息，传入 ApplicationContext
//注意该方法要在 setContentView()方法之前实现
SDKInitializer.initialize(getApplicationContext());
```

03 在工程中定义百度地图组件对象、地图类对象，具体代码如下：

```
private MapView mMapView = null;
private BaiduMap mBaiduMap;            //地图对象
```

04 新建初始化方法 initMapView()，此方法要放入 onCreate()方法中，在初始化方法中获取百度地图，具体代码如下：

```
private void initMapView() {
  mMapView = findViewById(R.id.id_bmapView);    //绑定组件
  mBaiduMap = mMapView.getMap();                //获取地图
}
```

05 将百度地图与活动进行绑定，分别重写 onResume()、onPause()、onDestroy()三个方法，具体代码如下：

```
@Override
protected void onResume() {
  super.onResume();
  //在 Activity 执行 onResume 时执行 mMapView.onResume()，实现地图生命周期管理
  mMapView.onResume();
}
@Override
protected void onPause() {
  super.onPause();
  //在 Activity 执行 onPause 时执行 mMapView.onPause()，实现地图生命周期管理
  mMapView.onPause();
}
@Override
protected void onDestroy() {
  super.onDestroy();
  //在 Activity 执行 onDestroy 时执行 mMapView.onDestroy()，实现地图生命周期管理
  mMapView.onDestroy();
}
```

百度地图需要使用真机进行测试，如果使用模拟器可能会出现无法显示等错误。运行程序查看效果，如图 14-18 所示。

图 14-18　运行效果

## 14.2.2　定位自己

通过上面的学习，相信读者已经能够成功打开百度地图了。本节通过百度地图实现定位自己的功能。

通过地图定位自己的位置需要以下 5 个步骤。

**01** 定位需要使用 LocationClient 类，该类提供与定位相关的设置。定义 LocationClient 类的对象，同时定义一个布尔类型变量，用于区分是否为第一次进入，具体代码如下：

```
private LocationClient mLocationClent;          //定义对象
private Boolean isFirst = true;                 //初次进入变量
```

**02** 定义一个内部类，实现 BDLocationListener 接口，用于 LocationClient 类回调时使用，具体代码如下：

```
private MbdLocationListener mLocationListener;              //声明对象
class MbdLocationListener implements BDLocationListener{}  //回调监听
```

**03** 创建一个初始化定位的函数，初始化定位类、监听类，并注册监听，同时使用 LocationClientOption 类初始化数据，具体代码如下：

```
private void initLocation() {
  mLocationClent = new LocationClient(this);                      //初始化类
  mLocationListener = new MbdLocationListener();                  //初始化监听
  mLocationClent.registerLocationListener(mLocationListener);  //注册监听
  LocationClientOption option = new LocationClientOption();
```

```
    option.setCoorType("bd09ll"); //设置坐标类型
    option.setOpenGps(true);//开启 GPS
    option.setIsNeedAddress(true);//返回本地位置
    option.setScanSpan(1000);//间隔请求时间
    mLocationClent.setLocOption(option);//选中设置
}
```

04 在回调监听函数中对数据进行转换，并通过 LatLng 类获取坐标点，同时更新地图。

```
class MbdLocationListener implements BDLocationListener{
    @Override
    public void onReceiveLocation(BDLocation bdLocation) {
    //数据转换
    MyLocationData data = new MyLocationData.Builder()
      .accuracy(bdLocation.getRadius())
      .latitude(bdLocation.getLatitude())
      .longitude(bdLocation.getLongitude())
      .build();
     mBaiduMap.setMyLocationData(data);   //自定义定位图标
    if(isFirst)
    {//坐标类，获取经度、纬度坐标
      LatLng latLng = new LatLng(bdLocation.getLatitude(),
bdLocation.getLongitude());
//以此坐标点为依据更新地图
      MapStatusUpdate msu = MapStatusUpdateFactory.newLatLng(latLng);
      mBaiduMap.animateMapStatus(msu);     //以动画的形式更新地图
      isFirst = false;//初次进入改变状态
    }
  }
}
```

05 与界面的启动、停止进行绑定，具体代码如下：

```
@Override
protected void onStart() {
  super.onStart();
  mBaiduMap.setMyLocationEnabled(true);     //开启地图定位
  if(!mLocationClent.isStarted())
  {//如果没有开启定位，则启动定位
    mLocationClent.start();
  }
}
@Override
protected void onStop() {
  super.onStop();
  mBaiduMap.setMyLocationEnabled(false);    //停止地图定位
  mLocationClent.stop();                    //停止定位
}
```

至此这个程序便可以定位到本地位置。但是有一个问题，当用户改变位置后无法返回当前位置。下面将继续来解决这个问题。需要以下几个步骤。

01 定义两个变量，分别用于保存首次进入的两个坐标位置，具体代码如下：

```
private double mLatitude;                   //定义经度变量
private double mLongitude;                  //定义纬度变量
```

02 对定位监听函数进行赋值，以保证每次定位成功后为最新位置，具体代码如下：

```
mLatitude = bdLocation.getLatitude();          //获取经度坐标
mLongitude = bdLocation.getLongitude();        //获取纬度坐标
```

03 创建菜单文件，具体代码如下：

```
<?xml version="1.0" encoding="utf-8"?>
<menu xmlns:android="http://schemas.android.com/apk/res/android"
    xmlns:app="http://schemas.android.com/apk/res-auto">
    <item
        android:id="@+id/id_menu_back"
        app:showAsAction="never"
        android:title="我的位置" />
</menu>
```

04 重写 onCreateOptionsMenu()方法，获取菜单文件，具体代码如下：

```
@Override
public boolean onCreateOptionsMenu(Menu menu) {
  MenuInflater inflater = getMenuInflater();    //获取菜单 XML 文件
  inflater.inflate(R.menu.main, menu);          //设置菜单
  return true;
}
```

05 重写 onOptionsItemSelected()方法，当“我的位置”菜单项被单击时返回本地位置，具体代码如下：

```
@Override
public boolean onOptionsItemSelected(MenuItem item) {
  switch (item.getItemId())
  {
    case R.id.id_menu_back:                //切换普通地图
     LatLng latLng = new LatLng(mLatitude,mLongitude); //初始化坐标
     //以此坐标点进行更新地图
     MapStatusUpdate msu = MapStatusUpdateFactory.newLatLng(latLng);
     mBaiduMap.animateMapStatus(msu);    //以动画形式打开地图
     break;
  }
  return super.onOptionsItemSelected(item);
}
```

### 14.2.3　实现方向跟随

细心的读者会发现，百度默认定位图标是一个圆点，这样对没有方向感的用户很是苦恼，所以本节引入自定义图标，通过方向传感器使图标具有方向跟随的功能。

添加方向传感器实现跟随需要以下几个步骤。

01 将自定义图标导入工程，创建一个图片类对象，具体代码如下：

```
private BitmapDescriptor mIcon;//创建一个图片类对象
```

02 在初始化定位 initLocation()方法中初始化自定义图标，具体代码如下：

```
//初始化图标
mIcon = BitmapDescriptorFactory.fromResource(R.drawable.map_gps);
```

**03** 在定位监听事件函数中，设置自定义图标，具体代码如下：

```
//设置自定义图标
MyLocationConfiguration config = new MyLocationConfiguration(
      MyLocationConfiguration.LocationMode.NORMAL,true,mIcon);
mBaiduMap.setMyLocationConfiguration(config);              //设置本地配置
```

**04** 自定义一个传感器类并实现 SensorEventListener 接口，具体代码如下：

```
public class MySensorListener implements SensorEventListener{
  //坐标发生改变时
  public void onSensorChanged(SensorEvent event) {}
  //精度发生改变时
  public void onAccuracyChanged(Sensor sensor, int accuracy) {}
}
```

**05** 定义基本变量，创建构造函数并初始化设备上下文，创建启动、停止函数，具体代码如下：

```
private SensorManager sensorManager;    //传感器管理器
    private Sensor mSensor;             //传感器对象
    private Context mContext;           //设备上下文
    private float m_fX;                 //保存坐标
    public MySensorListener(Context context)
    {
        this.mContext = context;
    }
public void Start()
{
  //开始的时候获取传感器管理器
  sensorManager = (SensorManager) mContext.getSystemService
              (Context.SENSOR_SERVICE);
  if(sensorManager!=null)
  {//获取方向传感器
   mSensor = sensorManager.getDefaultSensor(Sensor.TYPE_ORIENTATION);
  }
  if(mSensor!=null)
  {//获取传感器后设置监听：1.监听 2.传感器 3.需要的精度
   sensorManager.registerListener(this,mSensor,
     SensorManager.SENSOR_DELAY_UI);
  }
}
public void Stop()
{//移除监听
  sensorManager.unregisterListener(this);
}
```

**06** 创建一个接口，当传感器坐标发生改变时进行回调，具体代码如下：

```
private OnOrientationListener mOnOrientationListener;//定义一个监听的成员变量
public void SetOnOrientationListenner(OnOrientationListener
onOrientationListener){
    this.mOnOrientationListener = onOrientationListener;}
//回调接口
public interface OnOrientationListener{
   void OnOrientationChanged(float x);}
```

**07** 传感器坐标发生改变，用 onSensorChanged()方法进行设置，具体代码如下：

```
public void onSensorChanged(SensorEvent event) {
//判定是方向传感器再进行处理
  if(event.sensor.getType() == Sensor.TYPE_ORIENTATION)
  {
    float x = event.values[0];  //获取 x 轴坐标
    if(Math.abs(x-m_fX)>1.0)     //判定大于 1 度再进行更新
    {//获取的坐标为非空时进行回调
      if(mOnOrientationListener!=null)
      {
        mOnOrientationListener.OnOrientationChanged(x);
      }
    }
    m_fX = x;    //对坐标点进行重新赋值
   }
}
```

**08** 在主活动中初始化传感器类，并在定位启动和停止时对传感器做出响应，具体代码如下：

```
//初始化传感器
mySensorListener = new MySensorListener(this);
//当方向发生改变时注册监听事件
mySensorListener.SetOnOrientationListenner(new
MySensorListener.OnOrientationListener() {
  @Override
  public void OnOrientationChanged(float x) {
    mLocationX = x;      //将获取的坐标赋值给本地记录
  }
});
@Override
    protected void onStart() {
        super.onStart();
        mBaiduMap.setMyLocationEnabled(true);    //开启地图定位
        if(!mLocationClent.isStarted())
        {//如果没有开启定位，则启动定位
            mLocationClent.start();
        }
        mySensorListener.Start();     //启动传感器
    }
    @Override
    protected void onStop() {
        super.onStop();
        mBaiduMap.setMyLocationEnabled(false);  //停止地图定位
        mLocationClent.stop();        //停止定位
        mySensorListener.Stop();      //停止传感器
    }
```

**09** 将传感器获取的值集成到百度地图，实现实时刷新数据，具体代码如下：

```
MyLocationData data = new MyLocationData.Builder()
  .direction(mLocationX)                    //集成方向传感器更新
  .accuracy(bdLocation.getRadius())         //精度
  .latitude(bdLocation.getLatitude())       //获取经度
```

```
.longitude(bdLocation.getLongitude())   //获取纬度
.build();
```

至此便实现了方向跟随的功能，安装应用后改变手机方向试试效果。

# 14.3 辅 助 功 能

地图默认提供了三种不同的模式，以展示不同形式的地图。本节将地图的这种辅助功能加入自己的工程中。

## 14.3.1 模式切换

百度地图提供了三种模式供用户选择，通过单选按钮可选择不同的模式。添加模式切换需要以下几个步骤：

01 布局中加入三个单选按钮，具体代码如下：

```
<RadioGroup
android:layout_alignParentRight="true"
android:layout_width="wrap_content"
android:layout_height="wrap_content"
android:orientation="vertical">
<RadioButton
    android:id="@+id/btn_b1"
    android:layout_width="wrap_content"
    android:layout_height="wrap_content"
    android:text="普通模式"
    android:background="#cccc2200" />
<RadioButton
    android:id="@+id/btn_b2"
    android:layout_width="wrap_content"
    android:layout_height="wrap_content"
    android:text="罗盘模式"
    android:background="#cccc2200"/>
<RadioButton
    android:id="@+id/btn_b3"
    android:layout_width="wrap_content"
    android:layout_height="wrap_content"
    android:text="跟随模式"
    android:background="#cccc2200"/>
</RadioGroup>
```

02 在主活动中声明三个单选按钮，并声明模式切换变量，具体代码如下：

```
//模式切换按钮
private RadioButton btn1;   //普通模式
private RadioButton btn2;   //罗盘模式
private RadioButton btn3;   //跟随模式
//模式切换变量
private MyLocationConfiguration.LocationMode mLocationMode;
```

03 在 initLocation()方法中初始化模式切换变量，具体代码如下：

```
mLocationMode = MyLocationConfiguration.LocationMode.NORMAL;//默认普通模式
```

**04** 为按钮添加单击事件，具体代码如下：

```
public void onClick(View v) {
  switch (v.getId())
  {
   case R.id.btn_b1:
     //普通模式
     mLocationMode = MyLocationConfiguration.LocationMode.NORMAL;
     break;
   case R.id.btn_b2:
     //罗盘模式
     mLocationMode = MyLocationConfiguration.LocationMode.COMPASS;
     break;
   case R.id.btn_b3:
     //跟随模式
     mLocationMode = MyLocationConfiguration.LocationMode.FOLLOWING;
     break;
   }
}
```

**05** 对之前设置模式的代码进行修改：

```
class MbdLocationListener implements BDLocationListener{
  @Override
  public void onReceiveLocation(BDLocation bdLocation) {
    MyLocationData data = new MyLocationData.Builder()
      .direction(mLocationX)                      //集成方向传感器更新
      .accuracy(bdLocation.getRadius())           //精度
      .latitude(bdLocation.getLatitude())         //获取经度
      .longitude(bdLocation.getLongitude())       //获取纬度
      .build();
    mBaiduMap.setMyLocationData(data);            //将获取的数据设置进地图
    mLatitude = bdLocation.getLatitude();         //获取经度坐标
    mLongitude = bdLocation.getLongitude();       //获取纬度坐标
    //设置自定义图标
    MyLocationConfiguration config = new MyLocationConfiguration(
  mLocationMode,true,mIcon);                      //将模式切换变量设置到这里
    mBaiduMap.setMyLocationConfiguration(config); //设置本地配置
    if(isFirst) {
    LocaInAddr();//定位到本地
    isFirst = false;
   }
  }
}
```

## 14.3.2　地图切换

百度地图提供了普通地图、卫星地图、实时交通地图三种方式，接下来将三种地图切换方式加入工程中，具体需要以下几个步骤。

**01** 为了准确无误地显示百度地图，这里以菜单的形式添加三种切换方式，所以需要添加菜单项。具体代码如下：

```
<menu xmlns:android="http://schemas.android.com/apk/res/android"
   xmlns:app="http://schemas.android.com/apk/res-auto">
   <item
      android:id="@+id/id_menu_back"
      app:showAsAction="never"
      android:title="我的位置" />
   <item
      android:id="@+id/id_menu_common"
      app:showAsAction="never"
      android:title="普通地图" />
   <item
      android:id="@+id/id_menu_site"
      app:showAsAction="never"
      android:title="卫星地图" />
   <item
      android:id="@+id/id_menu_traffic"
      app:showAsAction="never"
      android:title="实时交通(off)" />
</menu>
```

02 处理菜单项的选中事件，具体代码如下：

```
public boolean onOptionsItemSelected(MenuItem item) {
  switch (item.getItemId())
  {
   case R.id.id_menu_back:
      LocaInAddr();               //定位我的位置
      break;
   case R.id.id_menu_common:    //普通地图
      mBaiduMap.setMapType(BaiduMap.MAP_TYPE_NONE);
      break;
   case R.id.id_menu_site:      //卫星地图
      mBaiduMap.setMapType(BaiduMap.MAP_TYPE_SATELLITE);
      break;
   case R.id.id_menu_traffic:  //交通地图
      if (mBaiduMap.isTrafficEnabled())
      {
         mBaiduMap.setTrafficEnabled(false);
         item.setTitle("实时交通(off)");
      }else
      {
         mBaiduMap.setTrafficEnabled(true);
         item.setTitle("实时交通(on)");
      }
      break;
  }
  return super.onOptionsItemSelected(item);
}
```

运行效果如图 14-19 所示。

图 14-19　运行效果

# 14.4　就业面试问题解答

**面试问题 1：为什么拿到源码运行后没有显示地图？**

使用百度地图开发需要实名注册一个账号，并且每一个应用都有独立的密钥，所以须注册一个应用并将密钥替换。

**面试问题 2：为什么要将百度地图与活动页面进行生命周期的绑定？**

自定义控件与活动进行生命周期绑定是一个好的开发习惯。例如，当活动页面已经销毁时，如果没有销毁百度地图，此时百度地图仍然在请求定位。这样会造成资源浪费，也会对用户造成不好的使用体验。

# 第15章

# Android App 开发与调试技巧

如何快速开发一款手机应用程序，出现错误如何找到问题所在，这便是本章研究的重点。本章将学习 Android Studio 的一些高级使用技巧，以及如何快速定位程序问题点的方法。

# 15.1　使用快捷键

Android Studio 是一个非常强大的 IDE，它提供了非常多的快捷键，熟练使用这些快捷键，可以大大提高开发人员的工作效率。

## 15.1.1　Log 类快捷键

在 Android 应用开发过程中，打印日志是一个不可或缺的功能。日志用于记录数据，调试信息等。一个优秀的程序员不仅能够快速地开发程序，更能快速地解决问题，其中打印日志便是快速开发的一个小技能。

Android 提供了一个 Log 类，这个类提供了一些方法来打印日志。Log 类提供了 5 个不同级别的日志打印方法，它们各有不同的任务，不仅功能强大而且还非常容易上手。

Log 类的 5 个常用方法说明如下。

- v(String,String) (vervbose)：显示全部信息。
- d(String,String)(debug)：显示调试信息。
- i(String,String)(information)：显示一般信息。
- w(String,String)(waning)：显示警告信息。
- e(String,String)(error)：显示错误信息。

它们的第一个参数是一个 TAG，这个标签主要是开发人员自己查看，可以随意定义，实际开发中如果需要打印，可以提前定义一个 TAG 标签，也可以使用 logt 快捷方式。

例如，在主活动中输入 logt 回车，系统会自动补全代码，具体代码如下：

```
//自动补全代码，会以当前活动名作为标签
private static final String TAG = "MainActivity";
```

打印日志的其他快捷方式，如主活动中输入 lotd 回车，系统会自动补全代码如下：

```
Log.d(TAG, "onCreate: ");
```

主活动中输入 logi 回车，系统会自动补全代码如下：

```
Log.i(TAG, "onCreate: ");
```

主活动中输入 logw 回车，系统会自动补全代码如下：

```
Log.w(TAG, "onCreate: ", );
```

主活动中输入 loge 回车，系统会自动补全代码如下：

```
Log.e(TAG, "onCreate: ", );
```

如果需要打印传入本方法参数的内容，可以使用 logm 补全代码。

```
Log.d(TAG, "onCreate() called with: savedInstanceState = [" +
savedInstanceState + "]");
```

系统会自动补全代码，并将参数一同打印。熟练使用这些快捷方式，可以大大提高开

发效率。

## 15.1.2 开发快捷键

Android Studio 工具本身支持不同的操作风格。例如，快捷键可以通过选择 File→Setting 菜单项，打开 Settings 对话框，找到 Keymap 选项，如图 15-1 所示。

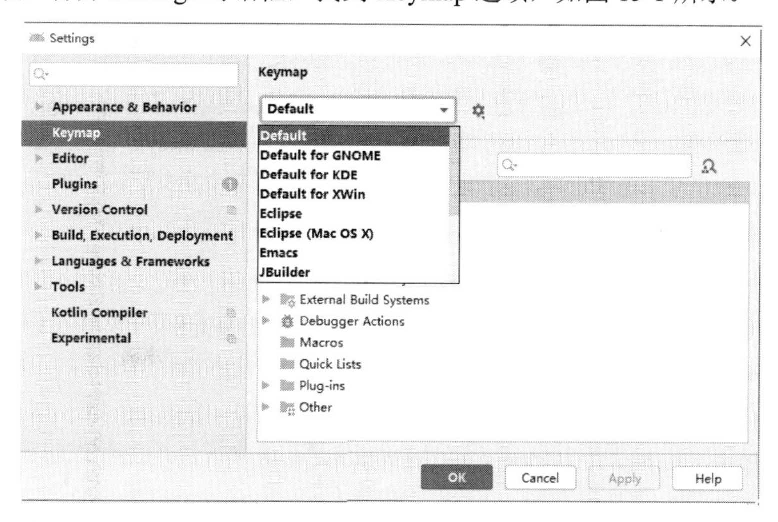


图 15-1 快捷键设置

从图 15-1 可以看到，Keymaps 下拉列表支持多种不同平台的快捷键，当然也可以根据自己的需要进行个性化定制，在下面的树形控件中选择设置即可。

1. 常用操作技巧

(1) 书签

这是一个很有用的功能，在必要的地方设置标签，方便后面再跳转到此处。

通过菜单 Navigate→Bookmarks，打开书签操作菜单，如图 15-2 所示。

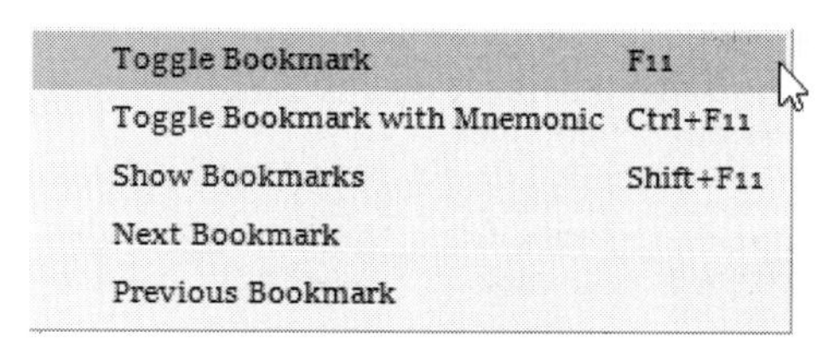


图 15-2 书签操作菜单

选中需要书签的代码，通过快捷键 F11 可以添加或删除书签。添加后时代码行号会多出一个对号的标签，如图 15-3 所示。

如果需要添加带标签的书签，可以通过快捷键 Ctrl+F11 完成。此时书签图标将换成设定的标签，如图 15-4 所示。

如果需要显示所有书签，可以通过快捷键 Shift+F11 实现。此时会打开一个书签列表对话框，如图 15-5 所示。

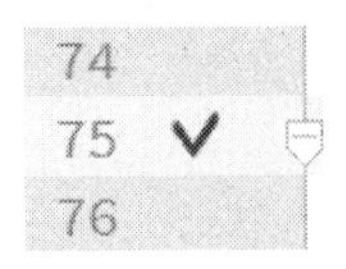


图 15-3　书签图标

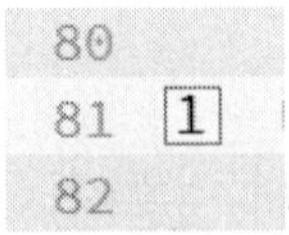

80
81 1
82

图 15-4　带标签书签

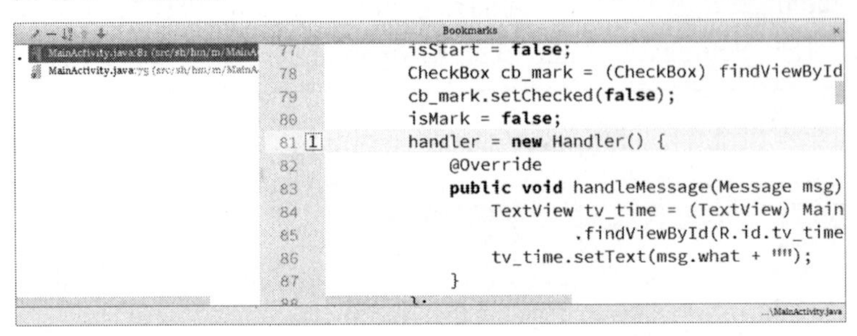


图 15-5　书签列表

如果是带标签的书签，可以使用快捷键“Ctrl+标签”快速跳转到标签处。比如，输入 Ctrl+1，即可跳转到标签为 1 的书签处。

(2)　快速隐藏/展开所有窗口

在实际开发中，可以使用快捷键 Ctrl+Shift+F12 隐藏或打开其他非代码窗口。

(3)　隐藏与打开工程管理窗口

这个方法可以打开或隐藏工程管理窗口，方便全屏显示代码，快捷键是 Alt+1。

Alt+1 中的“1”是数字键 1 而不是字母键 L，注意区分。另外，不能使用小键盘的数字键。

(4)　高亮显示

如果需要查看某个变量或函数在代码中的位置，通过快捷键 Ctrl+Shift+F7 输入查找内容，代码区中会对查找的变量或函数进行高亮显示，如图 15-6 所示。

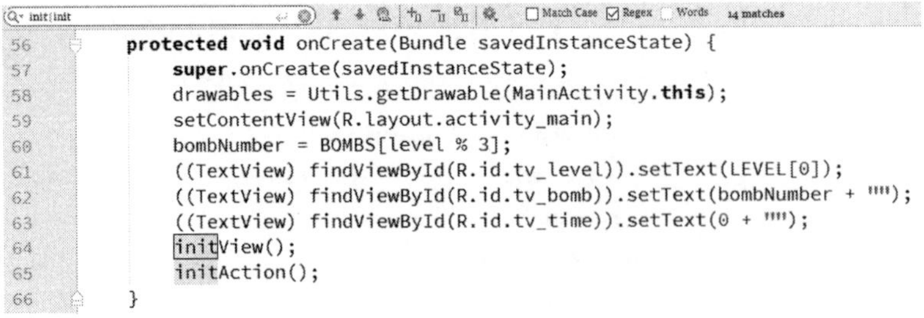

```
Q- init|init                    Match Case  Regex  Words  14 matches
56    protected void onCreate(Bundle savedInstanceState) {
57        super.onCreate(savedInstanceState);
58        drawables = Utils.getDrawable(MainActivity.this);
59        setContentView(R.layout.activity_main);
60        bombNumber = BOMBS[level % 3];
61        ((TextView) findViewById(R.id.tv_level)).setText(LEVEL[0]);
62        ((TextView) findViewById(R.id.tv_bomb)).setText(bombNumber + "");
63        ((TextView) findViewById(R.id.tv_time)).setText(0 + "");
64        initView();
65        initAction();
66    }
```

图 15-6　高亮显示

(5)　返回之前操作的窗口

实际开发中，如果需要在 Android Studio 各个窗口间进行切换，比如需要返回之前操作过的窗口，通过快捷键 F12 即可快速返回。

(6)　返回上一个编辑的位置

同返回上一个窗口类似，如果需要返回上一次编写代码的位置，通过快捷键 Ctrl+Shift+Backspace 即可返回。

(7) 在方法和内部类之间跳转

如果需要在方法或内部类之间进行跳转，可以使用快捷键 Alt+Up 或 Alt+Down。

(8) 定位到父类

如果需要查看该类的父类，可以通过快捷键 Ctrl+U 完成。

(9) 快速查找一个类

当工程中有多个类时，可以通过快捷键 Ctrl+N 快速查找到需要的类。

(10) 快速查找某个文件

如果需要在工程中查找某个具体文件，可以通过快捷键 Ctrl+Shift+n 查找。

(11) 快速查看定义

如果需要查看一个方法或者类的具体声明，通过快捷键 Ctrl+Shift+I 可以在当前位置开启一个窗口查看声明，如图 15-7 所示。

(12) 最近访问的文件列表

通过快捷键 Ctrl+E 可以打开一个最近访问文件列表，如图 15-8 所示。

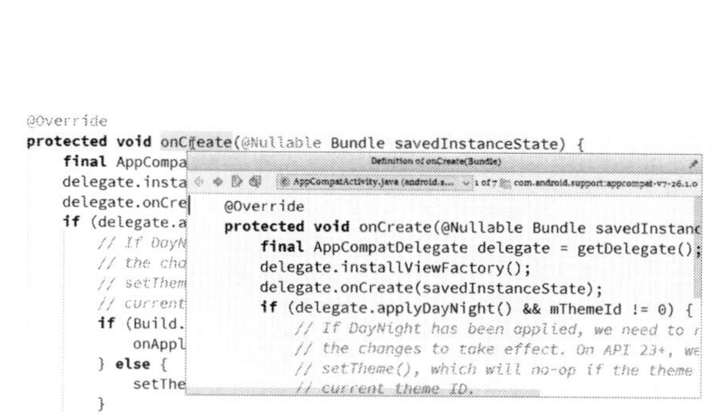


图 15-7 查看声明

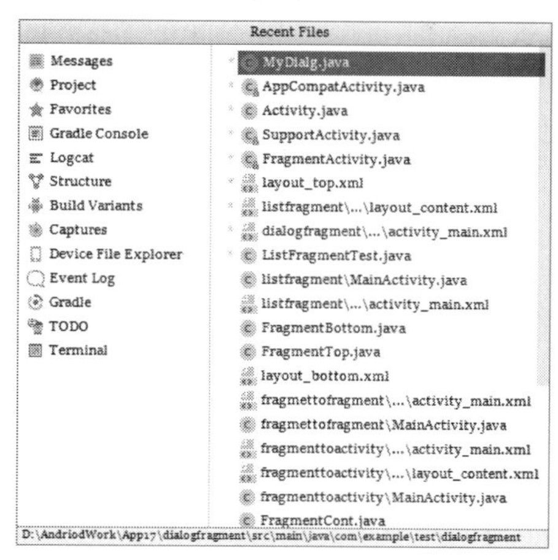


图 15-8 最近访问列表

(13) 布局文件与活动文件切换

在实际开发中，如果需要在布局文件与活动文件之间切换，在布局代码行号中有一个图标，如图 15-9 所示，单击即可切换至活动文件。同样，在活动文件中也提供了相应的图标，如图 15-10 所示，单击即可切换至布局文件。

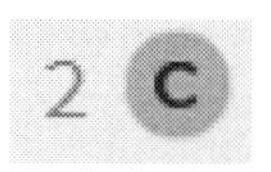


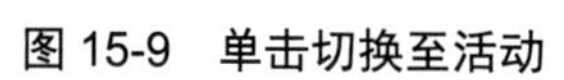
图 15-9 单击切换至活动

图 15-10 单击切换至布局

(14) 扩大/缩小

在代码编辑中，如果需要选中一块代码可以使用快捷键 Ctrl+W。不断使用会发现选中的区域会不断扩大。如果需要缩小选中区域，可以通过快捷 Ctrl+Shift+W 进行缩小。

(15) 文件结构窗口

使用快捷键 Ctrl+F12 可以打开类中的所有方法，如图 15-11 所示。可以在输入字符的时候用驼峰风格来过滤选项。比如输入 onCr 会找到 onCreate。还可以通过选择多选框来决定是否显示匿名类，比如想跳转到一个 OnClickListener 的 onClick()方法。

(16) 快速切换以打开文件

通过快捷键“Alt+方向键”可以在已打开文件之间快速切换。

(17) 切换器

与快速切换文件不同，切换器除切换文件外还可以切换不同的窗口，如图 15-12 所示。操作切换器的快捷键为 Ctrl+Tab。

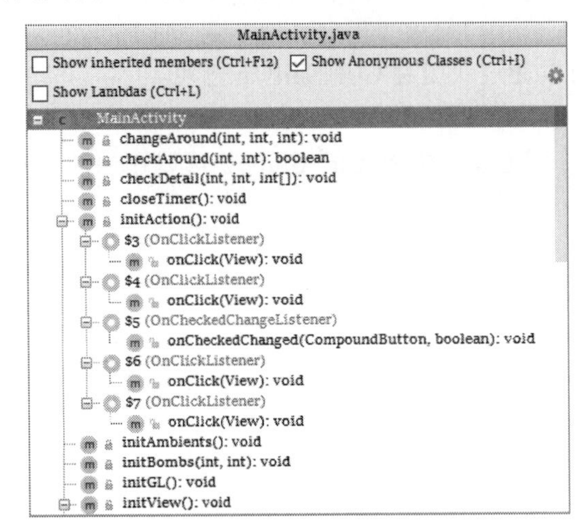


图 15-11　文件结构窗口

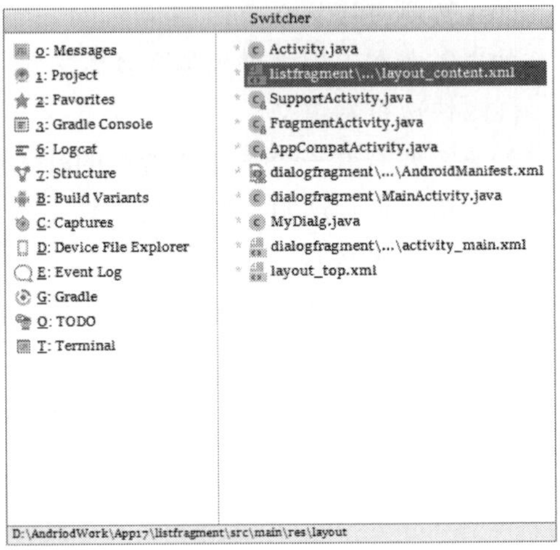

图 15-12　切换器

2. 编码技巧

(1) 语句补全

使用快捷键 Ctrl+Shift+Enter 会补全缺失的语句。例如：

在行末添加一个分号，即使光标不在行末；

为 if、while、for 语句生成圆括号和大括号；

如果一个语句已经补全，再次执行该操作时，则会直接跳到下一行。

(2) 删除行

如果没选中，则删除光标所在的行；如果选中，则会删除选中的行；此方法的快捷键为 Ctrl+Y。

(3) 行复制

复制当前行，并粘贴到下一行。这个操作不会影响剪贴板的内容。这个命令与移动行快捷键配合使用非常有用，此方法的快捷键为 Ctrl+D。

(4) 剪切选中行代码

通过快捷键 Ctrl+X 可以将选中代码剪切至剪切板。这个操作与操作系统的剪切操作相同。

(5) 粘贴剪切板内容

通过快捷键 Ctrl+V 可以将剪切板的内容粘贴至光标位置处。

(6) 代码移动

通过快捷键“Ctrl+Shift+上下方向键”可以将光标所在行代码向上或向下移动。

(7) 使用 Enter 和 Tab 进行代码补全

在实际编程中，需要代码补全时，可以使用 Enter 或 Tab 键完成。但是两者是有差别的。Enter 可从光标处插入补全的代码，仅做补全处理，对原来的代码不做任何操作。Tab 可从光标处插入补全的代码，并删除后面的代码，直到遇到点号、圆括号、分号或空格为止。

(8) 抽取方法

在实际开发中，如果某方法里面过于复杂或有代码重复，可以将某段代码抽取成单独的方法。抽取方法时使用快捷键 Ctrl+Alt+M，使用时会弹出一个抽取方法对话框，输入方法名即可完成抽取。实际开发中该技巧非常有用。抽取方法对话框如图 15-13 所示。

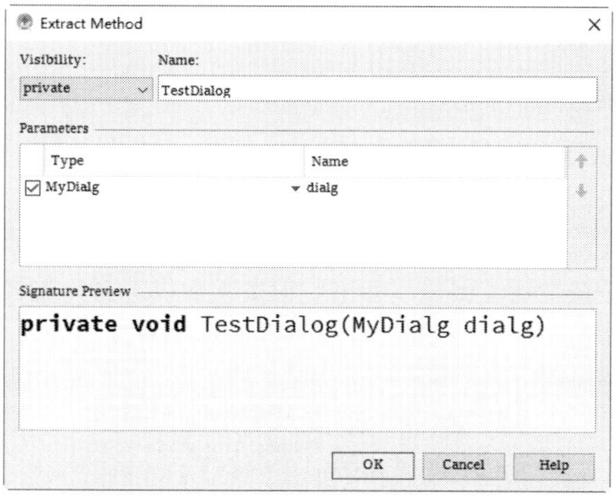

图 15-13　抽取方法对话框

(9) 抽取参数

在实际开发中如果需要通过抽取参数来优化某个方法，可以使用快捷键“Ctrl+Alt+P”，该操作会将当前值作为一个新方法的参数，将旧的值放到方法调用的地方，作为传进来的参数，通过选择“delegate”，可以保持旧的方法，重载生成一个新方法。

(10) 抽取变量

在实际编程中，如果没有写变量声明，直接写了值，这时候可以通过快捷键 Ctrl+Alt+V 完成变量抽取。这个方法还会给出一个建议的变量名。不同于补全代码，当你需要改变变量声明的类型时，例如使用 List 替代 ArrayList，可以按组合键 Shift+Tab，就会显示所有可用的变量类型，如图 15-14 所示。

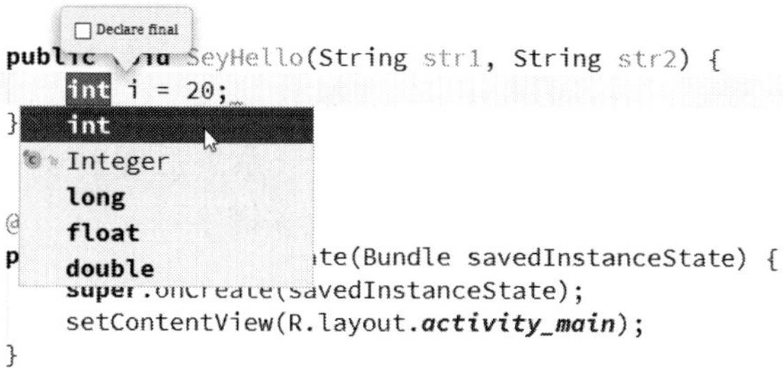

图 15-14　抽取变量

(11) 抽取变量为全局变量

如果在实际开发中设计变量权限过低，需要改变变量为全局变量，可以通过快捷键 Ctrl+Alt+F 将局部变量抽取成全局变量。

(12) 内置

这是同抽取相反的操作，当实际代码过于复杂或者重载方法过多时，可以通过快捷键 Ctrl+Alt+N 进行内置操作。该操作对方法、字段、参数和变量均有效。

(13) 合并行和文本

这个操作比起在行末按删除键更加智能，该操作遵守以下格式化规则：

- 合并两行注释，同时移除多余的//;
- 合并多行字符串，移除+和双引号；
- 合并字段的声明和初始化赋值。

该方法的快捷键是 Ctrl+Shift+J。

(14) 内置模板代码

Android Studio 提供了非常多的模板代码，通过调用这些模板代码可以减少代码的书写量。在输入代码前按快捷键 Ctrl+J，会出现很多模板供选择，如图 15-15 所示。

```
C                 Surround with Callable
fbc               findViewById with cast
fixme                       adds // FIXME
foreach             Create a for each loop
fori               Create iteration loop
gone           Set view visibility to GONE
I Iterate Iterable | Array in J2SDK 5...
ifn          Inserts ''if null'' statement
inn      Inserts ''if not null'' statement
inst Checks object type with instanceo...
```

图 15-15　模板代码

选择 fbc 将会生成一个 findViewById(R.id.)模板，方便初始化控件。选择 ifn 是一个空校验模板 if(==null)，对应的 inn 是一个非空校验模板 if(!=null)。选择 foreach 会自动生成一个 foreach 循环模板。选择 fori 会生成一个包含变量 i 的 for 循环，其中还包含打印 Toast 的方法。按快捷键 Ctrl+J 后再输入 Toast，会自动生成模板代码，如下：

```
Toast.makeText(MainActivity.this, "", Toast.LENGTH_SHORT).show();
```

此时，输入相应的打印信息即可，是不是非常方便。

(15) 后缀补全

该操作也算是代码补全，它会在点号之前生成代码。和正常的代码补全没有太大区别，在一个表达式之后输入点号即可。例如，对一个列表进行遍历，可以输入 myList.for，然后按 Tab 键，就会自动生成 for 循环代码。实际操作时，可以在某个表达式后面输入点号，出现一个候选列表，可以看到一系列后缀补全关键字。也可以在菜单 Editor→Postfix Completion 中看到一系列后缀补全关键字。

常用的后缀补全关键字有：

- .for，补全 foreach 语句；
- .format，使用 String.format()包裹一个字符串；
- .cast，使用类型转化包裹一个表达式。

(16) 重构

该操作可以显示一个列表，如图 15-16 所示，其中包含所有对当前选中项可行的重构方法。这个列表可以用数字序号快速选择，快捷键为 Ctrl+Alt+Shift+T。

(17) 重命名

在实际开发中，如果需要对变量、字段、方法、类、包进行重名时，可以通过快捷键 Shift+F6 完成。该操作可确保重命名对上下文有意义，不是简单地替换掉所有文件中的名字。

(18) 包裹代码

在实际开法中，有时会涉及异常处理，需要用一个 try/catch 语句将可能出现异常的语句进行包裹，还有诸如 if 语句、循环或者 runnable 语句，使用快捷键 Ctrl+Alt+T，出现一个包裹列表，如图 15-17 所示，选择须使用的语句即可。

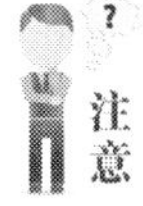


如果使用前没有选中任何东西，该操作会包裹当前光标所在位置的整行内容。

(19) 移除包裹代码

该方法同包裹代码正好相反，它用于移除一些包裹代码，快捷键是 Ctrl+Shift+Delete。

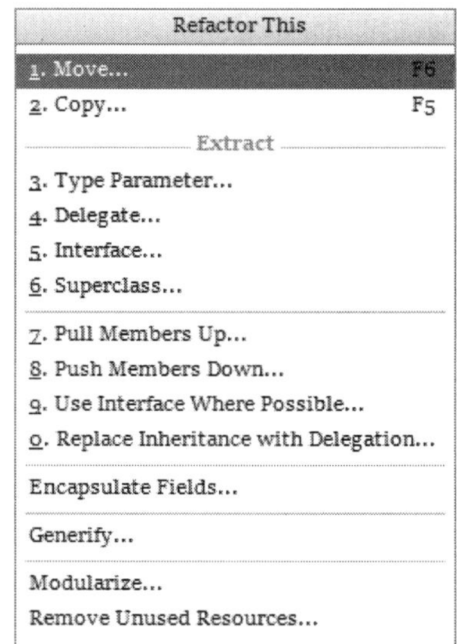


图 15-16　重构列表

图 15-17　包裹代码列表

(20) 类继承关系图

一个工程中类的定义众多，继承关系复杂，通过快捷键 Ctrl+H 可以打开类继承关系图，方便查看继承关系，如图 15-18 所示。

(21) 展开与折叠代码

在实际开发中，代码很多会显得比较凌乱，可以通过快捷键“Ctrl+减号或加号”隐藏不重要的代码过程，或者展开隐藏的代码。

(22) 快速重写父类中的方法

这个方法使用快捷键 Ctrl+O，打开一个父类重写方法对话框，如图 15-19 所示。选择对应的方法即可完成重写，实际开发中这个方法的使用非常频繁。

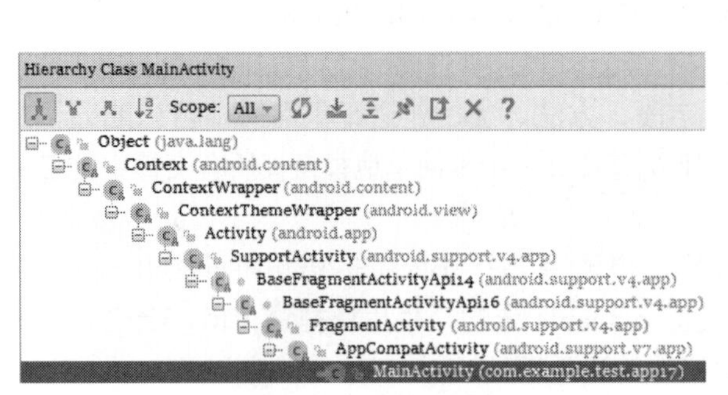

图 15-18　类继承关系

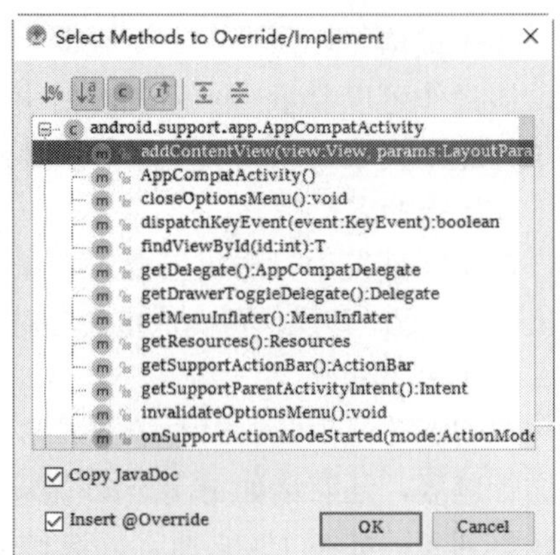


图 15-19　重写方法对话框

## 15.2　调 试 技 巧

Debug 调试是开发人员一个必备的技能，熟练地使用它并不容易。Debug 断点追踪调试是解决 bug 和代码分析的利器。本节讲解与代码调试相关的技巧。

### 15.2.1　断点设置

调试断点如何设置将直接影响调试的效率，Android Studio 提供了非常丰富的断点机制，如何掌握断点的设置技巧将是本节研究的重点。

1. 设置断点

在代码中需要设置断点的位置，单击左侧代码行号，便可设置一个断点，断点的图标如图 15-20 所示。取消断点也很简单，再次单击这个图标即可取消断点。

2. 启动调试

启动调试非常简单，单击 Debug 图标即可启动调试，如图 15-21 所示。也可以使用快捷键 Shift+F9 启动调试。

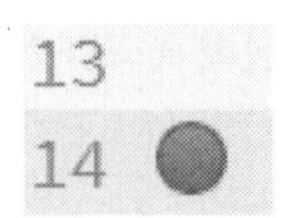


图 15-20　设置断点

图 15-21　启动调试

3. 条件断点

如果在一个循环中设置了断点，调试程序时程序会执行一次循环便中断，这样无形中增加了调试的难度。此时可以使用条件断点，在断点的基础上设置相应的条件。使用快捷键 Ctrl+Shift+F8 可以打开断点对话框，勾选 Condition 复选框，然后在右侧编辑框中输入相应的条件，如图 15-22 所示。

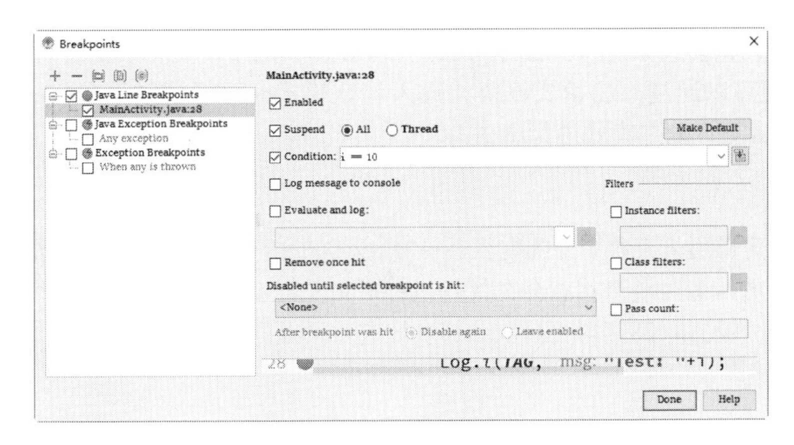


图 15-22　设置条件断点

4. 日志断点

日志断点严格来说并不是断点，它不会在设置断点的地方停下来，只是在需要的地方输出日志。设置日志断点同条件断点相同，需要打开断点窗口，选择 Evaluate and log 复选框，然后下方的编辑框输入需要打印的日志信息，如图 15-23 所示。

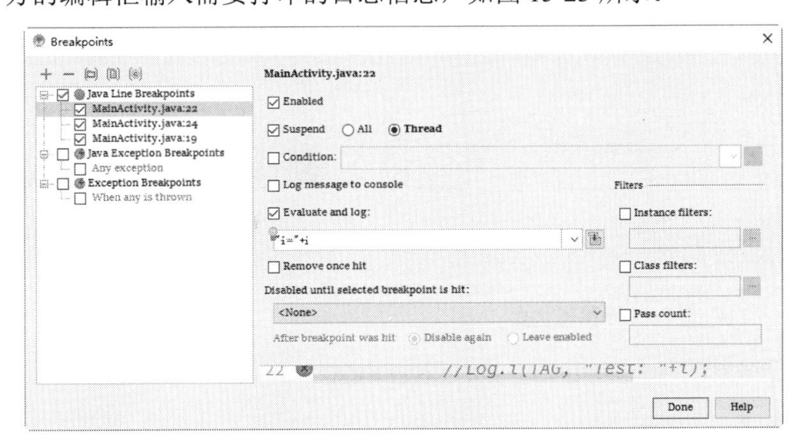


图 15-23　设置日志断点

## 15.2.2　其他调试技巧

除设置断点外还有一些其他的调试技巧，例如分析传入数据流、附加模式调试程序、计算表达式和变量查看等等。

1. 分析传入数据流

这个操作将会根据当前选中的变量、参数或者字段，分析出其传递到此处的路径。程序代码比较多或者是别人的代码，要想搞明白某个参数是怎么传递到此处的，这是一个非常有用的操作。可以通过菜单 Analyze→Analyze StackTrace 进行设置。

2. 附加模式调试程序

此项功能不在调试模式下也可以进行，这是一个很方便的操作，因为不必重新安装调试程序，并以调试模式重新部署应用。当别人正在测试应用，突然遇到一个 bug 而将设备交给你时，便可以通过附加模式很快地进入调试模式。可以通过菜单 Build→Attach to Android Process 进入附加模式进行调试。

3. 计算表达式

这个操作可以用来查看变量的内容，计算任何有效的 Java 表达式。需要注意的是，如果修改了变量的状态，这个状态会在代码执行后依然存在。处于断点状态时，光标放在变量处，使用快捷键 Alt+F8，即可显示计算表达式对话框，如图 15-24 所示。

4. 变量查看

该操作可以在不打开计算表达式对话框的情况下，查看表达式的值。在断点模式下，按住 Alt 键并单击需要查看的变量值，如图 15-25 所示。

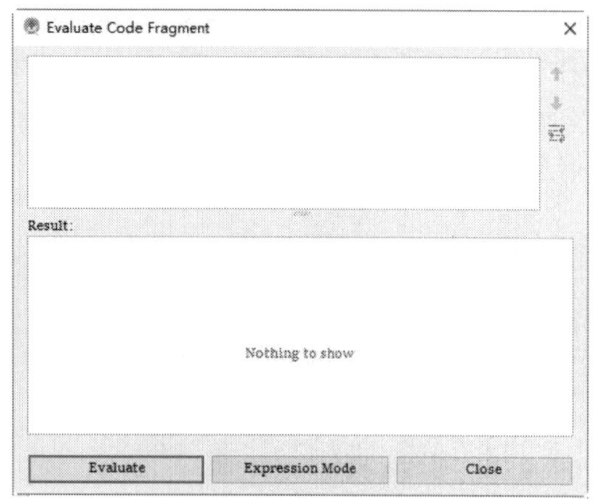


图 15-24　计算表达式

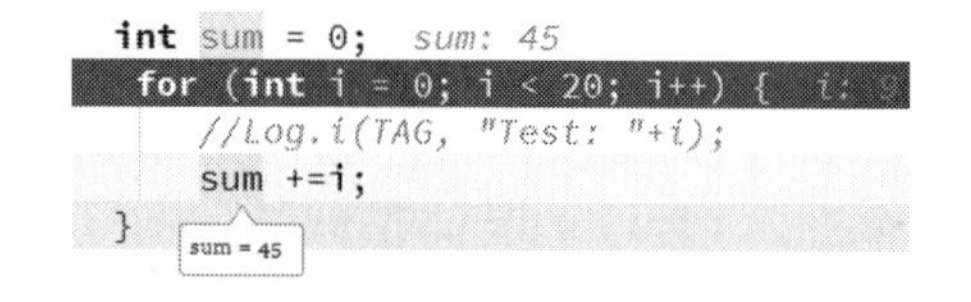


图 15-25　变量查看

5. 跳转至当前运行点

在实际调试中，当程序触发了断点中断后，可能远离程序运行点，此时可以通过快捷键 Alt+F10，快速返回之前逐步调试的地方。

6. 终止进程

此方法用于终止当前正在运行的任务，如果是多个任务同时运行，则显示一个列表用于选择。该方法在暂停调试或者暂停编译的时候特别有用，可以使用快捷键 Ctrl+F2 进行操作。

## 15.3　就业面试问题解答

**面试问题 1：如何调试已经运行的程序？**

对于已经运行的程序，若需要调试不用重新运行一遍，只需要将程序加入调试进程即可。选择 Run→Attach debugger to Android process 菜单项，如图 15-26 所示。打开 Choose

Process 对话框，如图 15-27 所示。选择需要调试的程序，单击 OK 按钮，可以进入调试模式。

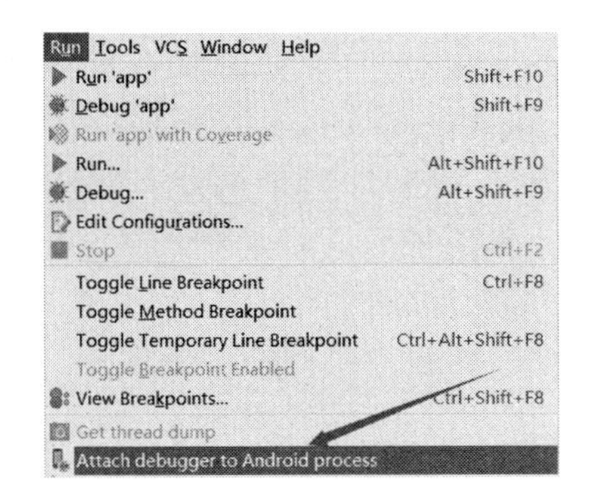


图 15-26　启动调试菜单项

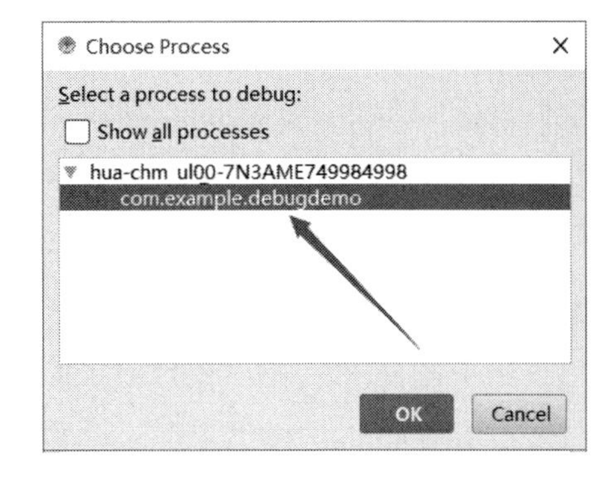


图 15-27　Choose Process 对话框

**面试问题 2：临时断点和失效断点有什么区别？**

临时断点在第一次断点停下之后，将会被移除，它只能中断一次。临时断点可以通过按 Alt 键并单击进行设置，也可以通过快捷键 Ctrl+Alt+Shift+F8 进行设置。

失效断点适用于创建了断点，而又不想让这个断点执行，只是暂时让它失效的情况。通过按“Alt”键的同时单击需要添加失效断点的代码即可。

# 第16章

# 开发网上商城App

随着网络时代的发展，越来越多的人选择了网上购物，所以开发一款网上商城软件既有需求又非常实用。本章学习开发一个网上商城系统，这个项目的主要任务是页面之间的跳转与数据传递，使用 TabHost 实现页面跳转。通过本章的学习，读者可以积累项目开发的经验。

# 16.1　系统功能设计

这里模拟京东商城，开发一款网上商城 App。网上商城的功能设计模块如图 16-1 所示，该购物系统由“欢迎界面”“主界面”“搜索页面”“分类页面”“购物车页面”“用户信息”等页面组成。

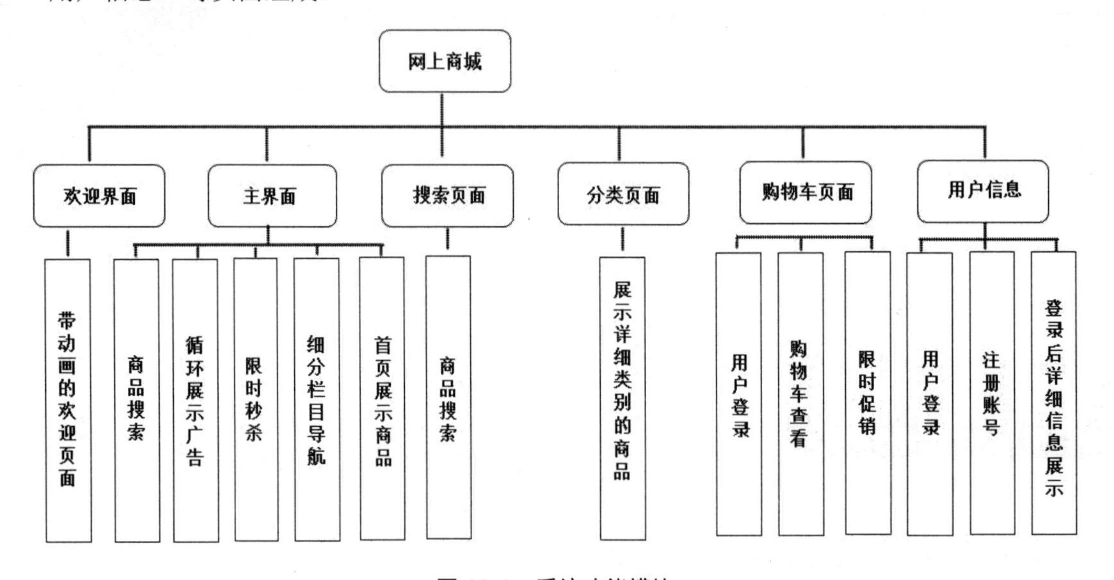


图 16-1　系统功能模块

创建一个新的工程并命名为 shop，导入工程所需资源，为后续开发做准备。

# 16.2　设计欢迎界面

网上商城提供欢迎界面，会让用户感到系统更加人性化。本系统采用动画模拟进度条的形式，同其他欢迎界面不同。

## 16.2.1　欢迎界面布局

欢迎界面的效果如图 16-2 所示，当欢迎界面完成后，自动以动画切换到主界面。

图 16-2　欢迎界面

页面布局代码如下：

```
<RelativeLayout
xmlns:android="http://schemas.android.com/apk/res/android"
    android:layout_width="match_parent"
    android:layout_height="match_parent"
    android:background="@drawable/splash_bg" >
    <ImageView
        android:id="@+id/splash_logo"
        android:layout_width="wrap_content"
        android:layout_height="wrap_content"
        android:layout_centerHorizontal="true"
        android:layout_marginTop="120dp"
        android:background="@drawable/splash_logo" />
    <RelativeLayout
        android:id="@+id/relativeLayout1"
        android:layout_width="wrap_content"
        android:layout_height="wrap_content"
        android:layout_below="@id/splash_logo"
        android:layout_centerHorizontal="true"
        android:layout_marginTop="50dp" >
        <ImageView
            android:layout_width="wrap_content"
            android:layout_height="wrap_content"
            android:layout_centerInParent="true"
            android:background="@drawable/splash_loading_bg" />
        <ImageView
            android:id="@+id/splash_loading_item"
            android:layout_width="wrap_content"
            android:layout_height="wrap_content"
            android:layout_alignParentLeft="true"
            android:background="@drawable/splash_loading_item" />
    </RelativeLayout>
</RelativeLayout>
```

### 16.2.2 欢迎界面逻辑

欢迎界面主要涉及动画模拟以及界面过渡，其中逻辑处理代码如下：

```
protected void initView() {
  //创建一个位移动画并加载
  Animation translate = AnimationUtils.loadAnimation(this,
R.anim.splash_loading);
  //设置动画监听事件
  translate.setAnimationListener(new AnimationListener() {
    @Override
    public void onAnimationStart(Animation animation) {}
    @Override
    public void onAnimationRepeat(Animation animation) {}
    @Override
    public void onAnimationEnd(Animation animation) {
    //动画结束后启动 HomeActivity，相当于 Intent
    openActivity(HomeActivity.class);
    //引导进入动画
    overridePendingTransition(R.anim.push_left_in,
R.anim.push_left_out);
    SplashActivity.this.finish();//关闭界面
    }
  });
  //设置动画
  mSplashItem_iv.setAnimation(translate);
}
```

## 16.3 设计主界面

主界面中主要有商品查找、扫码购物、拍照购物、商品轮播广告、限时秒杀、分类栏目导航、首页商品展示，运行效果如图 16-3 所示。

图 16-3　运行效果

### 16.3.1 界面分类跳转

主界面采用 TabHost 选项卡组件实现不同界面之间的切换，具体逻辑处理代码如下：

```
mTabHost = getTabHost();
//定义 Intent 对象
Intent i_main = new Intent(this, IndexActivity.class);
Intent i_search = new Intent(this, SearchActivity.class);
Intent i_category = new Intent(this, CategoryActivity.class);
Intent i_cart = new Intent(this, CartActivity.class);
Intent i_personal = new Intent(this, PersonalActivity.class);
//将选项与对应页面加入 tab 项
mTabHost.addTab(mTabHost.newTabSpec(TAB_MAIN).setIndicator(TAB_MAIN)
.setContent(i_main));
mTabHost.addTab(mTabHost.newTabSpec(TAB_SEARCH)
.setIndicator(TAB_SEARCH).setContent(i_search));
mTabHost.addTab(mTabHost.newTabSpec(TAB_CATEGORY)
.setIndicator(TAB_CATEGORY).setContent(i_category));
mTabHost.addTab(mTabHost.newTabSpec(TAB_CART).setIndicator(TAB_CART)
.setContent(i_cart));
mTabHost.addTab(mTabHost.newTabSpec(TAB_PERSONAL)
.setIndicator(TAB_PERSONAL).setContent(i_personal));
//设置当前显示页
mTabHost.setCurrentTabByTag(TAB_MAIN);
//设置单选监听事件，根据单选项跳转至指定页面
mTabButtonGroup.setOnCheckedChangeListener(new OnCheckedChangeListener()
{
  public void onCheckedChanged(RadioGroup group, int checkedId) {
  switch (checkedId) {
   //主页面
   case R.id.home_tab_main:
     mTabHost.setCurrentTabByTag(TAB_MAIN);
     break;
   //查询页面
   case R.id.home_tab_search:
     mTabHost.setCurrentTabByTag(TAB_SEARCH);
     break;
   //分类页面
   case R.id.home_tab_category:
     mTabHost.setCurrentTabByTag(TAB_CATEGORY);
     break;
   //购物车页面
   case R.id.home_tab_cart:
     mTabHost.setCurrentTabByTag(TAB_CART);
     break;
   //用户信息页面
   case R.id.home_tab_personal:
    mTabHost.setCurrentTabByTag(TAB_PERSONAL);
    break;
    default:
    break;
   }
  }
});
```

## 16.3.2 搜索页面

用户单击搜索栏目可跳转至搜索页面，具体代码如下：

```
public class SearchActivity extends BaseActivity {
   private AutoClearEditText mEditText = null;     //编辑框
   private ImageButton mImageButton = null;        //按钮
   @Override
   protected void onCreate(Bundle savedInstanceState) {
        super.onCreate(savedInstanceState);
        setContentView(R.layout.activity_search);
        findViewById();
        initView();
   }
   //绑定控件
   @Override
   protected void findViewById() {
        mEditText = (AutoClearEditText) findViewById(R.id.search_edit);
        mImageButton = (ImageButton) findViewById(R.id.search_button);
   }
   //初始化控件
   @Override
   protected void initView() {
        // TODO Auto-generated method stub
        mEditText.requestFocus();
        mImageButton.setOnClickListener(new OnClickListener() {
             @Override
             public void onClick(View v) {
                  //按钮被单击后做出提示
                  CommonTools.showShortToast(SearchActivity.this, "亲，该功
能暂未开放");
             }
        });
   }
}
```

## 16.3.3 广告轮播

将需要轮播的广告图片信息保存于链表中，然后通过 Handler 机制中的延时消息实现轮播效果，具体代码如下：

```
mHandler = new Handler(getMainLooper()) {
  @Override
  public void handleMessage(Message msg) {
  // 发送 Handler 消息
  super.handleMessage(msg);
  //判断消息类型
  switch (msg.what) {
    case MSG_CHANGE_PHOTO:
      //获取切换页面的下标
      int index = mViewPager.getCurrentItem();
      if (index == mImageUrls.size() - 1) {
```

```
        index = -1;
      }
    //显示广告页面
    mViewPager.setCurrentItem(index + 1);
    //延时发送消息
    mHandler.sendEmptyMessageDelayed(MSG_CHANGE_PHOTO,
    PHOTO_CHANGE_TIME);
   }
  }
}
```

## 16.3.4　拍照按钮

单击“拍照购”按钮后会弹出一个窗口，如图 16-4 所示。

图 16-4　拍照弹窗

具体实现代码如下：

```
public void onClick(View v) {
  // 根据按钮 id 判断处理
  switch (v.getId()) {
    case R.id.index_camer_button:
      //获取布局的高度和标题的高度，计算出弹出窗口的显示位置
      int height = mTopLayout.getHeight()+ CommonTools.getStatusBarHeight(this);
      //弹出窗口
      mBarPopupWindow.showAtLocation(mTopLayout, Gravity.TOP, 0, height);
      break;
      //单击查询编辑框，打开查询页面
    case R.id.index_search_edit:
      openActivity(SearchActivity.class);
      break;
    default:
      break;
   }
}
```

# 16.4 设计搜索页面

选择搜索图标时跳转至搜索页面，主窗口上也有搜索编辑框，功能类似，运行效果如图 16-5 所示。

图 16-5 搜索页面

搜索页面的具体代码如下：

```
public class SearchActivity extends BaseActivity {
  private AutoClearEditText mEditText = null;  //编辑框
  private ImageButton mImageButton = null;      //按钮
  @Override
  protected void onCreate(Bundle savedInstanceState) {
    super.onCreate(savedInstanceState);
    setContentView(R.layout.activity_search);
    findViewById();
    initView();
  }
  //绑定控件
  @Override
  protected void findViewById() {
    mEditText = (AutoClearEditText) findViewById(R.id.search_edit);
    mImageButton = (ImageButton) findViewById(R.id.search_button);
  }
  //初始化控件
  @Override
  protected void initView() {
    mEditText.requestFocus();
    mImageButton.setOnClickListener(new OnClickListener() {
  @Override
  public void onClick(View v) {
  // 当按钮被单击后做出提示
```

```
      CommonTools.showShortToast(SearchActivity.this, "亲，该功能暂未开放");
    }
   });
  }
}
```

# 16.5　详细分类页面

详细分类页面主要用于展示商品具体的分类信息，运行效果如图 16-6 所示。

图 16-6　运行效果

## 16.5.1　分类数据存储

通过图 16-5 可以看到，分类数据由一个 ListView 控件完成，其中显示有图片信息、标题信息、内容信息。

分类数据的存储可以通过多种方式实现，正常使用可以通过 URI 从网络地址获取图片标题等信息。这里采用最简单的数组来实现，具体代码如下：

```
//每项的图片信息数组
private Integer[] mImageIds = {
    R.drawable.catergory_appliance,
    R.drawable.catergory_book,
    R.drawable.catergory_cloth,
    R.drawable.catergory_deskbook,
    R.drawable.catergory_digtcamer,
    R.drawable.catergory_furnitrue,
    R.drawable.catergory_mobile,
    R.drawable.catergory_skincare
};
//给照片添加文字显示(Title)
```

```
private String[] mTitleValues = {"家电", "图书", "衣服", "笔记本", "数码","
家具", "手机", "护肤"};
//每个项目的具体内容
private String[] mContentValues = {
    "家电/生活电器/厨房电器",
    "电子书/图书/小说",
    "男装/女装/童装",
    "笔记本/笔记本配件/产品外设",
    "摄影摄像/数码配件",
    "家具/灯具/生活用品",
    "手机通信/运营商/手机配件",
    "面部护理/口腔护理/..."
};
```

数组之间一一对应，分别存储图片、标题及具体内容。

### 16.5.2 分类数据显示

使用数组存储后，便可以通过 ListView 来进行显示。为了提高运行效率，这里使用了 holder 对象，具体代码如下：

```
private class CatergorAdapter extends BaseAdapter {
@Override
public int getCount() {
    return mImageIds.length;//返回图片数组的长度
}
@Override
public Object getItem(int position) {
    return position;
}
@Override
public long getItemId(int position) {
    return position;
}
@SuppressWarnings("null")
@Override
public View getView(int position, View convertView, ViewGroup parent) {
    //创建一个 holder 对象
    ViewHolder holder = new ViewHolder();
    layoutInflater = LayoutInflater.from(CategoryActivity.this);
    //组装数据，不是初次使用，直接从 holder 中取出数据，不用重复加载
    if (convertView == null) {
        convertView =
layoutInflater.inflate(R.layout.activity_category_item, null);
        holder.image = (ImageView)
convertView.findViewById(R.id.catergory_image);
        holder.title = (TextView)
convertView.findViewById(R.id.catergoryitem_title);
        holder.content = (TextView)
convertView.findViewById(R.id.catergoryitem_content);
//使用 tag 存储数据
convertView.setTag(holder);
    } else {//初次使用，将数组加载至 holder 中
```

```
        holder = (ViewHolder) convertView.getTag();
    }
    //使用 hlder 设置相应的显示对象
    holder.image.setImageResource(mImageIds[position]);
    holder.title.setText(mTitleValues[position]);
    holder.content.setText(mContentValues[position]);
    return convertView;
  }
}
```

## 16.6　购物车页面

选择购物车图标后跳转至购物车页面，运行效果如图 16-7 所示。

图 16-7　购物车

购物车的具体代码如下：

```
public class CartActivity extends BaseActivity implements
OnClickListener {
    private Button cart_login, cart_market; //定义一个按钮
    private Intent mIntent;                  //定义一个 Intent 对象
    @Override
    protected void onCreate(Bundle savedInstanceState) {
        super.onCreate(savedInstanceState);
        setContentView(R.layout.activity_cart);
        findViewById();
        initView();
    }
    //绑定控件
    @Override
    protected void findViewById() {
        cart_login = (Button) this.findViewById(R.id.cart_login);
```

```
        cart_market = (Button) this.findViewById(R.id.cart_market);
    }
    //初始化视图控件
    @Override
    protected void initView() {
        cart_login.setOnClickListener(this);      //设置登录按钮的单击事件
        cart_market.setOnClickListener(this);     //设置促销大卖场单击事件
    }
    //单击事件
    @Override
    public void onClick(View v) {
        switch (v.getId()) {
            //单击登录按钮后，跳转至用户登录页面
            case R.id.cart_login:
                mIntent = new Intent(this, LoginActivity.class);
                startActivity(mIntent);
                break;
            //单击促销大卖场后做出提示
            case R.id.cart_market:
                CommonTools.showShortToast(this, "促销大卖场正在开发中~");
                break;
            default:
                break;
        }
    }
}
```

## 16.7　用户信息页面

用户信息页面，根据用户登录成功与否显示不同信息，运行效果如图 16-8 所示。

图 16-8　运行效果

### 16.7.1　跳转到不同页面

用户信息页面包含登录按钮、更多信息以及退出按钮，单击不同按钮须做出相应跳转，具体代码如下：

```
public void onClick(View v) {
//根据单击按钮做出相应提示
  switch (v.getId()) {
  case R.id.personal_login_button:
    //单击登录按钮后，跳转至登录页面
    mIntent=new Intent(PersonalActivity.this, LoginActivity.class);
    startActivityForResult(mIntent, LOGIN_CODE);
    break;
  //单击更多信息，跳转至信息页面
  case R.id.personal_more_button:
    mIntent=new Intent(PersonalActivity.this, MoreActivity.class);
    startActivity(mIntent);
    break;
    //单击退出按钮，弹出一个退出页面窗口
  case R.id.personal_exit:
    //实例化 SelectPicPopupWindow
    exit = new ExitView(PersonalActivity.this, itemsOnClick);
    //设置 layout 在 PopupWindow 中显示的位置
    exit.showAtLocation(PersonalActivity.this.findViewById (R.id.layout_personal),
Gravity.BOTTOM|Gravity.CENTER_HORIZONTAL, 0, 0);
    break;
    default:
    break;
  }
}
```

### 16.7.2　登录页面

当用户单击“登录”按钮后跳转至登录页面，如图 16-9 所示。

图 16-9　登录页面

在登录页面中，根据用户选择，可以显示/隐藏输入的密码，具体代码如下：

```
isShowPassword.setOnCheckedChangeListener(new OnCheckedChangeListener() {
  @Override
  public void onCheckedChanged(CompoundButton buttonView, boolean isChecked) {
  //根据标签判断，是显示密码，还是隐藏密码
  if (isChecked) {
   //隐藏密码
   loginpassword.setInputType(0x90);
  } else {
  //明文显示密码
    loginpassword.setInputType(0x81);
  }
 }
});
```

如果用户没有账号，此时可以单击“免费注册”按钮，跳转至注册页面，运行效果如图 16-10 所示。

此时可以选择普通用户注册，跳转至普通用户注册页面，运行效果如图 16-11 所示。

图 16-10　免费注册页面

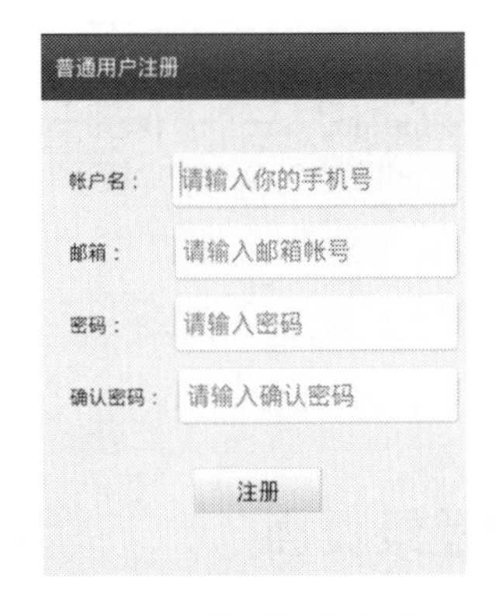


图 16-11　普通用户注册页面

用户登录验证代码如下：

```
private void userlogin() {
  //获取用户名、密码
  username = loginaccount.getText().toString().trim();
  password = loginpassword.getText().toString().trim();
  String serverAdd = serverAddress;      //获取服务端地址
  //用户名、密码不能为空
  if (username.equals("")) {
     DisplayToast("用户名不能为空!");
  }
  if (password.equals("")) {
     DisplayToast("密码不能为空!");
  }
  //正确后允许登录
  if (username.equals("test") && password.equals("123")) {
     DisplayToast("登录成功!");                //提示信息
```

```
  //创建 intent 对象，将用户名传送过去
  Intent data = new Intent();
  data.putExtra("name", username);
  setResult(20, data);
  LoginActivity.this.finish();                //登录页面关闭
 }
}
```

## 16.7.3　退出弹窗

当用户单击“退出程序”按钮时，弹出窗口询问是否退出，运行效果如图 16-12 所示。

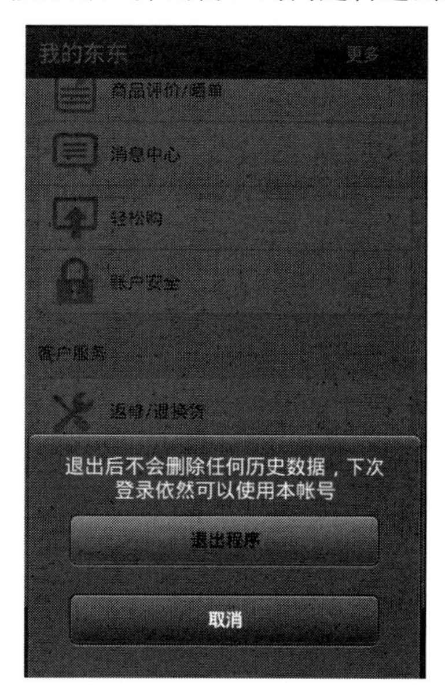


图 16-12　退出程序

弹出窗口的具体代码如下：

```
private OnClickListener  itemsOnClick = new OnClickListener(){
 public void onClick(View v) {
 switch (v.getId()) {
 //单击，弹窗退出
 case R.id.btn_exit:
    CommonTools.showShortToast(PersonalActivity.this, "退出程序");
    break;
 //单击，弹窗消失
 case R.id.btn_cancel:
    PersonalActivity.this.dismissDialog(R.id.btn_cancel);
    break;
 default:
    break;
  }
 }
}
```

### 16.7.4 更多信息

当用户单击更多信息时，跳转至更多信息页面，运行效果如图 16-13 所示。

图 16-13 更多信息

## 16.8 自定义伸缩类

当用户按住登录页面向下拖动时会有一个动画效果，松开手指后，画面会回弹。这里创建一个继承自 ScrollView 类的自定义类并命名为 CustomScrollView。

### 16.8.1 成员变量

为了完成拖放的效果，这里需要定义一些成员变量，具体代码如下：

```
private View inner;                    //子类视图
private float y;                       //点击时的 y 坐标
private Rect normal = new Rect();      //矩形(这里只是一个形式，判断是否需要动画)
private boolean isCount = false;       //是否开始计算
private boolean isMoving = false;      //是否开始移动
private ImageView imageView;           //图像视图
private int initTop, initbottom;       //初始顶部位置和底部位置
private int top, bottom;               //拖动时的顶部位置和底部位置
```

### 16.8.2 触摸事件

拖动效果需要使用触摸事件，这里将触摸事件封装成一个函数，并重写 onTouchEvent() 方法，具体代码如下：

```
@Override
public boolean onTouchEvent(MotionEvent ev) {
  if (inner != null) {
    commOnTouchEvent(ev);//调用本地触摸事件
  }
  return super.onTouchEvent(ev);
}
```

自定义触摸方法的具体代码如下：

```
public void commOnTouchEvent(MotionEvent ev) {
  int action = ev.getAction();  //获取事件中的具体动作
  switch (action) {
  //手指按下事件
  case MotionEvent.ACTION_DOWN:
    top = initTop = imageView.getTop();          //获取图片顶部位置
    bottom = initbottom = imageView.getBottom();  //获取图片底部位置
    break;
  //手指抬起事件
  case MotionEvent.ACTION_UP:
    isMoving = false;
    //手指松开
    if (isNeedAnimation()) {
      animation();                //手指松开，回缩动画
    }
    break;
/* 排除第一次移动计算，因为第一次无法得知 y 坐标，在 MotionEvent.ACTION_DOWN 中也无法获取，因为此时是把 MyScrollView 的 touch 事件传递到 LIstView 的孩子 item 上，所以应从第二次开始计算，但也要进行初始化，就是第一次移动的时候让滑动距离归 0。之后，记录能够正常执行 */
  case MotionEvent.ACTION_MOVE:
    final float preY = y;                      //按下时的 y 坐标
    float nowY = ev.getY();                    //实时 y 坐标
    int deltaY = (int) (nowY - preY);          //滑动距离
    if (!isCount) {
      deltaY = 0;                              //在这里归 0
    }
    if (deltaY < 0 && top <= initTop)
  return;
  // 当滚动到最上或者最下时不会再滚动，这时应移动布局
  isNeedMove();
  if (isMoving) {
    // 初始化头部矩形
    if (normal.isEmpty()) {
      // 保存正常的布局位置
      normal.set(inner.getLeft(), inner.getTop(),
      inner.getRight(), inner.getBottom());
    }
    // 移动布局
    inner.layout(inner.getLeft(),
    inner.getTop() + deltaY / 3,
    inner.getRight(),
    inner.getBottom() + deltaY / 3);
    top += (deltaY / 6);
    bottom += (deltaY / 6);
```

```
    imageView.layout(imageView.getLeft(),
    top,
    imageView.getRight(),
    bottom);
  }
  isCount = true;
  y = nowY;
  break;
  default:
  break;
  }
}
```

## 16.8.3 回缩动画

回缩动画效果的具体代码如下：

```
public void animation() {
  //创建一个位移动画
  TranslateAnimation taa = new TranslateAnimation(0, 0, top + 200,initTop
+ 200);
  taa.setDuration(200);                //设置延时时间
  imageView.startAnimation(taa);       //开启动画
  imageView.layout(imageView.getLeft(), initTop,
imageView.getRight(),initbottom);
  // 开启移动动画
  TranslateAnimation ta = new TranslateAnimation(0, 0,
inner.getTop(),normal.top);
  ta.setDuration(200);                 //设置延时时间
  inner.startAnimation(ta);            //开启动画
  // 设置回到正常的布局位置
  inner.layout(normal.left, normal.top, normal.right, normal.bottom);
  normal.setEmpty();                   //设置为空
  isCount = false;                     //是否开始计算，设置为否
  y = 0;                               //手指松开要归 0
}
```